Paomolü Fuhe Cailiao

Jixie Jiegou Sheji

泡沫铝复合材料机械结构设计

于英华 徐 平/著

中国矿业大学出版社

·徐州·

内 容 提 要

本书介绍了新型泡沫铝复合材料机械结构设计及相关性能分析，主要内容包括：泡沫铝复合材料概述及在车辆、机床和煤矿机械中应用的国内外研究现状，泡沫铝填充结构油罐车后保险杠优化设计及性能分析，泡沫铝填充结构机床立柱优化设计及性能分析，泡沫铝填充结构矿用救生舱舱体结构优化设计及性能分析，泡沫铝层合结构钢球磨煤机筒体设计及性能分析。

本书可供机械类专业的高等院校师生及相关专业的科研技术人员参考。

图书在版编目(CIP)数据

泡沫铝复合材料机械结构设计 / 于英华，徐平著. —徐州：中国矿业大学出版社，2022.5

ISBN 978-7-5646-5382-8

Ⅰ. ①泡… Ⅱ. ①于… ②徐… Ⅲ. ①铝—多孔性材料—金属复合材料②机械设计—结构设计 Ⅳ. ①TB331②TH122

中国版本图书馆 CIP 数据核字(2022)第 073645 号

书　　名　泡沫铝复合材料机械结构设计
著　　者　于英华　徐　平
责任编辑　耿东锋
出版发行　中国矿业大学出版社有限责任公司
（江苏省徐州市解放南路　邮编 221008）
营销热线　(0516)83885370　83884103
出版服务　(0516)83995789　83884920
网　　址　http://www.cumtp.com　**E-mail**:cumtpvip@cumtp.com
印　　刷　苏州市古得堡数码印刷有限公司
开　　本　787 mm×1092 mm　1/16　**印张** 13　**字数** 328 千字
版次印次　2022 年 5 月第 1 版　2022 年 5 月第 1 次印刷
定　　价　45.00 元
（图书出现印装质量问题，本社负责调换）

前　言

泡沫铝是近些年来发展起来的一种新型功能、结构一体化多孔材料。作为功能材料，它具备吸声、隔声、隔热、阻燃、减振、高阻尼、吸收冲击能、电磁屏蔽等多种物理性能。作为结构材料，它又具备轻质、高比刚度、高比强度等优异的力学性能。将泡沫铝与传统的致密金属复合而成泡沫铝复合结构材料（以泡沫铝为芯层，致密金属为内外面板的夹芯板，也称“三明治板”；或者以泡沫铝为芯体，致密金属为封闭壳体的夹芯结构）可将泡沫铝的如上优异性能和致密金属的高强度、高防护性、高弹性模量及良好的工艺性完美融合为一体，在需要综合利用这些性能的汽车、机床、矿山机械、航空航天、军事、建筑、化工等领域具有良好的应用前景，也因此成为国内外学者的研究热点。我们在此领域从事了20余年的相关研究，取得了一定的成果，现将其总结写成此书，希望能对促进泡沫铝的相关研究及相关成果转化为实际生产力提供参考。

全书共分5章，主要内容包括泡沫铝复合材料概述及其在各种车辆、机床和煤矿机械中应用的国内外研究现状，泡沫铝填充结构油罐车后保险杠优化设计及性能分析，泡沫铝填充结构机床立柱优化设计及性能分析，泡沫铝填充结构矿用救生舱舱体结构优化设计及性能分析，泡沫铝层合结构钢球磨煤机筒体设计及性能分析。

本书可供机械类专业的高等院校师生及相关专业的科研技术人员阅读参考。

本书是在辽宁省教育厅科研项目计划（创新团队）项目“泡沫铝在汽车轻量化中的应用研究”（编号为LT2010045）、辽宁省教育厅科研项目计划（重点实验室建设）项目“泡沫铝-环氧树脂/铁基复合材料机床零部件制造研究”（编号为2008S106）和中国煤炭工业协会科学技术研究指导性计划项目“泡沫铝在钢球磨煤机减振降噪中的应用研究”（编号为MTKJ2010-290）资助下完成的。在此，对如上基金项目的资助表示衷心感谢！

由于学识水平所限，书中不当之处在所难免，诚恳希望读者批评指正。

著　者

2021年12月

目　录

第1章 绪 论

1.1 泡沫铝复合材料概述

1.1.1 泡沫铝复合材料的概念及分类

泡沫铝是由铝(或铝合金)骨架和连续或不连续的孔结构所组成的新型功能、结构一体化材料。独特的结构特征,使得泡沫铝具有很多优异的功能特性和结构特性,如轻质、高比强度、高比刚度、高阻尼、高吸收冲击能、减振降噪和电磁屏蔽等。但也正是由于在其结构中存在大量孔洞,因此相对于致密金属其某些力学性能必然较低,而且泡沫铝作为一种具有较高阻尼损耗因子的阻尼材料来说,其弹性模量很低,所以泡沫铝不适宜单独作为结构材料使用。因此,泡沫铝通常要与传统的致密金属组成复合材料使用,这样才能具有在一定载荷下的最佳力学性能,同时将泡沫材料"隐藏"在封闭、致密的构件内,可以起到一定的抗腐蚀作用[1-7]。此外,泡沫铝的孔洞(主要是开孔泡沫铝)也赋予其可创造和设计性,即可根据需要在泡沫铝孔洞中填充适当的材料,如浸渗入高分子材料,从而既提高其力学性能,又可提高阻尼比,同时还可能带来某些可利用的新性能[8-13]。由此,泡沫铝复合材料应运而生。这里所说的泡沫铝复合材料主要是指由致密材料板,圆柱、方柱或其他复杂形状的空心致密材料外覆盖板或壳体与泡沫铝芯层或芯体组成的复合结构材料,在接触面上通过特殊的工艺方法(胶粘、焊接、冶金法等),使两种材料结合为一个整体。

截至目前,研究的泡沫铝复合材料主要包括如下几类。

(1) 泡沫铝夹芯板(泡沫铝"三明治"板、泡沫铝层合结构)

泡沫铝夹芯板是由两层较薄的内外覆盖(面)板和中间较厚的轻质泡沫铝芯层构成的泡沫铝复合材料。选用不同的覆盖层板可以组成不同的层合板结构,面板可以是铝板、钢板、木板、纤维混凝土塑料板或混凝土板等。金属面板具有强度高、硬度大、导热、导电、易切削加工、防风化、防火、防腐蚀、可回收等特点。泡沫铝夹芯板不仅同时具有泡沫铝材料诸多优异的性能,同时还解决了单一泡沫铝材料强度较低的缺点,是一种综合性能优异的新型功能材料,在国防、交通、轨道、车辆、汽车、建筑、机械等多种行业具有广泛的用途[14-32],如图 1-1 所示。

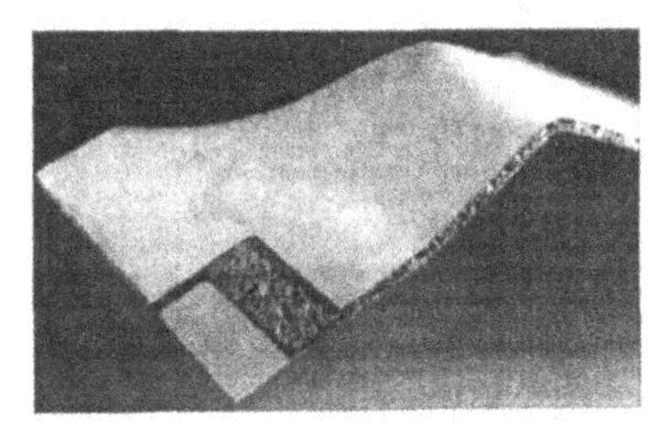

图 1-1 泡沫铝夹芯板

(2) 泡沫金属填充结构

如图 1-2 所示,泡沫金属填充结构主要由圆柱、方柱或其他形状的空心致密材料壳体与泡沫铝芯体组成[22]。填充管可用于汽车保险杠,车架,A、B 柱等吸能结构件,机床主轴。异形填充结构件可用于航空航天飞行器的相应零件、机床移动工作台和横向滑板、电机等的吸能减振部件[33-66]。

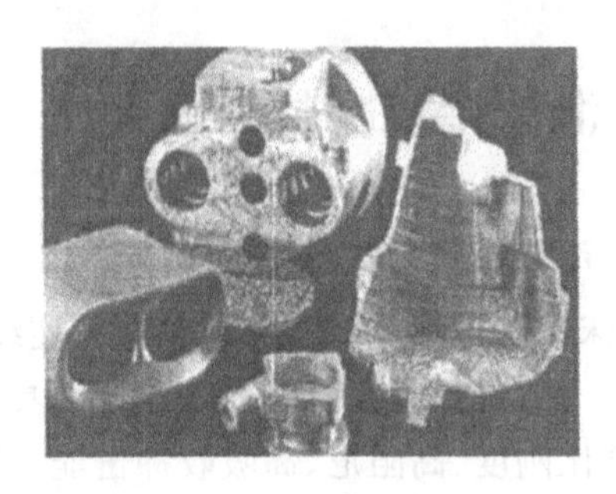

图 1-2　泡沫金属填充结构

(3) 泡沫铝孔洞填充(泡沫铝基)复合材料

泡沫铝孔洞填充复合材料即是在泡沫铝孔洞中填充适当的材料形成的复合材料。泡沫铝可以被看作一种以纯铝或铝合金为基体,以孔洞(空气)作为复合相的新型复合材料。如果在泡沫铝孔洞中浸渗入其他材料,可能带来某些新功能特性,同时(或)使泡沫铝某些原有的功能特性得到提高,从而促进泡沫铝应用范围的扩展。基于此,近年来国内外有研究者开始着手泡沫铝基复合材料的制备及其相关性能的研究。目前向泡沫铝孔洞中填充的材料主要有电流变液、磁流变液、环氧树脂、硅橡胶、石蜡、明胶和松香等。泡沫铝孔洞填充复合材料通常也需要与致密金属板或者壳体再行制造成复合结构,然后才能在具体工程中进行应用。目前这种泡沫铝多用于机床基础件、导轨滑块、汽车或机床减振器和阻尼器、减振降噪齿轮等零部件[8-13,67-74]。

1.1.2　泡沫铝复合材料的制备工艺

泡沫铝材料的制造通常采用熔融法或粉末冶金法。如果把泡沫铝材料作为结构件来使用,就必须考虑到它们与其他材料的连接问题。制备复合结构的方法有很多,如连接致密金属的最普遍的方法——焊接,但对于金属泡沫材料来说焊接存在很大困难,因为在焊接的过程中熔融的泡沫孔结构的凝固会使体积有所减小。另一种简单、便捷的方法是将泡沫金属和空心金属构件通过黏结剂直接粘接在一起。但是,直接粘接的方法存在一定的局限性,比如,黏结剂的连接强度控制了整个填充结构的力学性能,而且黏结剂连接只适合低温应用,在高温下就会出现老化的现象,给其应用带来很大的障碍。同时,直接粘接法在实际中并不容易实现[75]。

目前常用的制备方法是先通过一定的方法进行泡沫夹芯结构预制品的制备,然后将预制坯加热,由于发泡氢化物的熔点和面板的熔点不同,这样就可在面板不熔化的情况下发泡,最后冷却制成泡沫金属夹芯结构,其工艺过程如图 1-3 所示[76]。另一种可行的方法是对泡沫材料进行热喷涂,这样可获得一层致密的铝外壳[77]。要获得密度不同的复合结构,可以选择合适的工艺参数。另外,使用 X 射线技术可以对泡沫金属填充结构件的形成过程进行观测，甚至能够观察到内部金属泡沫的膨胀过程[78]。

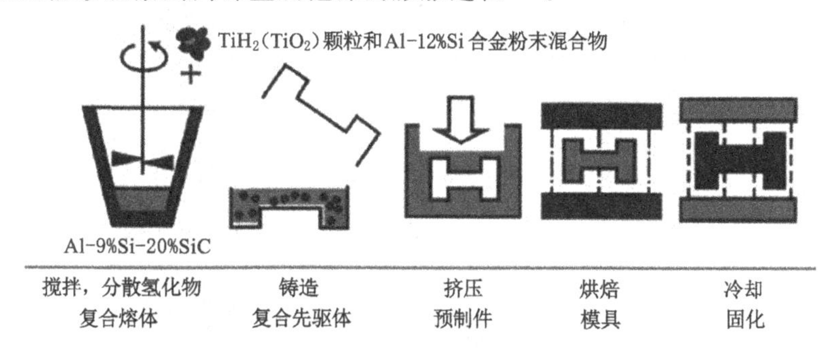

图 1-3　泡沫金属填充结构的加工工艺

此外就是以泡沫铝为芯体的压铸方法，通过轧制-包覆工艺在发泡预制板上热压包覆致密金属面板，然后用加热发泡的方法来制备泡沫铝三明治复合结构(AFS)，最后选择适当的加工方法以获得所需要的形状。或采用在金属空心结构中充填入铝(或其合金)粉末或冷压预制块(芯)，然后加热得到芯-壳冶金结合的泡沫铝填充复合结构[79-80]。

1.2　泡沫铝复合材料在各种车辆中应用的国内外研究现状

随着各种车辆不断向着安全、环保、乘坐舒适方向发展，对各种车辆的轻质性、碰撞安全性、减振降噪性、保温隔热性等方面提出了越来越高的要求。而泡沫铝复合材料的特性恰可迎合如上要求，为此国内外学者针对泡沫铝复合材料在各种车辆中应用开展了大量的研究。其中，泡沫铝材料作为加强内衬可应用于汽车车身及附件中的各类构件，如车架、立柱、骨架、防撞盒和保险杠、车顶纵梁等[81-82]。同时，泡沫铝也是一种具有复合功能的材料，它不仅可减轻零部件的质量，而且还具有减振、降噪、隔热、吸能、提高结构刚度和抗压性等性能，并显著提高车辆的抗撞性。因此，在薄壁构件中填充泡沫铝材料已经成为汽车碰撞安全领域的一个研究热点问题。图 1-4、图 1-5 所示为泡沫铝复合结构汽车结构件的典型示例。

图 1-4　泡沫铝填充结构在汽车中的应用

图 1-5　卡曼汽车公司用 AFS 材料制造的汽车车身

泡沫铝夹芯的三明治复合结构是泡沫铝复合材料中最典型的一种结构形式，AFS 是以泡沫铝为夹芯板，以致密金属板为面板复合形成的。与单纯的泡沫铝板相比，实体面板的加入可以有效地弥补其力学性能较差和容易受外界环境侵蚀等不足；与致密金属板材相比，芯材的高孔隙率使得板材的整体密度大幅下降，并赋予致密金属板材所不具备的高能量吸收能力及阻尼、隔声和电磁屏蔽等多功能性。因此，AFS 在各种车辆中具有良好的应用前景，也引起国内外学者在该领域的极大研究热情。德国的卡曼汽车公司应用了这种三明治式复合泡沫铝材制造技术，制造了吉雅轻便轿车的三明治结构式顶盖板，其顶盖板刚度比原来钢构件的刚度提高了接近 6 倍，而顶盖板的重量却减轻为原来钢件的 75%。此外，这种结构的三明治泡沫铝板吸收冲击能量和吸声性能也相当高。将这种结构的三明治式泡沫铝板材应用于某些汽车零件，可以大大减轻零件的重量，能降低零件重量 50%以上，并且其刚度能达到原有钢件的 10 倍左右。同时泡沫铝材料的保温绝热性能也非常好，比铝高出 95%，而且泡沫铝还能很有效地吸收频率大于 800 Hz 的噪声。制造 AFS 时，外层薄铝板与芯层泡沫焊合于一起，不需进行专门的胶接或压接。加拿大 Cymat 公司与法国 Valeo 公司进行了一次联合开发，开发了一种用于汽车前端的填充结构的防碰撞盒[82]。澳大利亚的轻金属性能研究中心(LKR)进行了泡沫铝冲击原型件的制作，其中包括了用于冲击实验的真实构件，该中心为欧宝汽车公司制作的汽车前围板是该公司制造的最大泡沫铝原型。意大利菲亚特和挪威科技大学的研究表明，填充泡沫铝材料的吸能部件除了能大大提高轴向能量吸收外，也可以大大提高对偏轴冲击能量的吸收。

国内的一些科研院所在 20 世纪 80 年代中期，相继开展了对泡沫铝材料的研究，得到了很多积极有益的成果。泡沫铝在汽车工业应用上，曾顺民等[83]提出了将泡沫铝夹层技术应用于汽车车门，不仅可以降低车门的重量，而且这种新结构的车门能很大程度上提高车门的刚度，还能提高车门在遭受冲击时的吸能能力。李晓豁等[84]对泡沫铝填充汽车车架纵梁的正面碰撞性能进行了数值模拟研究，研究结果表明，填充有泡沫铝的车架纵梁的耐撞性能得到了提高。刘春盟[85]研究了泡沫铝填充汽车保险杠的碰撞吸能性。曾繁波[86]提出将泡沫铝材料填充到轿车前纵梁结构中，可以提高前纵梁吸能能力 16.3%，提高比吸能 25.4%，同时可以减轻结构重量 8.4%。庄维[87]采用泡沫铝填充结构来优化非承载式车身结构 SUV 型车架质量、刚度和安全性等问题。经过研究车架质量与原型结构相比减轻 10%，刚度和安全性均有所提升。赵光磊[88]将泡沫铝夹芯结构应用于汽车B柱，以此提高汽车侧碰安全性。

本课题组于2000年开始对泡沫铝及其复合材料的制备、性能及应用进行研究，并取得了一系列成果。其中针对泡沫铝复合材料在汽车中应用的相关研究方面，依托辽宁省教育厅科研项目计划（创新团队）项目“泡沫铝在汽车轻量化中的应用研究”（编号为LT2010045），以汽车保险杠、车架、车门防撞梁、B柱、发动机支架、发动机盖板、底板、顶板、油罐车罐体等汽车零部件为研究对象，系统研究了该材料在汽车中应用有着可设计性强、轻质、体积小、低能耗、安全和环保等优越性[89-105]。

1.3 泡沫铝复合材料在机床中应用的国内外研究现状

当今科技飞速发展要求机床不断朝着高速、高精密、高自动化的方向发展，提高机床基础件的静、动、热态性能和轻质性对实现机床如上性能的提高至关重要。泡沫铝复合材料的轻质、高比强度、高比刚度、高减振降噪性能等使其成为采用新材料并运用优化设计理论设计制造提高机床基础件乃至整机静、动、热态性能和轻质性的有效选择之一。

国外提出此观点已有二十多年，多国学者们分别进行了多孔金属在机床工作台、立柱、滑鞍（滑座）、床身等机床基础件中的应用研究。这些研究或报道均证明多孔金属在机床中的应用对提高机床的轻质性、动态性能具有很大优势[106-110]。例如，1998年德国的Fraunhofer（弗劳恩霍夫）机械加工技术研究所第一次展示了泡沫金属的功能组合件，以填充泡沫铝的钢结构取代了线性发动机测试台的机用台架，其重量减轻了72%，第一固有频率提高了80%，一阶模态的阻尼提高了10%，有力地促进了金属泡沫在机械工程中的应用研究。该研究所随后又将钢-泡沫铝-钢夹芯结构应用于高速磨床的横向滑板，并采用焊接三明治金属泡沫夹层板制成精密大型铣床机架，获得了非常有意义的应用效果[9]。Neugebauer（纽格鲍尔）等于2004—2007年研究了泡沫铝夹层结构在机床中的应用，他们的研究结果表明，将坚固的钢结构分解成宽范围的夹层结构设计，如钢板-泡沫铝-钢板，可以产生良好的静态性能和优异的动态性能。因为这些夹层结构具有相同重量单纯钢板30～40倍的抗弯强度、2～3倍的阻尼。这些优点使泡沫铝夹层结构在满足机床结构高静态、动态性能和轻质性要求方面有良好的应用前景[106]。2006年，Kim等[107]将复合泡沫夹层材料应用于微型精密机床的立柱和底座结构，通过实验和有限元分析验证了该结构具有优越的动态性能和高阻尼等特性，并对结构进行了优化设计，获得了一种可应用于高精密电加工机床的新型结构材料。2010年，有学者针对微纳米电火花加工机床的高动态性能和热态性能要求，对以浸渍相变材料的开孔泡沫为芯体的夹芯结构立柱和床身进行了优化设计、制造和性能分析研究，证明了其在提高机床动态性能和热态性能方面的有效性[108]。2012年，Hipke（希普克）等提出了一种泡沫金属-钢板夹芯结构的高性能铣床滑鞍新构型，并且通过研究证明相比传统纯钢结构，其重量降低28%，而其动刚度和阻尼均得到显著提升[106]。2014年，Kashihara（喀什哈拉）设计、制造了莲花型多孔碳钢机床基础件，并对其性能进行了分析，结果表明，该结构机床基础件在保证重量降低的情况下，其静、动刚度显著增加，而且其运行能耗大大降低[109]。2015年，Simon[110]以大型高速切削数控机床的运动部件为基础，设计、制造了泡沫铝填充结构机床基础件并对其性能进行实验研究，结果表明，该新型结构的机床基础件具有重量轻，静、动态刚度高，能耗低，驱动灵活等优点。

国内对多孔金属机床运动部件的研究，本课题组应是开展较早的。本课题组于2000年开始研究泡沫铝在机床中的应用，特别是依托辽宁省教育厅科研项目计划(重点实验室建设)项目“泡沫铝-环氧树脂/铁基复合材料机床零部件制造研究”(编号为2008S106)，主要进行了泡沫铝复合材料在机床隔声罩、齿轮、磨床主轴工作台和立柱中的应用研究以及磁/电流变液-泡沫铝复合材料在机床减振阻尼器中应用的研究[5,111-115]。在机床工作台中应用方面，通过理论分析和有限元仿真方法研究了单纯泡沫铝、泡沫铝孔隙中填充环氧树脂复合材料夹芯结构工作台和泡沫铝层合结构机床工作台的优化设计及其静、动态性能，轻质性和疲劳特性，证明了泡沫铝复合材料在机床工作台中应用的可行性和优越性[111,115]。

近几年随着高速和超高速加工技术的发展，多孔金属在机床中的应用研究引起了国内学者越来越高的兴趣。傅建中等于2007年依托国家自然科学基金项目“高速机床运动部件多孔金属拓扑可调热结构新构型的研究”，提出了高速机床运动部件多孔金属拓扑可调热结构新构型，建立了描述多孔金属构件的静刚度、动刚度、热刚度的数学模型，发展了相应的数值方法和热模态分析实验系统[116]。2006年，卢天健等[117]依托国家自然科学基金项目“超轻多孔金属材料动态力学特性及能量吸收机理的基础研究”，对冲击、爆炸等强动载荷作用下多孔金属中所产生的应力波在介质中的传播规律，材料细观结构、孔隙率等对能量吸收等特性的影响方面开展了研究，并于2007年提出多孔金属轻质材料和结构在机床上的应用有可行性和优越性的观点，但在该方面未进行系统深入的研究。2017年，熊志斌[118]从点阵桁架夹芯结构拥有高比强度、高比刚度、轻质及抗冲击等特点的角度出发，进行了填充与不填充橡胶材料的微桁架夹芯板结构立柱的设计优化及其性能分析，得出采用微桁架夹芯板结构的立柱能更好地避免机床在低频激振时发生共振，而且填充橡胶材料后，立柱在相同谐波载荷激励下的谐响应较填充前有一定程度的改善。

1.4 泡沫铝复合材料在煤矿机械中应用的国内外研究现状

泡沫铝夹芯结构不仅具有优良的轻质性、高比强度、高比刚度、高阻尼减振性，而且还具有优良的隔声降噪性和隔热性。为此该复合材料在煤矿机械中也有良好的应用前景。本课题组依托“泡沫铝在钢球磨煤机减振降噪中的应用研究”(编号为MTKJ2010-290)项目，对泡沫铝复合材料在煤矿机械中的应用进行了一系列研究[33-34,39,119-121]。

溜槽是煤矿或选煤厂中广泛使用的一种煤炭输送设备，其在运行过程中产生的振动和噪声严重影响设备的使用寿命和工人的健康，因此研究降低煤矿溜槽的噪声具有重要的理论和现实意义。泡沫铝具有良好的阻尼性、减振性、吸声性、散热性等，因此课题组提出将泡沫铝层合板应用于煤矿溜槽，利用泡沫铝材料的轻质性、吸声性、阻尼性来提高溜槽的动态性能，降低溜槽工作时的振动和噪声。通过对泡沫铝夹芯结构梯形溜槽和L形溜槽的设计优化及其性能分析，证明了泡沫铝复合材料溜槽在静、动态性能，抗冲击吸能性能和隔声降噪方面均相较于传统溜槽有显著提高。

钢球磨煤机是火力发电厂广泛使用的用来磨碎煤块的机器设备。其在运行过程中产生的噪声为目前工业生产中最强的噪声之一，为此研究降低钢球磨煤机噪声具有重要的理论和现实意义。本课题组提出将泡沫铝应用于钢球磨煤机隔声罩和筒体，利用泡沫铝材料的吸声性能、阻尼性能来降低磨煤机对外辐射的噪声，并设计了泡沫铝层合结构钢球磨煤机隔声罩罩板，通过理论分析和实验研究证明用泡沫铝层合结构制造钢球磨煤机隔声罩和筒体可有效降低钢球磨煤机工作时的振动与噪声，为改善钢球磨煤机工作的环保性提供了新思路和新方法。

煤矿生产中，煤与瓦斯突出、瓦斯爆炸、火灾、坍塌等灾害性事故频发，直接威胁到矿工的生命安全和社会的安定，因此研究高安全性和舒适性的煤矿生产避难救援装备具有重要的理论和现实意义。矿用救生舱是当矿难发生时可为井下遇险矿工提供避难场所、等待救援的一种重要安全保障装备，泡沫铝具有高比刚度、高比强度、高吸能性、减振、隔热、阻燃、轻质等特点，以其为芯体制造泡沫铝夹芯结构矿用救生舱舱体，势必会提高其静态强度和刚度、抗爆炸冲击性能、保温隔热性能、抗振性及轻质性，进而提高矿用救生舱的安全性和舒适性。为此，本课题组提出泡沫铝夹芯结构矿用救生舱舱体新构型，并对其结构设计优化及相关性能进行了理论和有限元仿真分析，证明了采用泡沫铝夹芯结构矿用救生舱舱体在提高矿用救生舱的安全性、舒适性方面的可行性与有效性。

王章化[122]把泡沫金属夹芯板应用到矿用救生舱的防爆门中，然后分析了这种新型防爆门在瓦斯爆炸压力冲击作用下的结构响应，同时将模拟仿真结果与传统防爆门的矿用救生舱进行对比，分析了泡沫铝夹芯板对矿用救生舱安全性的影响，为新型矿用救生舱的设计提供了新的思路。

潘一山等[123]将泡沫铝材料应用到冲击地压巷道支护中，通过实验研究和数值计算证明了该方法的有效性，为有效防治冲击地压的发生，也为大幅度降低冲击动力灾害影响提供了可能。

综上所述，由于泡沫铝复合材料具有的独特结构与功能特性，而使得由此设计制造的相关机械结构可以有效地提升多项重要的服役性能。虽然国内外在此方面进行了大量的研究，但是，泡沫铝复合材料在各种车辆、机床、煤矿机械，乃至国防、航空航天、船舶、建筑等多种行业具有广泛而良好的应用前景，使得该方面研究仍有待于进一步拓展和深化，以尽快促成该方面研究成果的产业化。

1.5 本书的主要内容

本书是基于我们及课题组对泡沫铝复合材料在汽车、机床和煤矿机械方面应用研究的最新成果完成的，主要内容包括：

(1) 泡沫铝复合材料概述及其在各种车辆、机床和煤矿机械中应用的国内外研究现状。

(2) 泡沫铝填充结构油罐车后保险杠优化设计及性能分析。

(3) 泡沫铝填充结构机床立柱优化设计及性能分析。

(4) 泡沫铝夹芯结构矿用救生舱舱体优化设计及性能分析。

(5) 泡沫铝层合结构钢球磨煤机筒体设计及性能分析。

1.6 本章小结

本章首先介绍了泡沫铝复合材料的定义、分类及制造工艺，然后综述了泡沫铝复合材料在各种车辆、机床和煤矿机械中应用的国内外研究现状，最后介绍了本书的主要内容。

参考文献

[1] DENG F,FAN J Z,LIU Y Q,et al. Effect of Cu on pore structure of Al-Si foam[J]. Metals and materials international,2021,27(12):5239-5246.

[2] NAKAJIMA H,IDE T. Fabrication,properties and applications of porous metals with directional pores[J]. Materials science forum,2018,933:49-54.

[3] LIU Y Q,FAN J Z,MA Z L,et al. Progress in research and application of aluminum foam sandwich panels[J]. Materials review,2017(15):101-107.

[4] 邓凡,刘彦强,樊建中,等. 基于数字图像相关技术的泡沫铝复合结构的弯曲行为研究[J]. 稀有金属,2021,45(3):297-305.

[5] 于英华,单翔宇,范中海,等. 泡沫铝夹芯结构机床立柱多目标优化设计[J]. 机械科学与技术,2021,40(1):63-68.

[6] 于英华,要金龙,沈佳兴,等. 泡沫铝夹芯结构装甲车底板设计与性能分析[J]. 兵器材料科学与工程,2021,44(4):45-51.

[7] 沈佳兴,徐平,亓振,等. 钢-泡沫铝-钢层合结构矿用溜槽减振降噪优化及其性能分析[J]. 振动工程学报,2021,34(2):372-378.

[8] 徐平,杨昆,于英华. 泡沫铝/环氧树脂填充结构机床工作台的模拟研究[J]. 兵器材料科学与工程,2013,36(1):70-73.

[9] 于英华,梁冰. 基于网络交织复合材料预测泡沫铝/环氧树脂复合材料的有效弹性模量[J]. 机械工程材料,2008,32(11):90-92.

[10] 于英华. 泡沫铝/环氧树脂复合材料力学行为及应用研究[D]. 阜新:辽宁工程技术大学,2007.

[11] 谈海南. 泡沫铝/环氧树脂填充结构机床工作台的动力学特性研究[D]. 阜新:辽宁工程技术大学, 2012.

[12] YU Y H,WU X N,XU P. Research on damping of foamed Al composite filled epoxy resin in the holes[J]. Advanced materials research,2010,146/147:318-322.

[13] 于英华,余国军. 泡沫铝层合结构钢球磨煤机隔声罩降噪性能研究[J]. 煤炭学报,2012,37(1):158-161.

[14] 徐平,李巢,于英华,等. 油罐车后保险杠耐撞性设计仿真[J]. 计算机仿真,2019,36(5):159-163.

[15] 徐平,肖振,于英华,等. 泡沫铝夹芯结构高速移动工作台研究[J]. 机械设计,2012,29(3):65-68.

[16] 于英华,陈宇,陈玉明,等. 泡沫铝夹芯结构油罐车罐体研究[J]. 辽宁工程技术大学学报(自然科学版),2018,37(1):154-158.

[17] 于英华,刘明,陈玉明,等. 泡沫铝层合结构汽车发动机罩板研究[J]. 合肥工业大学学报(自然科学版),2017,40(4):461-465.

[18] 于英华,吴荣发,阮文松. 泡沫铝层合结构溜槽设计及其性能分析[J]. 机械设计,2017,34(4):65-69.

[19] 徐平,石瑞瑞,阮文松,等.泡沫铝夹芯结构汽车顶板的研究[J].机械科学与技术,2016,35(10):1636-1640.

[20] 杨昆,徐平.泡沫铝填充汽车前纵梁碰撞安全性仿真研究[J].计算机仿真,2017,34(7):141-144.

[21] 杨昆,于英华,沈佳兴.泡沫铝层合结构矿用溜槽的减振降噪性能研究[J].声学技术,2016,35(4):362-368.

[22] 徐平,沈佳兴,于英华,等.泡沫铝层合结构矿用溜槽减振优化设计[J].机械设计与研究,2016,32(3):165-169.

[23] XU P,XIAO Z,TAN H N,et al. Research of moving table with aluminum foam-filled structure[J]. Advanced materials research,2012,619:164-167.

[24] 徐平,马有松.泡沫铝/铸铁层合结构高速移动工作台的性能分析[J].世界科技研究与发展,2011,33(4):539-541.

[25] 徐平,杨昆,于英华,等.厚面板泡沫铝层合梁的弯曲模型与数值模拟研究[J].轻金属,2012(9):71-75.

[26] YU Y H,YU J,YANG C H. The optimization of aluminum foam compound board structure based on machine acoustic enclosure[J]. Advanced materials research,2010,146/147:123-126.

[27] 于英华,杨春红.泡沫铝夹芯结构的研究现状及发展方向[J].机械工程师,2006(3):43-45.

[28] 于英华,杨春红,徐平.泡沫铝板在机床降噪中的应用研究[J].机床与液压,2008,36(2):41-43.

[29] 于英华,阮德灵,王益博.泡沫铝层合结构钢球磨煤机筒体研究[J].机械设计,2014,31(7):93-96.

[30] 于英华,鲁勇,王益博.泡沫铝层合结构球磨煤机筒体降噪性能仿真分析[J].兵器材料科学与工程,2014,37(1):50-52.

[31] 于英华,王珏,高鑫,等.泡沫铝层合结构汽车地板研究[J].热加工工艺,2014,43(24):60-63.

[32] 于英华,王益博,谈海南,等.泡沫铝层合结构球磨机隔声罩板模态有限元分析[J].材料导报,2012,26(20):151-153.

[33] 沈佳兴,徐平,于英华.基于碰撞安全性的泡沫铝填充矿用救生舱优化及性能分析[J].振动与冲击,2020,39(9):248-253.

[34] 沈佳兴,徐平,于英华.泡沫铝填充结构救生舱热-压力耦合冲击性能研究[J].振动与冲击,2018,37(16):45-50.

[35] 于英华,单翔宇,范中海,等.泡沫铝夹芯结构机床立柱多目标优化设计[J].机械科学与技术,2021,40(1):63-68.

[36] 徐平,杨昆,于英华.泡沫铝/环氧树脂填充结构机床工作台的模拟研究[J].兵器材料科学与工程,2013,36(1):70-73.

[37] 于英华,陈玉明,沈佳兴,等.泡沫铝复合结构汽车B柱设计及其性能分析[J].辽宁工程技术大学学报(自然科学版),2018,37(3):611-614.

[38] 于英华，王烨，陈玉明. 泡沫铝填充结构大型齿轮优化设计及其性能分析[J]. 辽宁工程技术大学学报(自然科学版)，2017，36(9)：955-959.

[39] 徐平，沈佳兴，于英华，等. 泡沫铝填充结构救生舱多目标优化设计[J]. 中国安全生产科学技术，2017，13(3)：156-161.

[40] 于英华，张文龙，王馨甜，等. 泡沫铝填充结构汽车后保险杠研究[J]. 热加工工艺，2016，45(4)：43-45.

[41] 徐平，沈佳兴，阮德灵，等. 泡沫铝填充结构车门防撞梁优化设计[J]. 机械设计，2016，33(2)：44-47.

[42] 于英华，徐畅，阮德灵，等. 泡沫铝填充结构汽车车门防撞梁仿真[J]. 辽宁工程技术大学学报(自然科学版)，2014，33(12)：1698-1701.

[43] 于英华，沈佳兴，阮德灵，等. 泡沫铝填充结构机床工作台结构优化设计[J]. 机械设计，2014，31(11)：52-55.

[44] 于英华，李传歌，阮德灵，等. 泡沫铝填充结构机床工作台疲劳特性有限元仿真研究[J]. 兵器材料科学与工程，2014，37(3)：16-18.

[45] 李仲，徐平，孙佳铨. 泡沫铝填充结构机床工作台的有限元仿真研究[J]. 现代制造工程，2014(11)：78-82.

[46] XU P，XIAO Z，TAN H N，et al. Research of moving table with aluminum foam-filled structure[J]. Advanced materials research，2012，619：164-167.

[47] YU Y H，YANG K，XU P. Research on the application of foamed aluminum composite structure in high speed spindle[C]//2011 Third International Conference on Measuring Technology and Mechatronics Automation. January 6-7，2011，Shanghai，China. IEEE，2011：95-98.

[48] YU Y H，YU G J，YANG C H. The optimization of aluminum foam compound board structure based on machine acoustic enclosure[J]. Advanced materials research，2010，146/147：123-126.

[49] 于英华，鲁勇. 泡沫铝阻尼塞在矿山机械重型齿轮中的应用研究[J]. 兵器材料科学与工程，2014，37(1)：35-38.

[50] YU Y H，ZHAO P，CHEN Z Z. Experimental research on properties of reduction in vibration and noise of foamed aluminum damping-plug in gear[C]//The Symposium of the 3th International Conference on Modern Mining and Security Technology. Fuxin，China，2008.

[51] 于英华，高华. 泡沫铝齿轮阻尼塞减振特性有限元分析[J]. 现代制造工程，2008(9)：67-69.

[52] 于英华，陈棕桢. 泡沫铝阻尼塞在齿轮传动中的减振降噪特性的研究[J]. 组合机床与自动化加工技术，2007(10)：35-37.

[53] 于英华，赵鹏. 泡沫铝复合结构内圆磨杆设计及其性能分析[J]. 煤矿机械，2008，29(11)：23-25.

[54] 于英华，赵鹏. 泡沫铝/合金钢复合结构刀杆的性能研究[J]. 机械设计与制造，2008(12)：129-131.

[55] 于英华,余国军,徐平. 泡沫铝齿轮阻尼塞减振降噪性能研究[J]. 制造技术与机床,2010,(8):84-86.
[56] 于英华,梁宇,李传歌,等. 泡沫铝填充管结构汽车发动机支架仿真分析[J]. 兵器材料科学与工程,2014,37(6):21-24
[57] 徐平,杨昆,于英华. 先进孔形态泡沫铝单元填充方管的压缩性能[J]. 机械工程材料,2013,37(7):33-36.
[58] 徐平,高鑫,宋海,等. 泡沫铝填充结构防撞梁耐撞性仿真研究[J]. 兵器材料科学与工程,2013,36(6):25-28.
[59] 徐平,苏子龙,李仲,等. 泡沫铝填充结构自卸车副车架有限元分析[J]. 广西大学学报(自然科学版),2014,39(3):591-597.
[60] YU Y H, TAN H N, YANG K, et al. Crash safety and light quality of automobile bumper made of tube filled with foam aluminum[J]. Advanced materials research, 2012,619:168-171.
[61] YU Y H, WU X N, XU P. Research on damping of foamed Al composite filled epoxy resin in the holes[J]. Advanced materials research,2010,146/147:318-322.
[62] 于英华,吴雪娜,郎国军. 泡沫铝汽车碰撞吸能器仿真分析[J]. 世界科技研究与发展,2012,34(2):184-187.
[63] 于英华,宋海,吴雪娜,等. 泡沫铝填充汽车车架的抗振性研究[J]. 材料导报,2012,26(10):144-146.
[64] 于英华,郎国军. 基于 LS-DYNA 的汽车保险杠碰撞仿真研究[J]. 计算机仿真,2007,24(12):235-238.
[65] 于英华,杨春红,梁冰. 泡沫铝填充管汽车保险杠的研究[J]. 辽宁工程技术大学学报,2006,25(6):907-910.
[66] 于英华,梁冰. 泡沫铝齿轮阻尼环减振降噪特性分析[J]. 沈阳工业大学学报,2004,26(3):247-249.
[67] 徐平,马春亮,于英华. 基于 MATLAB 的磁流体-泡沫金属减振器的仿真研究[J]. 机械设计,2008,25(10):38-40.
[68] 徐平,马春亮,于英华. 新型磁流体-泡沫金属减振器研究[J]. 机械设计与制造,2008(4):121-122.
[69] 徐平,马春亮,于英华. 磁流体-泡沫金属减振器的仿真与试验研究[J]. 机械设计,2009,26(10):12-14.
[70] 于英华,陈思宇,徐平. 磁流体-泡沫金属减振器磁路优化设计[J]. 世界科技研究与发展,2012,34(3):390-393.
[71] 徐平,杨昆,于英华. 泡沫铝微结构的分形特征及与孔隙率的关系研究[J]. 材料导报,2011,25(22):140-143.
[72] 徐平,王洋,于英华. 电流变技术在机床切削颤振控制中的应用[J]. 机械设计与制造,2008(3):131-133.
[73] 徐平,王洋,于英华. 基于磁流体-泡沫金属的机床颤振在线监控系统[J]. 机械制造,2007,45(3):52-55.

[74] YU Y H, SHEN J X, RUAN W S, et al. Simulation on fuzzy control on chatter system based on magnetic fluid/foam metal[J]. Applied mechanics and materials, 2014, 635/636/637: 1260-1265.

[75] 祖国胤，张敏，姚广春，等. 轧制复合-粉末冶金发泡工艺制备泡沫铝夹心板[J]. 过程工程学报，2006，6(6)：973-977.

[76] 程涛，向宇，李健，等. 泡沫铝异型件的制备技术和工艺[J]. 机械设计与制造，2010(6)：259-261.

[77] 赵维民，马彦东，侯淑萍，等. 泡沫金属的发展现状研究与应用[J]. 河北工业大学学报，2001，30(3)：50-55.

[78] 赵增典，张勇，李杰. 泡沫金属的研究及其应用进展[J]. 轻合金加工技术，1998，26(11)：1-4.

[79] 张敏，祖国胤，姚广春. 新型泡沫铝三明治板的弯曲性能[J]. 过程工程学报，2007，7(3)：628-631.

[80] HANSSEN A G, LANGSETH M, HOPPERSTAD O S. Static and dynamic crushing of square aluminium extrusions with aluminium foam filler[J]. International journal of impact engineering, 2000, 24(4): 347-383.

[81] MIKKELSEN L P. A numerical axisymmetric collapse analysis of viscoplastic cylindrical shells under axial compression[J]. International journal of solids and structures, 1999, 36(5): 643-668.

[82] ASHBY M F, EVANS A G, FLECK N A，等. 泡沫金属设计指南[M]. 刘培生，王习述，李言祥，译. 北京：冶金工业出版社，2006.

[83] 曾顺民，王宏雁. 泡沫铝材在汽车车门轻量化中的应用[J]. 上海汽车，2004(11)：35-36.

[84] 李晓豁，白帅伟，胡延涛，等. 纵梁填充泡沫铝 SUV 车架的正面碰撞仿真研究[J]. 广西大学学报(自然科学版)，2012，37(5)：903-906.

[85] 刘春盟. 泡沫铝吸能特性及其在汽车保险杠中的应用研究[D]. 哈尔滨：哈尔滨工业大学，2011.

[86] 曾繁波. 泡沫铝填充管的吸能特性研究及其在轿车前纵梁结构中的应用[D]. 广州：华南理工大学，2014.

[87] 庄维. SUV 车架纵梁填充泡沫铝的轻量化效果及碰撞安全性研究[D]. 广州：华南理工大学，2016.

[88] 赵光磊. 泡沫铝夹层板在汽车侧碰耐撞性中的应用研究[D]. 哈尔滨：哈尔滨工业大学，2017.

[89] 王萍萍. 泡沫铝的相关性能及应用研究[D]. 阜新：辽宁工程技术大学，2004.

[90] 刘建英. 泡沫铝夹芯结构汽车保险杠的研究及结构优化[D]. 阜新：辽宁工程技术大学，2005.

[91] 郎国军. 泡沫铝吸能器在汽车正面碰撞安全中应用的仿真研究[D]. 阜新：辽宁工程技术大学，2007.

[92] 吴雪娜. 泡沫铝在汽车车架中的应用研究[D]. 阜新：辽宁工程技术大学，2012.

[93] 宋海. 泡沫铝填充结构汽车车门防撞梁研究[D]. 阜新:辽宁工程技术大学,2013.
[94] 李仲. 泡沫铝填充结构自卸车副车架的有限元仿真研究[D]. 阜新:辽宁工程技术大学,2014.
[95] 李传歌. 泡沫铝填充结构汽车发动机支架研究[D]. 阜新:辽宁工程技术大学,2014.
[96] 王馨甜. 泡沫铝填充结构汽车后保险杠研究[D]. 阜新:辽宁工程技术大学,2014.
[97] 高鑫. 泡沫铝层合结构汽车地板研究[D]. 阜新:辽宁工程技术大学,2014.
[98] 鲁勇. 泡沫铝填充结构大型齿轮研究[D]. 阜新:辽宁工程技术大学,2014.
[99] 王珏. 泡沫铝层合结构汽车顶板的相关研究[D]. 阜新:辽宁工程技术大学,2015.
[100] 苏子龙. 泡沫铝层合结构汽车发动机罩板的相关研究[D]. 阜新:辽宁工程技术大学,2015.
[101] 徐畅. 泡沫铝填充结构轿车 B 柱的研究[D]. 阜新:辽宁工程技术大学,2015.
[102] 刘明. 泡沫铝夹芯结构油罐车罐体研究[D]. 阜新:辽宁工程技术大学,2016.
[103] 陈宇. 泡沫铝夹芯结构油罐车罐体优化设计及其关键性能分析[D]. 阜新:辽宁工程技术大学,2017.
[104] 高文硕. 泡沫铝夹芯结构装甲车底板优化设计及性能分析[D]. 阜新:辽宁工程技术大学,2020.
[105] 杨昆. 泡沫铝填充结构汽车车架耐撞性及动态特性研究[D]. 阜新:辽宁工程技术大学,2013.
[106] MÖHRING H C, BRECHER C, ABELE E, et al. Materials in machine tool structures[J]. CIRP annals,2015,64(2):725-748.
[107] KIM I D,JUNG C S,LEE E J,et al. Parametric study on design of composite-foam-resin concrete sandwich structures for precision machine tool structures[J]. Composite structures,2006,75(1/2/3/4):408-414.
[108] DEGISCHER H P,KRISZT B. Handbook of cellular metals:production,processing,applications[M]. Winheim:Wiley,2002.
[109] KASHIHARA M. Characteristics of Machine Tools Using Lotus-Type Porous Carbon Steel and Damping Property[C]//International Machine Tools Engineers Conference[IMEC],Tokyo,Japan,2014.
[110] SIMON M. Experimental research regarding rigidity improvement of hollow machine tools structures using aluminum foam[J]. Procedia technology,2015,19:228-232.
[111] 王萍萍. 泡沫铝的相关性能及应用研究[D]. 阜新:辽宁工程技术大学,2004.
[112] 杨春红. 泡沫铝板在机床隔声罩中的应用研究[D]. 阜新:辽宁工程技术大学,2007.
[113] 杨昆,徐平. 泡沫铝填充方钢管的连接方式对其阻尼性能的影响研究[J]. 现代制造工程,2018(1):11-14.
[114] 陈思宇. 基于磁流变-泡沫金属阻尼器的机床颤振模糊控制系统研究[D]. 阜新:辽宁工程技术大学,2009.
[115] 肖振. 泡沫铝填充结构机床工作台结构设计与性能研究[D]. 阜新:辽宁工程技术大学,2013.

[116] HE Y,FU JIAN Z,CHEN Z C. Research on the thermal property of machine tool slides based on cellular structures[J]. Key engineering materials,2010,426/427:422-426.

[117] 卢天健,张钱城,王春野,等.轻质材料和结构在机床上的应用[J].力学与实践,2007,29(6):1-8.

[118] 熊志斌.桁架型机床支撑件的结构设计和分析[D].大连:大连理工大学,2017.

[119] 余国军.泡沫铝层合结构钢球磨煤机隔声罩研究[D].阜新:辽宁工程技术大学,2011.

[120] 阮德灵.泡沫铝层合结构矿用溜槽结构设计及其减振降噪特性研究[D].阜新:辽宁工程术大学,2015.

[121] 阮文松.泡沫铝层合结构溜槽研究[D].阜新:辽宁工程技术大学,2015.

[122] 王章化.瓦斯爆炸荷载作用下矿用救生舱动力响应研究[D].哈尔滨:哈尔滨工业大学,2012.

[123] 潘一山,马箫,肖永惠,等.矿用防冲吸能支护构件的数值分析与实验研究[J].实验力学,2014,29(2):231-238.

第 2 章　泡沫铝填充结构油罐车后保险杠优化设计及性能分析

2.1　引言

2.1.1　研究泡沫铝填充结构油罐车后保险杠的意义

随着经济发展水平的提高，各类液态危险化学品的需求量不断增加，罐式车辆作为液态危险化学品运输的主要工具，其保有量日益增加，随之而来的是罐式车辆追尾碰撞爆炸事故的增加。近年来，罐式车辆被追尾引发的二次特重大交通事故，给国家和人民生命财产造成了重大损失[1-8]。

汽车碰撞分为高速碰撞和低速碰撞，高速碰撞带来比低速碰撞更大的破坏，伴随着油罐车罐体破裂、运输油泄漏，导致发生二次特重大交通事故的概率更高。所以研究高速碰撞，对于防止油罐车在追尾碰撞中罐体破裂、运输油泄漏从而导致二次特重大交通事故具有重要意义。油罐车追尾交通事故中最怕出现的情况就是运输油泄漏引起油罐车爆炸，所以油罐车后保险杠在油罐车追尾碰撞事故中的最大变形量和吸能性研究至关重要。目前常规油罐车后保险杠为空心管结构，提高油罐车后保险杠的碰撞安全性能的一种方法是对现有油罐车后保险杠结构进行优化。另一种方法是寻找性能优良的新型材料代替原有材料进行设计，从而提高油罐车后保险杠的碰撞安全性能。我国汽车产业“十一五”发展规划已经明确指出新材料、新技术是汽车产业技术进步的主攻方向之一。因此，研究采用新材料制造专用车部件对于像我国这样的制造大国具有重要意义。由于泡沫铝具有轻质、高比强度、不易燃、吸能良好、隔热、吸声、可回收利用等性能，以其为芯体形成的填充结构在提高结构的轻质性、碰撞吸能性方面具有很大的优越性。所以将泡沫铝作为填充结构应用于油罐车后保险杠，必将会提高其碰撞安全性，进而提高油罐车安全性，因此研究泡沫铝填充结构油罐车后保险杠具有重要的理论和现实意义。

2.1.2　本章的研究内容

本章研究的主要内容如下：

(1) 选取某种油罐车后保险杠为设计原型，参照其外形结构尺寸，结合泡沫铝的结构功能特性，在保证轻质的前提下，初步设计泡沫铝填充结构油罐车后保险杠。考虑颠簸路面最大垂直惯性力和保险杠自身重力，对其进行了力学分析，然后进一步对其强度、刚度进行验证。

(2) 分析汽车碰撞模拟仿真的显式非线性有限元理论，对单元选取、沙漏模式、接触算法及时间步长等仿真所涉及的参数控制或算法，结合本书情况合理地选择相关参数和控制方法。

(3) 基于 ANSYS 软件，依据相关规范要求，对两种油罐车后保险杠大型车辆追尾正碰、左倾 30°追尾侧碰和乘用车追尾钻入碰撞进行有限元仿真分析，得出其发生碰撞事故时的吸能曲线、变形响应图、应力响应图、加速度曲线等，并进行对比分析，初步证明泡沫铝填充结构油罐车后保险杠在提高油罐车轻质性和安全性方面的可行性。

(4) 运用 ANSYS Workbench 软件中结构优化分析模块对泡沫铝填充结构油罐车后保险杠进行多目标参数优化设计，以优化泡沫铝填充结构油罐车后保险杠结构，使其优越性更突出。

(5) 对优化后的泡沫铝填充结构油罐车后保险杠进行大型车辆追尾正碰、左倾 30°追尾侧碰和乘用车追尾钻入碰撞有限元仿真分析，获得其在发生上述三种事故中的吸能曲线、变形响应图、应力响应图、加速度曲线，并与原型保险杠和优化前泡沫铝填充结构油罐车后保险杠的对应曲线或响应图进行对比分析，证明优化设计可使泡沫铝填充结构油罐车后保险杠的轻质性和安全性得到进一步提高。

2.2 泡沫铝填充结构油罐车后保险杠初步设计

2.2.1 原型油罐车后保险杠的选取

本书选取防护面积最大、吸能性较为优越的护栏式后防护装置作为油罐车后保险杠原型。其结构简图如图 2-1 所示，三维简图如图 2-2 所示，横梁和纵梁为 100 mm×50 mm×4 mm 矩形管焊接而成，支撑件为 100 mm×100 mm×6 mm 方管焊接而成，连接卡槽与油罐车后保险杠座连接。其材料为 Q235，性能参数如表 2-1 所示。

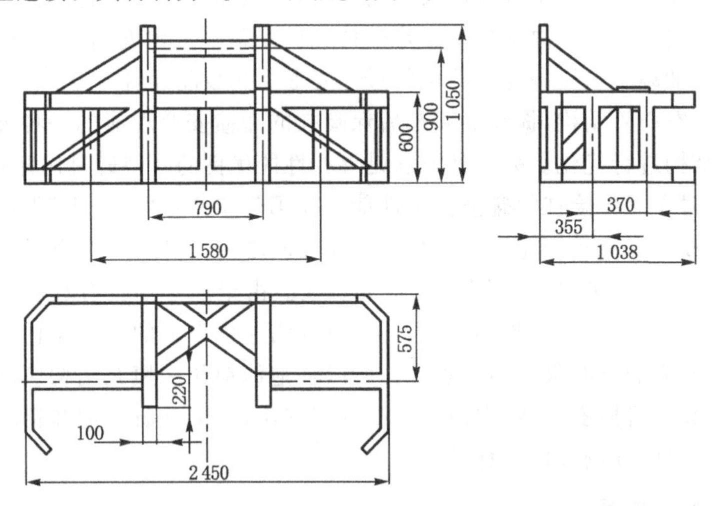

图 2-1 原型结构油罐车后保险杠结构尺寸简图

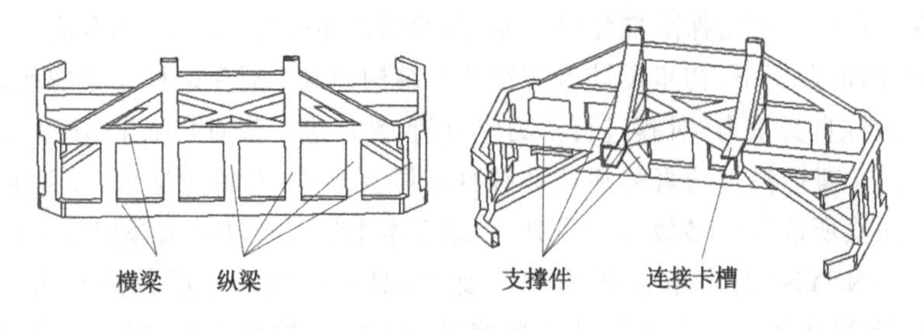

图 2-2 原型结构油罐车后保险杠三维简图

表 2-1　Q235 性能参数

参数	取值
密度 ρ/(kg/m³)	7 850
弹性模量 E/MPa	2.06×10^5
剪切模量 G/MPa	7.9×10^4
泊松比 μ	0.3
屈服强度 σ_s/MPa	235

2.2.2　泡沫铝填充结构油罐车后保险杠初步设计

为了不影响油罐车后保险杠的防护性能，泡沫铝填充结构油罐车后保险杠外形尺寸与原型结构油罐车后保险杠一致。减小矩形管壁厚 t_1 和方管壁厚 t_2，并将其空心处填充泡沫铝材料，如图 2-3 所示，以此达到在保证轻质性的前提下提高油罐车后保险杠碰撞安全性的目的。

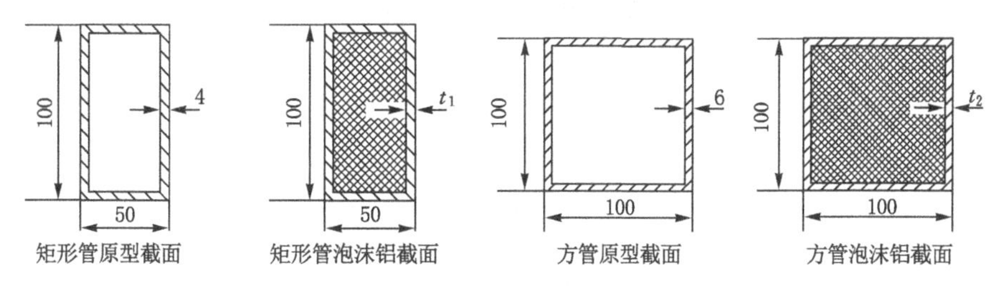

图 2-3　泡沫铝填充管示意图

由于闭孔泡沫铝材料比开孔泡沫铝材料吸能性好，在力学、物理性能等方面更优越，所以相比开孔泡沫铝材料，闭孔泡沫铝材料更适合应用于结构型和应用型场合，如吸音器、承载部件吸能装备、支撑件等。故本书选择闭孔泡沫铝材料作为泡沫铝填充结构油罐车后保险杠的填充芯体材料。闭孔泡沫铝材料性能参数如表 2-2 所示。

表 2-2　闭孔泡沫铝材料性能参数[8]

参数	取值
密度 ρ/(kg/m³)	540
弹性模量 E/MPa	1.2×10^4
剪切模量 G/MPa	4.5×10^3
泊松比 μ	0.33
屈服强度 σ_s/MPa	24

图 2-4 所示为泡沫铝填充结构油罐车后保险杠矩形管和方管截面图。

为保证其轻质性，t_1、t_2需满足下列方程：

$$\rho_1(S_1L_1+S_3L_2)+\rho_2(S_2L_1+S_4L_2)<\rho_1(S_5L_1+S_6L_2) \tag{2-1}$$

$$\begin{cases} S_1=300t_1-4t_1^2, & S_2=5\ 000-S_1 \\ S_3=400t_2-4t_2^2, & S_4=10\ 000-S_3 \\ 0<t_1<4, & 0<t_2<6 \end{cases} \tag{2-2}$$

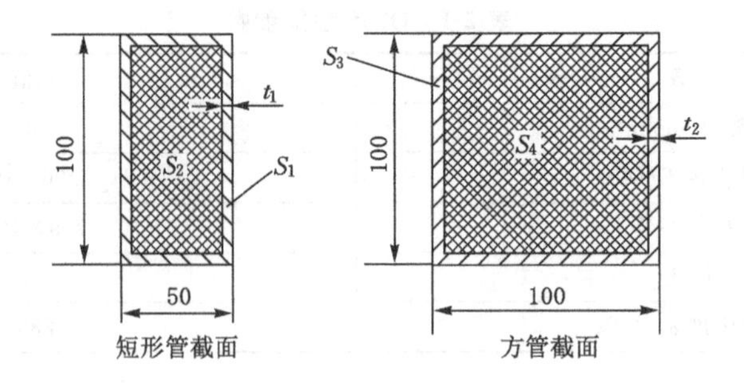

图 2-4　泡沫铝填充管截面图

式中　S_1,S_2——泡沫铝填充结构油罐车后保险杠中矩形管管壁和填充芯截面积,mm^2;

S_3,S_4——泡沫铝填充结构油罐车后保险杠中方管的管壁和填充芯截面积,mm^2;

S_5——原型结构油罐车后保险杠中矩形管壁截面积,1 136 mm^2;

S_6——原型结构油罐车后保险杠中方管壁截面积,2 256 mm^2;

L_1,L_2——矩形管和方管的等效长度,分别为 16 530 mm 和 6 097 mm;

ρ_1,ρ_2——Q235 和泡沫铝密度,分别为 7 850 kg/m^3 和 540 kg/m^3。

利用 MATLAB 计算出 t_2、t_1 尺寸范围曲线如图 2-5 所示,图中阴影部分都满足轻质性要求。初拟 $t_1=2.5$ mm,$t_2=4.5$ mm,即初步设计泡沫铝填充结构油罐车后保险杠中作为横梁和纵梁的矩形管为 100 mm×50 mm×2.5 mm,壁厚 t_1 减小 1.5 mm;作为支撑件的方管为 100 cm×100 cm×4.5 mm,壁厚 t_2 减小 1.5 mm,$t_1=2.5$ mm 和 $t_2=4.5$ mm 作为后续优化设计初始迭代厚度。

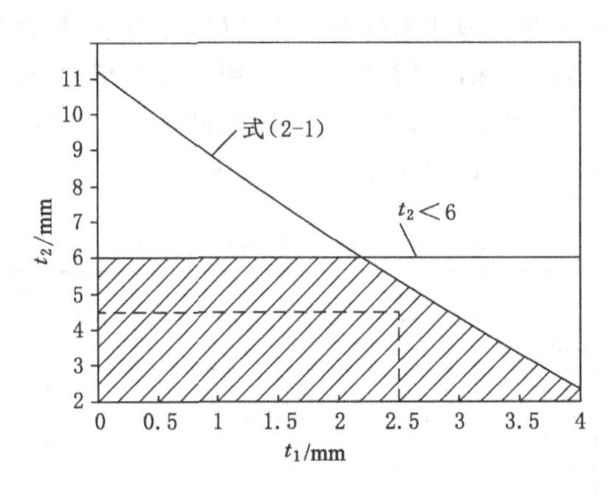

图 2-5　t_2、t_1 尺寸范围曲线

2.2.3　泡沫铝填充结构油罐车后保险杠的轻质性验证

2.2.3.1　原型结构油罐车后保险杠建模及质量分析

根据上述原型结构油罐车后保险杠结构尺寸,利用 Creo 三维建模软件建立原型结构油罐车后保险杠三维模型,如图 2-6 所示。

Creo 建模软件中自带模型质量属性分析功能,利用此功能分析原型结构油罐车后保险杠质量。输入 Q235 低碳钢材料密度 7.8×10^{-6} kg/mm^3,得出分析结果如表 2-3 所示,原型

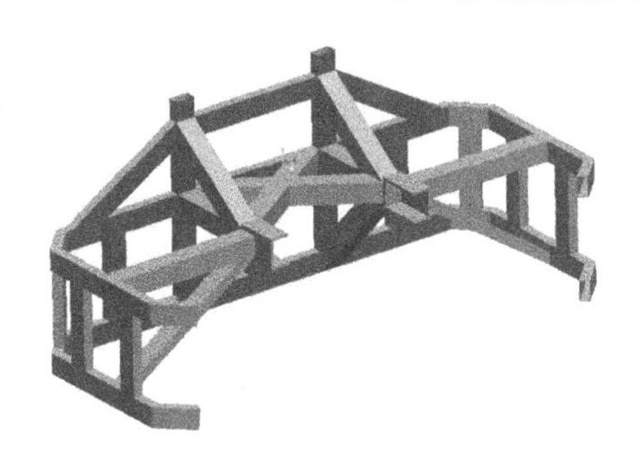

图 2-6　原型结构油罐车后保险杠三维模型

结构油罐车后保险杠质量为 280 kg。

表 2-3　质量分析结果

体积/mm^3	曲面面积/mm^2	密度/(kg/mm^3)	质量/kg
3.565E+7	1.476E+7	7.85E−6	2.798E+2

2.2.3.2　泡沫铝填充结构油罐车后保险杠建模及质量分析

泡沫铝填充结构油罐车后保险杠模型主要分为两部分：Q235 低碳钢薄壁金属管框架结构和泡沫铝内填充结构。外形结构上，泡沫铝填充结构油罐车后保险杠与原型结构油罐车后保险杠相同，利用 Creo 建模软件建立泡沫铝填充结构油罐车后保险杠三维模型，如图 2-7 所示，泡沫铝填充材料用红色（软件中显示）表示，Q235 低碳钢薄壁金属管框架结构用灰色表示。

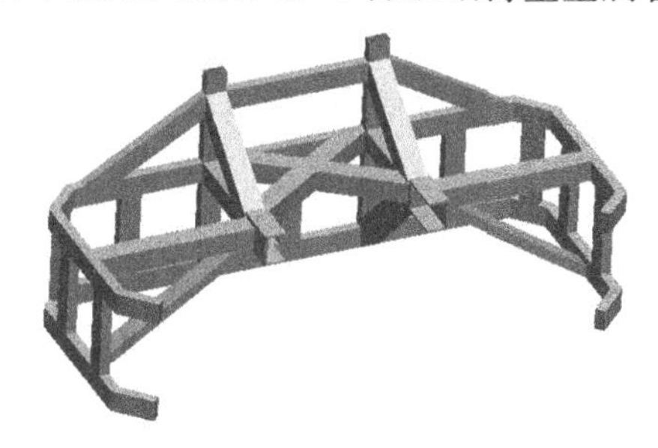

图 2-7　泡沫铝填充结构油罐车后保险杠三维模型

利用模型质量属性分析功能分析泡沫铝填充结构油罐车后保险杠质量，输入 Q235 低碳钢材料密度 7.8×10^{-6} kg/mm^3，泡沫铝材料密度 5.4×10^{-7} kg/mm^3，得出分析结果：Q235 低碳钢薄壁金属管框架结构质量为 198 kg，泡沫铝内填充结构质量为 66 kg 如表 2-4 所示，初步设计的泡沫铝填充结构油罐车后保险杠总质量 264 kg。

表 2-4　质量分析结果

名称	体积/mm^3	曲面面积/mm^2	密度/(kg/mm^3)	质量/kg
薄壁金属管框架结构	2.52E+7	1.506E+7	7.85E−6	1.978E+2
泡沫铝填充芯	1.226E+8	7.359E+6	5.4E−7	6.623E+1

2.2.3.3 轻质性验证

将上述所得原型结构油罐车后保险杠和泡沫铝填充结构油罐车后保险杠质量列于表2-5，可知泡沫铝填充结构油罐车后保险杠质量为 264 kg，相比于原型结构油罐车后保险杠质量 280 kg 减少了 16 kg，即减重 5.7%，满足轻质性要求。

表 2-5 质量对比

原型结构油罐车后保险杠质量值/kg	泡沫铝填充结构油罐车后保险杠质量值/kg	质量减轻值/kg
280	264	16

2.2.4 油罐车后保险杠颠簸力仿真分析

2.2.4.1 仿真分析步骤

(1) 模型建立

由于 ANSYS Workbench 软件可以与各种三维软件实现模型共享，所以原型结构和泡沫铝填充结构油罐车后保险杠颠簸力仿真分析模型沿用上节 Creo 软件绘制的模型。

(2) 材料性能参数添加

油罐车后保险杠 Q235 低碳钢薄壁金属管框架结构材料属性设置按照表 2-1 中 Q235 材料特性依次设置，泡沫铝填充芯结构材料属性设置按照表 2-2 泡沫铝材料性能参数依次设置。

(3) 网格划分

油罐车后保险杠颠簸力仿真分析网格划分选择自动网格划分。

(4) 载荷计算

当油罐车行驶在平缓路面时，油罐车后保险杠只受自重载荷。但当油罐车在颠簸路面行驶时，油罐车后保险杠除了承受其自身重力外，还受到来自路面起伏所产生的垂直惯性力。垂直惯性力计算公式如下：

$$F=ma \tag{2-3}$$

式中 F——颠簸路面垂直惯性力，N；

m——油罐车后保险杠质量，kg；

a——颠簸路面垂直加速度，m/s^2。

根据相关规范，考虑到油罐车行驶路面的实际情况，选取汽车在简易铺装三级公路上行驶时最大垂直加速度 $a\approx12$ m/s^2[9]。以较为严苛的路面条件作为本节的研究基础，取颠簸路面垂直加速度为 $2g$（$g=10$ m/s^2，为重力加速度），代入式(2-3)，同时考虑到油罐车后保险杠还受自身重力，所以对油罐车后保险杠施加 $3mg$ 即 3 倍重力载荷。

(5) 约束与载荷

对油罐车后保险杠上连接卡槽施加固定约束，将 3 倍重力载荷均匀施加在油罐车后保险杠上，如图 2-8 所示。

2.2.4.2 结果与分析

仿真分析的两种结构油罐车后保险杠变形响应、应力响应图分别如图 2-9 和图 2-10 所示。

由图 2-9 可以看到，原型结构和泡沫铝填充结构油罐车后保险杠在 3 倍重力载荷作用

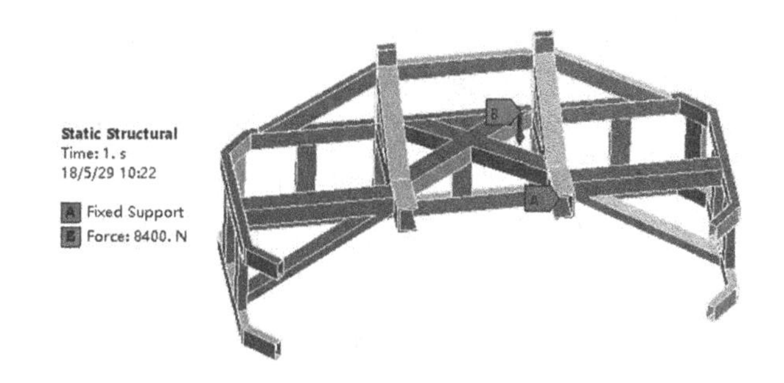

图 2-8 约束与载荷

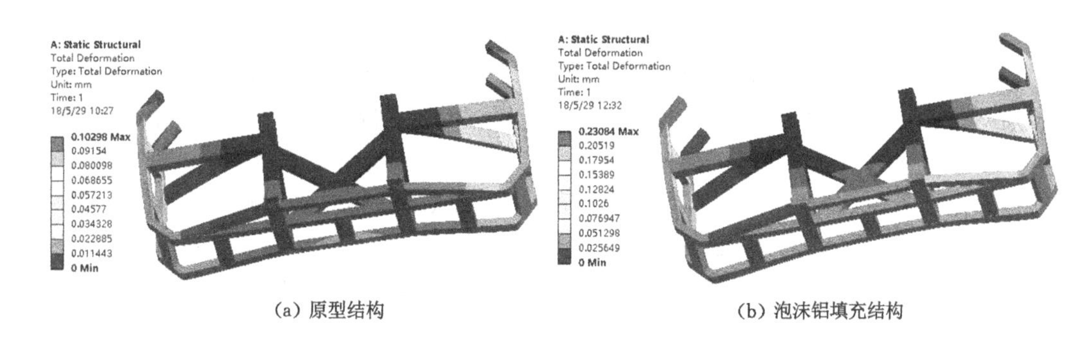

(a) 原型结构 (b) 泡沫铝填充结构

图 2-9 油罐车后保险杠变形响应图

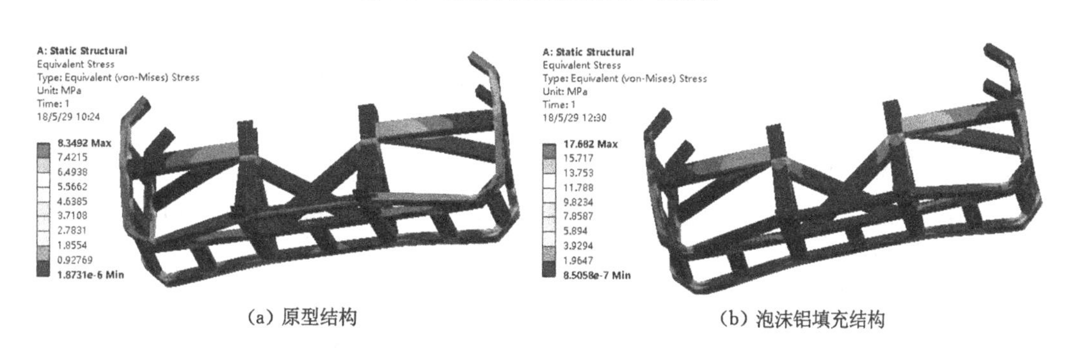

(a) 原型结构 (b) 泡沫铝填充结构

图 2-10 油罐车后保险杠应力响应图

下，其最大变形分别为 0.103 mm 和 0.231 mm，两者只相差 0.128 mm，表明两种结构油罐车后保险杠变形量微小，保险杠在 3 倍重力载荷作用下变形可以忽略不计；由图 2-10 可以看出，两种结构油罐车后保险杠在 3 倍重力载荷作用下最大应力分别为 8.349 MPa 和 17.682 MPa，两者相差 9.333 MPa，远小于材料 Q235 的屈服强度 235 MPa。

综合上述分析可以得出，初步设计的泡沫铝填充结构油罐车后保险杠刚度和强度符合设计要求，且泡沫铝填充结构对后保险杠刚度和强度的影响不大。

2.3 油罐车后保险杠追尾正碰安全性仿真分析

2.3.1 相关规范

现有汽车碰撞法规大多是关于乘用车辆与乘用车辆之间碰撞或乘用车辆追尾钻入碰撞

大型车辆的安全法规，而关于大型车辆追尾危险货物运输车辆的法规少有涉及。所以本章关于油罐车后保险杠大型车辆追尾正碰特性仿真分析综合考虑《乘用车后碰撞燃油系统安全要求》(GB 20072—2006)、《关于就追尾碰撞中被撞车辆的结构特性方面批准车辆的统一规定》(ECE R32)和《汽车和挂车后下部防护要求》(GB 11567.2—2001)(注：本部分研究完成于新国标实施前，主要通过仿真分析证明在油罐车发生追尾碰撞时，所设计的泡沫铝夹芯结构后防护装置的变形量小于原型结构后防护装置的变形量，进而证明泡沫铝夹芯结构后防护装置在提高油罐车后碰撞安全性方面的优越性。因此，部分要求沿用的是旧国标)，总结出以下准则：

(1) 追尾车辆简化成移动壁障的形式，前端碰撞表面为刚性，移动壁障宽 1 700 mm，高 600 mm，质量取 10 t，对移动壁障施加 40 km/h 的初始速度。

(2) 在所考察的碰撞时间范围内后保险杠最大吸收内能越大说明其防护性能越好。根据标准《公路护栏安全性能评价标准》(JTG B05-01—2013)，防护装置要吸收碰撞初始动能的 44%以上才能保证油罐车安全[1]。移动壁障质量取 10 t，追尾碰撞初始速度为 40 km/h，初始动能为 617.28 kJ，后保险杠至少吸收 271.6 kJ 的能量才能保证油罐车安全。

(3) 在所考察的碰撞时间范围内后保险杠允许变形、开裂，但是不能整体脱落，后保险杠最大变形量越小说明其防护性能越好。后保险杠最大变形量不能超过 500 mm，防止追尾车辆对油罐车罐体造成破坏。

(4) 在所考察的碰撞时间范围内各时刻后保险杠最大应力越小说明其防护性能越好。整个碰撞过程中最大应力不能超过材料屈服极限 235 MPa。

(5) 在所考察的碰撞时间范围内加速度峰值越小说明其防护性能越好。要求最大加速度不大于 40g。

2.3.2 追尾正碰有限元模型建立

在 APDL 的 LS-DYNA 模块中打开油罐车后保险杠追尾正碰有限元模型，由于模型是左右对称的，为了节省计算资源可取模型右半边进行有限元仿真[1]。

油罐车后保险杠有限元模型结构复杂，直接生成的网格会出现大量单元退化问题，导致网格质量降低。为了解决这个问题，本书采用几何分解法对模型进行适当切割[1]，为方便查看和操作将被切割后相邻的面或实体显示为不同颜色(这种几何分解法是针对网格划分的，被切割的面或实体仍然是一个整体，切割过的面或实体划分网格后并不会增加整体模型的节点数量和单元数量)，方便后续网格划分的进行。原型结构油罐车后保险杠有限元模型如图 2-11 所示，初步设计泡沫铝填充结构油罐车后保险杠有限元模型如图 2-12 所示。

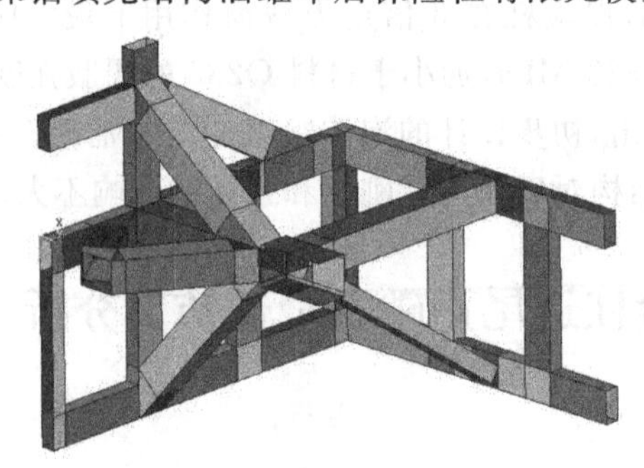

图 2-11　原型结构油罐车后保险杠有限元模型

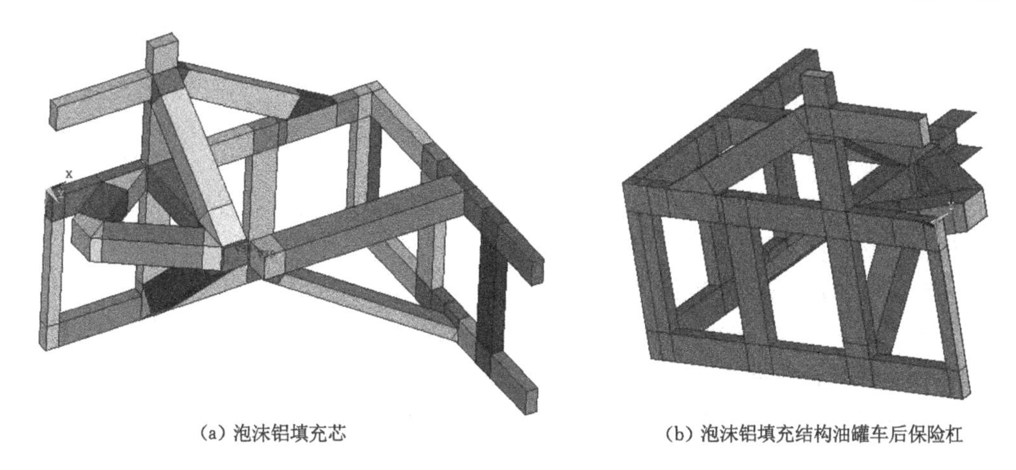

(a) 泡沫铝填充芯　　(b) 泡沫铝填充结构油罐车后保险杠

图 2-12　初步设计泡沫铝填充结构油罐车后保险杠有限元模型

2.3.3　单元类型、材料属性及网格划分

2.3.3.1　单元类型

油罐车后保险杠 Q235 低碳钢薄壁金属管框架结构单元模型选择 SHELL163 薄壳单元，此单元是一个 4 节点显示结构薄壳单元，有弯曲和膜特征，可加平面和法向载荷，支持显示动力学分析所有非线性特征。泡沫铝填充结构单元模型选择 SOLID164 实体单元，单元属性设为默认即可。

根据油罐车后保险杠变形情况和沙漏控制原则选择 S/R 单元算法，该算法适合可预见的大变形计算，通过可选择的简化积分代替沙漏控制的一点积分，可以避免部分沙漏模式的出现。

2.3.3.2　材料非线性理论分析

材料在弹性变形阶段，它的应力-应变关系是线性关系，但是在很多实际工程应用中如材料结构在碰撞过程中产生了大的变形，应力大于材料的屈服极限时，材料变形进入塑性变形阶段，这时应力-应变关系是非线性关系。

材料变形中应力超过屈服点会出现不可恢复的塑性应变，有：

$$\varepsilon=\varepsilon_e+\varepsilon_p \tag{2-4}$$

式中　ε——材料的应变；

ε_e——材料的弹性变形；

ε_p——材料的塑性变形。

应力-应变的非线性关系为：

$$\sigma=\varphi(\varepsilon) \tag{2-5}$$

式中　σ——材料的应力。

常用的屈服准则如下：

(1) 特雷斯卡(Tresca)屈服准则

当变形体内部某质点的最大剪切应力达到临界值时，该质点的材料发生屈服，屈服准则表达式如下：

$$\begin{cases}|\sigma_1-\sigma_2|=\sigma_s\\|\sigma_2-\sigma_3|=\sigma_s\\|\sigma_1-\sigma_3|=\sigma_s\end{cases} \tag{2-6}$$

式中 σ_1——第一主应力；

σ_2——第二主应力；

σ_3——第三主应力；

σ_s——屈服应力。

特雷斯卡屈服准则表达式结构简单，但是不足以反映出第二主应力的影响，有时会带来很大的误差。

(2) 米泽斯(Mises)屈服准则

其改善了第二主应力的影响，且不需要考虑区分主应力的大小次序。材料质点屈服临界值只取决于材料在变形条件下的性质，而与应力状态无关，故米泽斯屈服准则又称为弹性形状变化能准则。本书选用米泽斯屈服准则，屈服准则表达式如下：

$$\sqrt{\frac{1}{2}[(\sigma_1-\sigma_2)^2+(\sigma_2-\sigma_3)^2+(\sigma_3-\sigma_1)^2]}=\sigma_s \tag{2-7}$$

2.3.3.3 材料属性设置

(1) 油罐车后保险杠 Q235 低碳钢薄壁金属管框架结构材料模型选择双线性各向同性材料模型，它使用两种斜率(弹性和塑性)来表示材料应力-应变行为。双线性各向同性材料模型非常适合定义普通金属材料，且有利于简化计算[6-7]。依据前述 Q235 低碳钢材料参数(表 2-1)，将数据输入材料模型。

(2) 泡沫铝填充结构材料模型选择可压扁泡沫材料模型，它用于边侧碰撞的可压扁泡沫，与应变效率相关。其算法公式如下：

$$\sigma_{ij}^{n+1}=\sigma_{ij}^{n}+E\dot{\varepsilon}_{ij}^{n+0.5}\Delta t^{n+0.5} \tag{2-8}$$

式中 σ_{ij}——质点的应力；

$\dot{\varepsilon}_{ij}$——质点的应变率；

n——材料的应力硬化指数；

E——弹性模量；

Δt——间隔时间，s。

使用可压扁泡沫材料模型时需要自制一条应力-应变关系曲线，将此曲线命名为 Curve1 曲线，图形如图 2-13 所示，依据前述泡沫铝材料参数(表 2-2)，将数据输入材料模型。

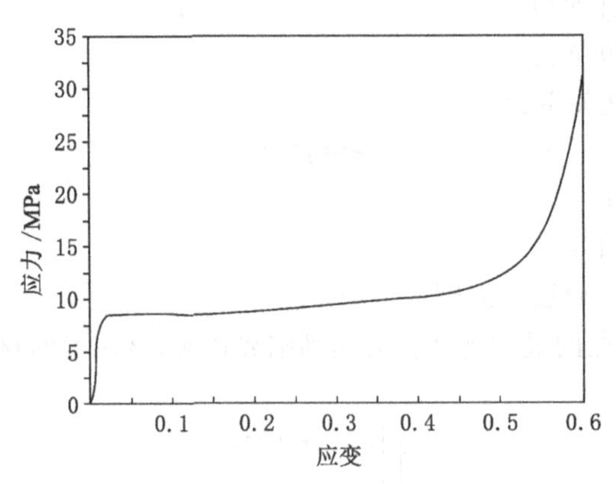

图 2-13 泡沫铝材料应力-应变关系曲线

(3) 移动壁障模型为简化的追尾车模型，在有限元仿真中移动壁障不是研究重点，一般设置为刚体材料。

2.3.3.4　网格划分

(1) 原型结构油罐车后保险杠碰撞模型网格划分

原型结构油罐车后保险杠薄壁金属管框架结构单元模型选择 SHELL163 薄壳单元，材料模型选择双线性各向同性材料模型，网格大小均设置为 20 mm；移动壁障单元模型选择 SOLID164 实体单元，材料模型选择刚体材料模型，网格大小设置为 30 mm。原型结构油罐车后保险杠追尾正碰系统模型进行网格划分后如图 2-14 所示，进行网格划分后共有 21 050 个节点，19 437 个单元。

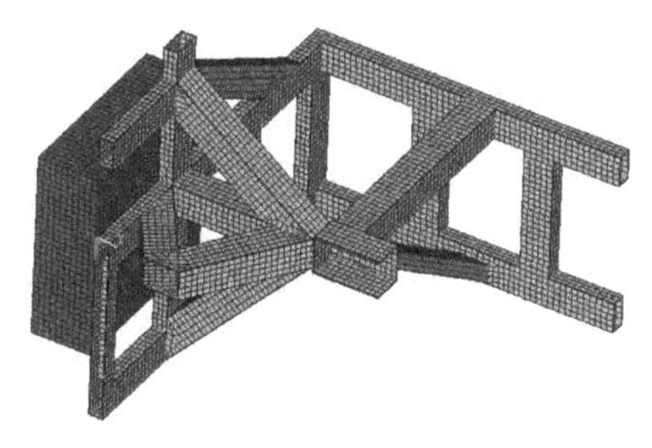

图 2-14　原型结构油罐车后保险杠碰撞模型网格划分

(2) 泡沫铝填充结构油罐车后保险杠碰撞模型网格划分

油罐车后保险杠薄壁金属管框架结构单元模型选择 SHELL163 薄壳单元，材料模型选择双线性各向同性材料模型，网格大小均设置为 20 mm；泡沫铝填充芯结构单元模型选择 SOLID164 实体单元，材料模型选择可压扁泡沫材料模型，网格大小设置为 20 mm；移动壁障单元模型选择 SOLID164 实体单元，材料模型选择刚体材料模型，网格大小设置为 30 mm。泡沫铝填充结构油罐车后保险杠追尾正碰模型网格划分后如图 2-15 所示，进行网格划分后共有 37 064 个节点，30 017 个单元。

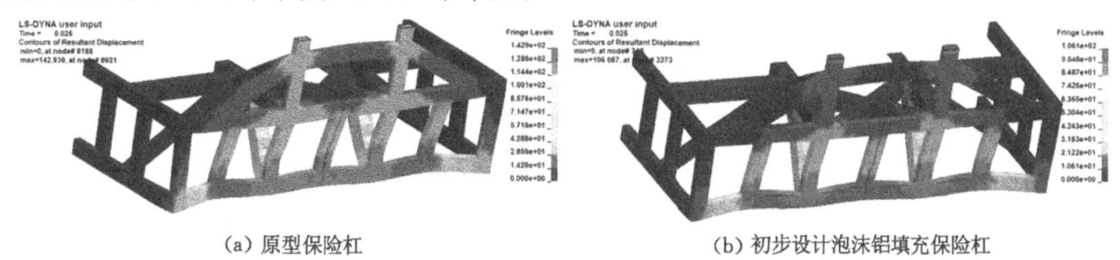

(a) 原型保险杠　　(b) 初步设计泡沫铝填充保险杠

图 2-15　泡沫铝填充结构油罐车后保险杠碰撞模型网格划分

2.3.4 接触算法

2.3.4.1　接触算法理论分析

ANSYS LS-DYNA 有限元仿真软件提供 3 种处理碰撞、滑动接触界面的算法，即：动态约束法(kinematic constraint method)、对称罚函数算法(symmetric penalized-function method)和分布参数法(distributed paramete method)。由于节点约束算法较为复杂，所以第一种动态约束法的运用存在严格的限制(只能用于固连界面)，主要用来连接结构网格的不协调部分。而第三种算法分布参数法，主要用于处理接触界面之间存在相对移动却不可分离的接触问题。这种算法只能应用于滑动界面，最典型的例子是应用于处理爆炸接触问题。第二种算法对称罚函数算法是目前 ANSYS 中最为常用的一种算法。罚函数基本原理是：在各时间步首先检测从节点是否穿透主表面，如果没有穿透主面则对这个从节点不做任何处理。如果穿透了主面，则在这个从节点与被穿透主表面之间引入一个较大的界面接触力，其大小与穿透深度、接触刚度成正比。接触力称为罚函数值，对称罚函数算法则是同时对每个主节点也做类似上述的处理[10]。

罚函数计算公式为：

$$F=K\delta \tag{2-9}$$

式中 F——碰撞接触力；

δ——穿透深度；

K——接触界面刚度。

对称罚函数算法计算接触的有限元实现步骤如下。

主面上有主节片 S_1,S_2,S_3,S_4，如图 2-16 所示，对任一从面上的节点 p_s，搜索与它最接近的主节点 q_s。

如图 2-17 所示，检测主面上与节点 q_s 相连接的所有主片，确定从面上节点 p_s 如果穿透主面时，会从 $S_i(i=1,2,3,\cdots)$ 主片穿透，其数学表达式如下：

$$\begin{cases}(\vec{C}_i\times\vec{S})\cdot(\vec{C}_i\times\vec{C}_{i+1})\geqslant 0\\(\vec{C}_i\times\vec{S})\cdot(\vec{S}\times\vec{C}_{i+1})\geqslant 0\end{cases} \tag{2-10}$$

式中 $\vec{C}_i,\vec{C}_{i+1}$——主面上主片 S_i 的两条边；

$\vec{S}$——$\vec{g}$ 在主片 S_i 上的投影（$\vec{g}$ 为 p_s 到 q_s 的矢量）。

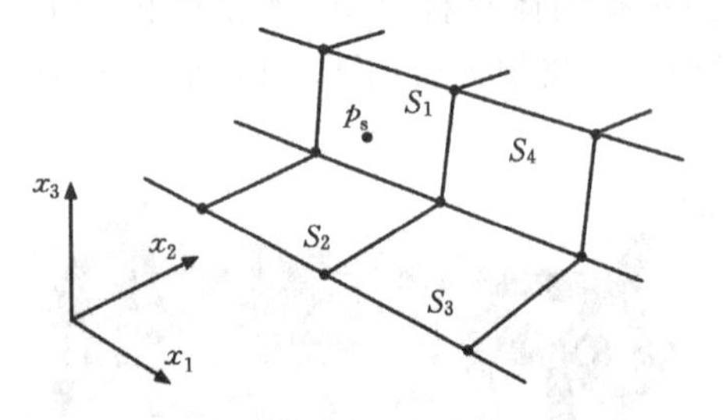

图 2-16 主面节点

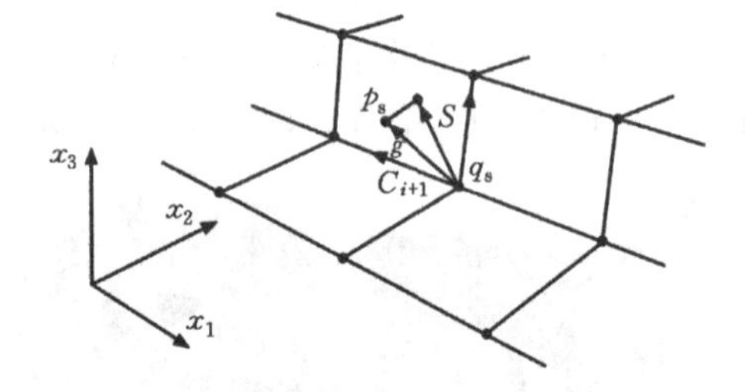

图 2-17 从节点与主节点的接触

$$\vec{m}=\frac{\vec{C}_i\times\vec{C}_{i+1}}{|\vec{C}_i\times\vec{C}_{i+1}|} \tag{2-11}$$

式中 $\vec{m}$——主片 S_i 的法线单位向量。

$$\vec{S}=\vec{g}-(\vec{g}\cdot\vec{m})\vec{m} \tag{2-12}$$

如果从面上的节点 p_s 落在 $\vec{C}_i$ 上，则

$$\vec{S}=\max(\vec{g}\cdot\vec{C}_i/|\vec{C}_i|) \tag{2-13}$$

确定从面上的节点 p_s 如果穿透主片 S_i 时落点 M 的位置，如图 2-18 所示。

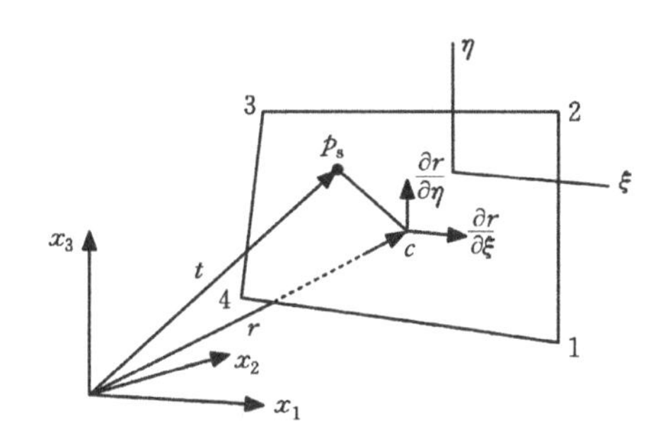

图 2-18　主面穿透点

$$\vec{r}=f_1(\xi,\eta)\vec{e}_1+f_2(\xi,\eta)\vec{e}_2+f_3(\xi,\eta)\vec{e}_3 \tag{2-14}$$

式中　$f_i(\xi,\eta)=\sum_{j=1}^{4}\varphi_j(\xi,\eta)x_i^j$；

$\varphi_j(\xi,\eta)=\frac{1}{4}(1+\xi_j\xi)(1+\eta_j\eta)$；

$\vec{r}$——主片上任一点位置向量；

x_i^j——第 j 节点的 x_i 坐标；

$\vec{e}_1$，$\vec{e}_2$ 和 $\vec{e}_3$——坐标轴 x_1，x_2 和 x_3 的单位向量。

落点 $M(\xi_c,\eta_c)$满足下列方程组，求解可得 M 坐标为(ξ_c,η_c)。

$$\begin{cases}\frac{\partial\vec{r}}{\partial\xi}(\xi_c,\eta_c)\cdot[\vec{t}-\vec{r}(\xi_c,\eta_c)]=0\\ \frac{\partial\vec{r}}{\partial\eta}(\xi_c,\eta_c)\cdot[\vec{t}-\vec{r}(\xi_c,\eta_c)]=0\end{cases} \tag{2-15}$$

式中　$\vec{t}$——从面上节点 p_s的位置向量。

确定从面上节点 p_s是否穿透主片 S_i，若 $l<0$ 则表示 p_s穿透主面；若 $l\geqslant0$ 则表示 p_s没有穿透主面。l 计算公式如下：

$$l=\vec{n}_i\cdot[\vec{t}-\vec{r}(\xi_c,\eta_c)] \tag{2-16}$$

式中　$\vec{n}_i$——落点 $M(\xi_c,\eta_c)$处主片 S_i的外法线单位向量。

当 $l<0$ 时，从面上节点 p_s和落点 $M(\xi_c,\eta_c)$间存在一个法向接触力 $\vec{f}_s$，其计算公式如下：

$$\vec{f}_s=-lk_in_i \tag{2-17}$$

式中　k_i——主片 S_i的刚度因子。

当 $l\geqslant0$ 时，不用做接触力处理，从面上节点 p_s的搜索结束。

2.3.4.2　接触设置

LS-DYNA 提供单面、点面和面面 3 种接触类型。单面接触一般用于一个物体自身表面之间的接触，是唯一无须定义接触面与目标面的接触，常用于不可预知接触情况的类型。点面接触需要定义接触点与目标面，一般用于可预知点与面接触情况的类型。面面接触用于穿透表面之间的接触，其算法是完全对称的，故接触面与目标面是任意的，一般用于接触面之间存在大量滑动的类型。此外，接触类型的算法还分为自动接触、侵蚀接触、刚体接触和边边接触等多种类型。在接触分析中，接触力的方向是很难预先判断的，故分析中尽量使用自动接触。

油罐车后保险杠 Q235 低碳钢薄壁金属管框架结构在碰撞事故中表现形式为自生变形，接触类型选择自动单面接触 ASSC；油罐车后保险杠与移动壁障之间存在大量相对滑动，接触类型选择自动面面接触 ASTS，油罐车后保险杠为目标面，移动壁障为接触面；泡沫铝填充结构选择自动单面接触；薄壁金属管框架结构与泡沫铝填充结构之间选择自动面面接触，泡沫铝填充结构为目标面，薄壁金属管框架结构为接触面。

接触设置中，将静摩擦系数设置为 0.2，动摩擦系数设置为 0.2，指数衰减系数设置为 0.1[11]。

2.3.5 载荷和约束

依据前面相关规范分析，设定追尾正碰移动壁障初始速度为 40 km/h[6]。

根据国家标准《汽车和挂车后下部防护要求》(GB 11567.2—2001)规定，车辆应固定在水平、平坦、刚性、平滑的平面上，采用与实际相同的安装方式将防护装置固定在车辆尾部结构上。所以设置油罐车后保险杠连接卡槽为固定约束，如图 2-19 所示。选取所有自由度 ALL DOF，在自由度值 VALUE 中输入 0。设置 Plan Y-Z 为对称约束，选取自由度 UX，在自由度值 VALUE 中输入 0。

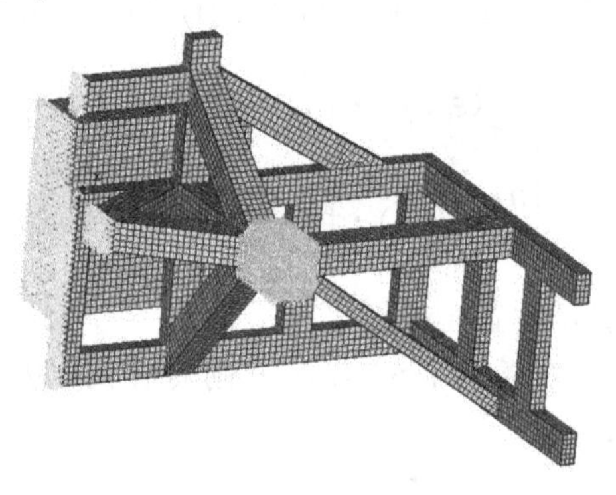

图 2-19　固定约束

2.3.6 求解与求解控制

2.3.6.1 终止时间控制

汽车碰撞是在极短时间内完成的，相关研究表明：在交通事故中汽车从开始碰撞到碰撞结束所用的时间为 120～150 ms。然而 ANSYS LS-DYNA 有限元分析一般都是针对碰撞瞬间 100 ms 以内的过程进行计算的，选取尽量小的终止时间能节省计算空间，综合考虑多种因素选择终止时间为 100 ms。

2.3.6.2 时间步长控制

在 ANSYS LS-DYNA 程序中，计算时间步长的控制非常重要，过小的时间步长会占用过多的计算资源，浪费大量时间在程序运算上。故此有控制时间步长的计算公式如下：

$$\Delta t_{\min}=\frac{l_{\min}}{c}=\frac{l_{\min}}{\sqrt{E/((1-\mu^2)\cdot\rho)}}\tag{2-18}$$

式中　$\Delta t_{\min}$——最小时间步长；

$l_{\min}$——最小单元边长；

c——材料声速。

由于汽车碰撞多为壳单元的碰撞，故上式中 $l_{\min}$ 取 20 mm，E 取 2.06×10^5 MPa，μ 取 0.3，ρ 取 7.85×10^{-9} t/mm^3。计算得最小时间步长为 3.72×10^{-6} s，取近似值 4.0×10^{-6} s。时间步长因子取默认值 0.9。

2.3.6.3　沙漏控制

沙漏模式是一种在理论上是稳定的，但是在实际情况下不可实现的零能变形模式。在 ANSYS LS-DYNA 仿真分析过程中沙漏模式很难避免，网格划分的退化、单元积分的简化等都有可能引起沙漏模式，它们通常没有刚度，网格会变形为锯齿状。沙漏控制的方法一般有整体网格细化、避免单点加载、使用全积分单元、全局调整模型体积黏性、全局增加弹性刚度和局部增加弹性刚度。综合对比各种方法，选择对后保险杠进行局部沙漏控制最为有效。

2.3.6.4　输出文件控制

用 LS-DYNA 求解后需要输出一些结果，以此实现对仿真模型各种性能进行分析研究。如输出动画设置，各种能量结果数据，应力、应变、速度、加速度等相关信息，可通过前处理设置在结果文件中显示。设置时间历程文件的输出时间步为 1 ms，能量控制设置为全部显示，积分点数设置为 5。

2.3.7　追尾正碰仿真结果与分析

前处理完成后，对模型进行求解。将得到的结果文件 d3plot 导入 LS-PREPOST 后处理器中进行分析。

LS-PREPOST 是 ANSYS 软件后处理器，具有非常高的结果处理和分析能力。本节主要利用 LS-PREPOST 后处理器对后保险杠仿真结果进行查看，并列出后保险杠吸能性、变形、应力和加速度等仿真结果，为后续优化设计提供基础。

2.3.7.1　仿真结果可信性与吸能性分析

ANSYS LS-DYNA 碰撞有限元仿真计算完成后，还需要对结果进行分析。当系统沙漏能太大时，仿真结果是失真的。但由于非全积分计算的原因系统沙漏能无法避免，所以相关研究显示沙漏能不超过系统总能量的 5%，则计算结果是可信的。

经过 ANSYS LS-PREPOST 后处理器处理得到追尾正碰过程中原型和初步设计泡沫铝填充结构油罐车后保险杠的能量转换曲线如图 2-20 所示，吸能性曲线如图 2-21 所示。

由图 2-20 可见，原型结构油罐车后保险杠碰撞沙漏能为 7.56 kJ，初步设计的泡沫铝填充结构油罐车后保险杠碰撞沙漏能为 20.37 kJ，系统总能量为 617.28 kJ。两种结构油罐车后保险杠碰撞沙漏能分别占总能量的 1.22% 和 3.30%，均小于总能量的 5%，且能量曲线没有较大的突变，较为光滑，所以计算结果可信。

由图 2-21 可见，在碰撞的整个过程中初步设计的泡沫铝填充结构油罐车后保险杠最大吸收内能为 542.58 kJ，原型结构油罐车后保险杠最大吸收内能为 480.14 kJ，而根据规范要求，追尾正碰初始速度为 40 km/h，初始动能为 617.28 kJ，后保险杠至少吸收 271.6 kJ 的能量才能保证油罐车安全，因此仿真结果表明，两种结构油罐车后保险杠均符合最低吸能要

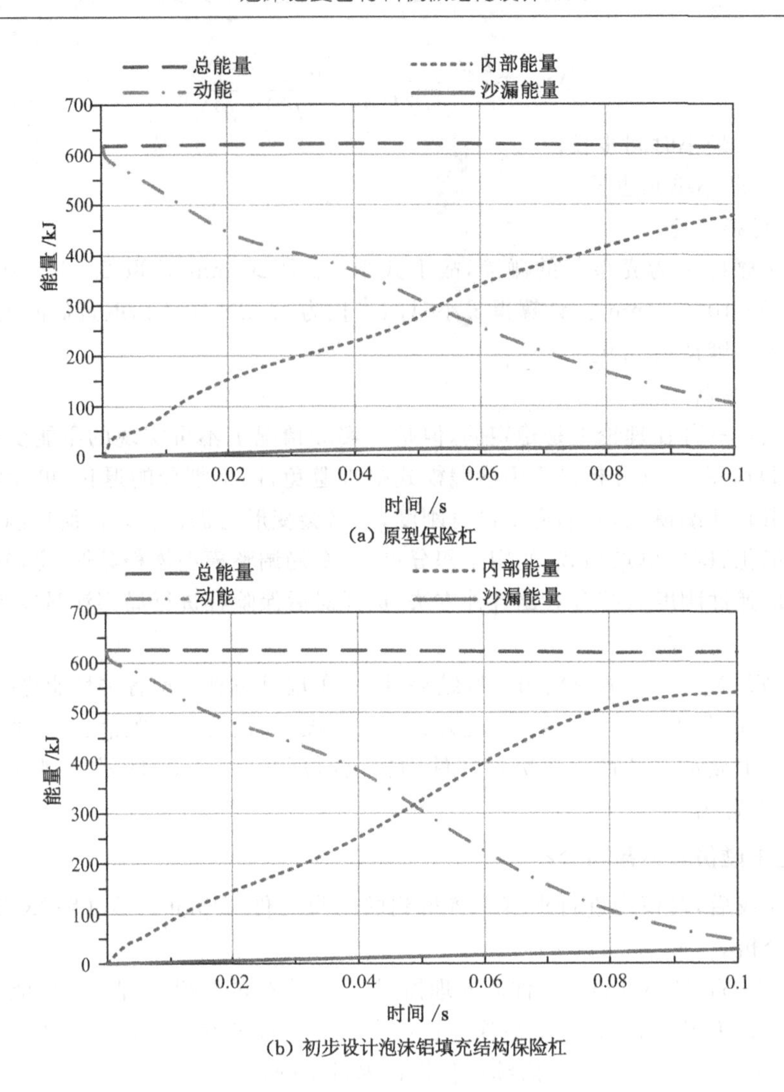

图 2-20　碰撞过程中能量转换图

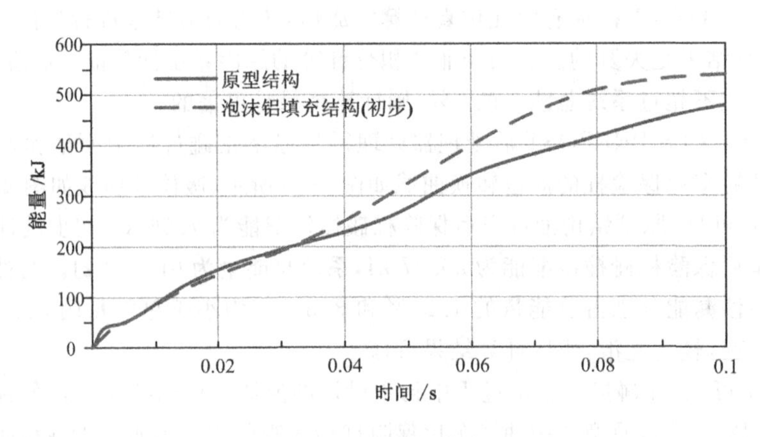

图 2-21　吸能性曲线

求，而且初步设计泡沫铝填充结构油罐车后保险杠吸收能量比原型结构提升 13.00%，初步证明泡沫铝填充结构在提高油罐车后保险杠追尾正碰吸能性进而提高其安全性方面的有效性。为了保证优化设计的泡沫铝填充结构油罐车后保险杠吸能性优于原型结构，原型结构油罐车后保险杠最大吸收内能将作为后续优化设计的约束条件。

2.3.7.2　变形分析

本章研究重点是泡沫铝填充结构对后保险杠碰撞安全性的提升，因此后保险杠变形模式是整个碰撞过程的研究重点。为了查看完整的油罐车后保险杠变形响应图，将计算得到的半个变形响应图以平面 YZ 对称的镜像。图 2-22 至图 2-25 所示分别为追尾正碰事故中 25 ms、50 ms、75 ms 和 100 ms 四个时刻两种结构油罐车后保险杠的变形响应图，对比分析结果如表 2-6 所示。

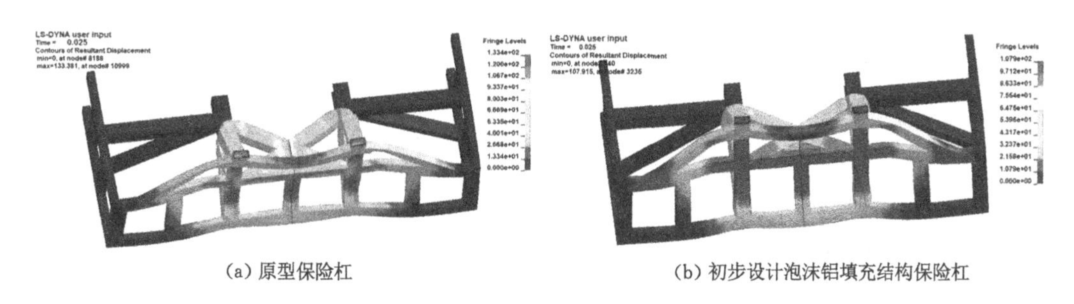

(a) 原型保险杠　　(b) 初步设计泡沫铝填充结构保险杠

图 2-22　25 ms 变形响应图

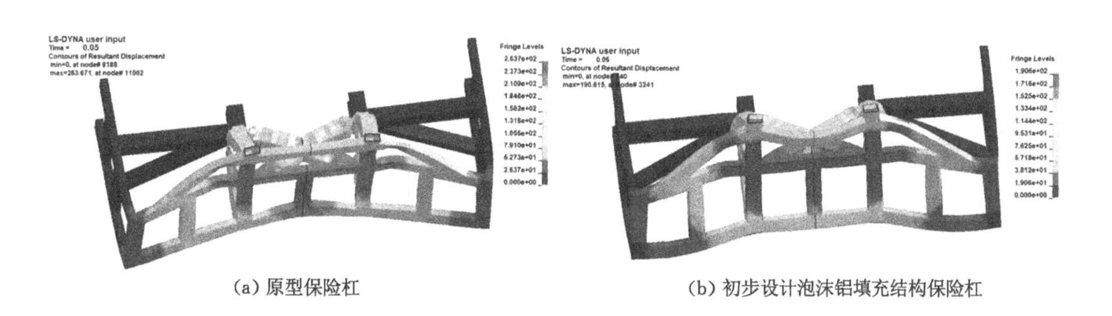

(a) 原型保险杠　　(b) 初步设计泡沫铝填充结构保险杠

图 2-23　50 ms 变形响应图

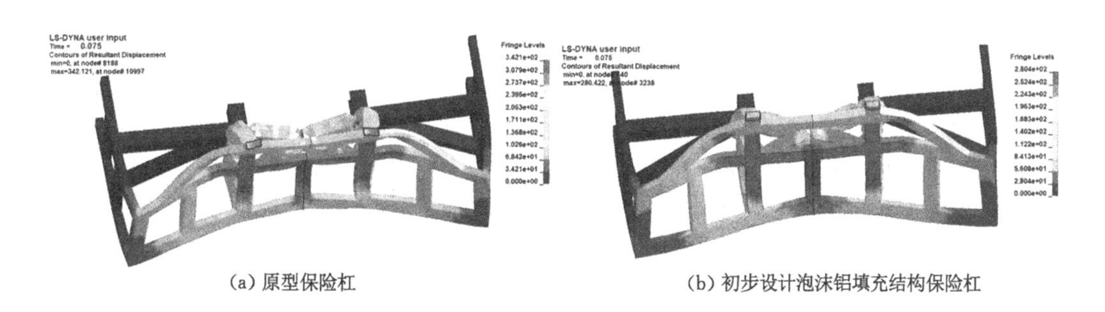

(a) 原型保险杠　　(b) 初步设计泡沫铝填充结构保险杠

图 2-24　75 ms 变形响应图

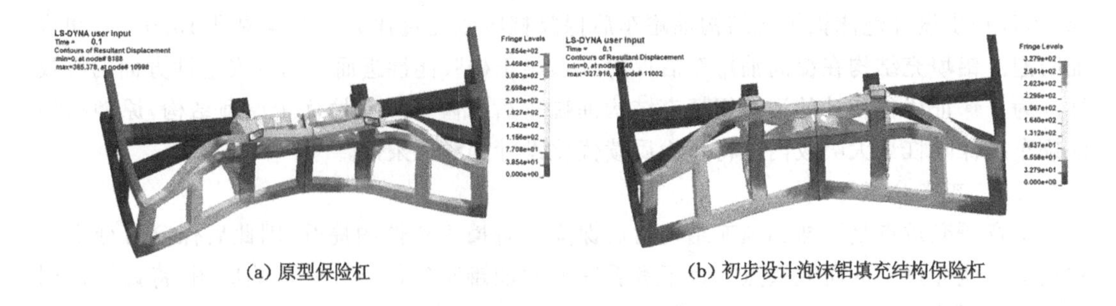

(a) 原型保险杠　　(b) 初步设计泡沫铝填充结构保险杠

图 2-25　100 ms 变形响应图

表 2-6　两种结构后保险杠变形对比

碰撞时刻/ms	原型保险杠变形/mm	泡沫铝填充结构保险杠变形/mm	结果比较/%
25	133.38	107.92	19.09
50	263.67	190.62	27.71
75	342.12	280.42	18.03
100	385.38	327.92	14.91

由图 2-22 至图 2-25 可见:对于原型结构油罐车后保险杠,在整个碰撞过程中压缩变形最严重的是支撑件,其多处发生了褶皱现象,碰撞 100 ms 时刻支撑件被压实,失去了继续变形吸能的效应;弯曲变形最大的是横梁件,尤其是与移动壁障接触的部分发生了较大的塑性变形。从碰撞开始到碰撞结束保险杠最大变形为 385.38 mm。初步设计的泡沫铝填充结构油罐车后保险杠支撑件褶皱变形较原型结构有明显的改进,碰撞结束时刻支撑件还未被压实,仍然具备变形吸能效应;弯曲变形最大的是横梁件,碰撞结束时刻泡沫铝填充结构油罐车后保险杠横纵梁件都未发生较大的塑性变形,较原型结构有很大改善。

由表 2-6 可见,在整个碰撞过程中两种结构油罐车后保险杠最大变形不超过相关规范规定值(500 mm),证明了护栏式后保险杠对于追尾正碰防护的有效性。而初步设计的泡沫铝填充结构油罐车后保险杠在所考察碰撞后的各时刻的最大变形量较原型结构均有不同程度的下降,最大降低 27.71%,最小降低 14.91%,平均降低 19.93%。初步设计的泡沫铝填充结构油罐车后保险杠变形得到较大改善的主要原因是:原型结构油罐车后保险杠仅仅依靠钢管来承受碰撞冲击,当钢管结构承受冲击载荷发生弯曲变形时,其截面积迅速减小,抗弯能力急剧下降;但初步设计的泡沫铝填充结构油罐车后保险杠在泡沫铝填充芯的作用下承受碰撞冲击载荷时,钢管截面积不会迅速减小,同时泡沫铝填充芯也会分担承受一部分冲击载荷,从而可以达到提高后保险杠吸能性的目的。以上结论初步证明了泡沫铝填充结构油罐车后保险杠在提高油罐车追尾正碰安全性方面的有效性。

2.3.7.3　应力分析

由仿真分析得到追尾正碰事故中 25 ms、50 ms、75 ms 和 100 ms 四个时刻两种结构油罐车后保险杠的应力响应图,分别如图 2-26 至图 2-29 所示,对比分析结果如表 2-7 所示。

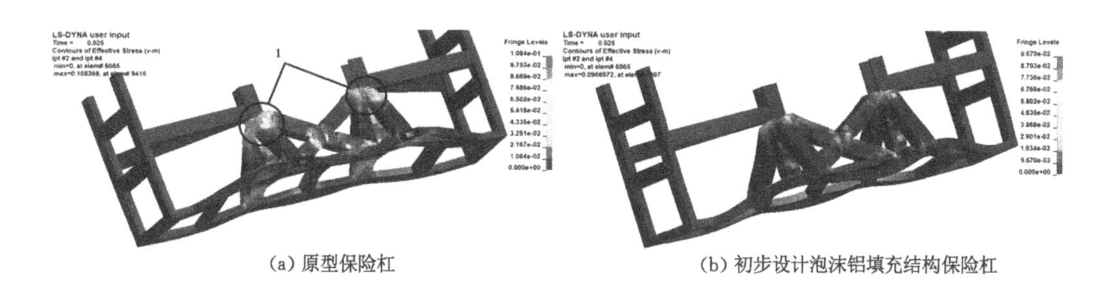

(a) 原型保险杠　　　　(b) 初步设计泡沫铝填充结构保险杠

图 2-26　25 ms 应力响应图

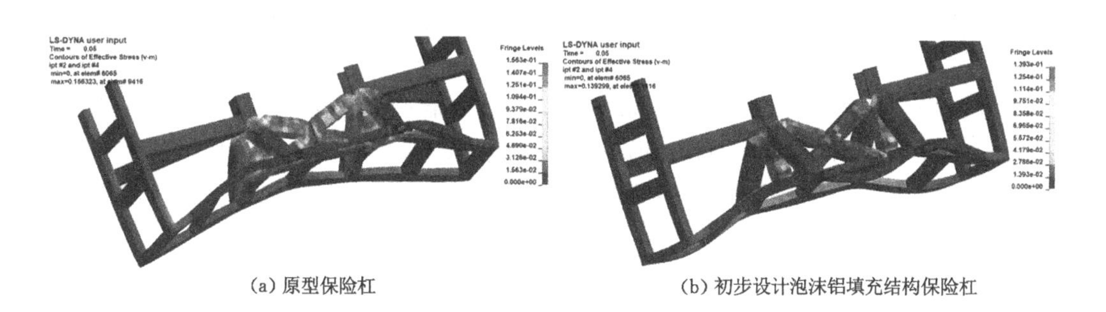

(a) 原型保险杠　　　　(b) 初步设计泡沫铝填充结构保险杠

图 2-27　50 ms 应力响应图

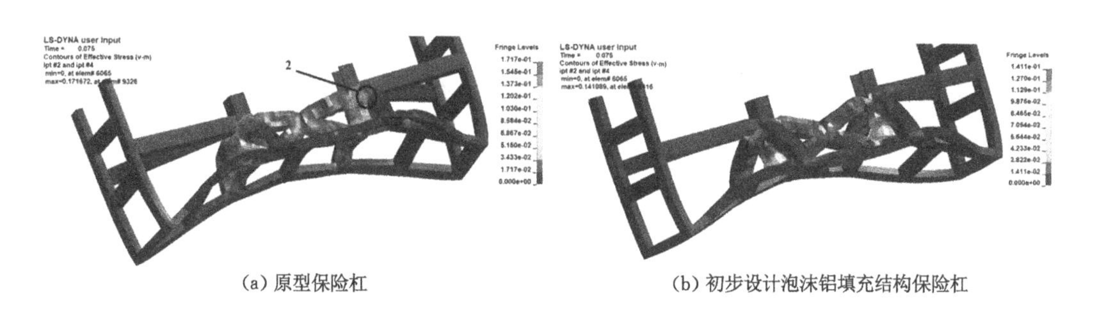

(a) 原型保险杠　　　　(b) 初步设计泡沫铝填充结构保险杠

图 2-28　75 ms 应力响应图

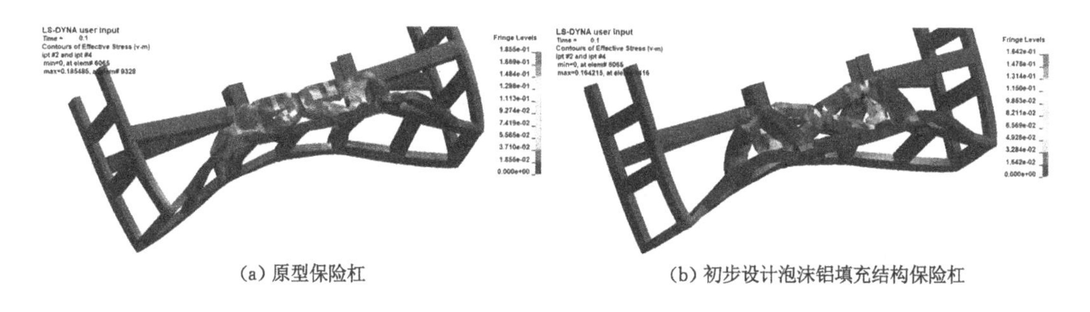

(a) 原型保险杠　　　　(b) 初步设计泡沫铝填充结构保险杠

图 2-29　100 ms 应力响应图

表 2-7 两种结构后保险杠应力对比

碰撞时刻/ms	原型保险杠应力/MPa	泡沫铝填充结构保险杠应力/MPa	结果比较/%
25	108.37	96.70	10.77
50	156.67	139.30	11.09
75	171.67	141.09	17.81
100	185.49	164.22	11.47

由图 2-26 至图 2-29 可见，原型结构支撑件焊接点和弯曲处存在应力集中，故容易产生压溃变形和弯曲变形，部分支撑件被压实，已经失去变形吸收冲击能的作用。初步设计的泡沫铝填充结构支撑件，应力较为分散地分布在整根支撑件上，故支撑件均匀变形，更有利于吸收碰撞能。

由表 2-7 可见，初步设计的泡沫铝填充结构油罐车后保险杠在所考察碰撞后的各时刻的最大应力较原型结构均有不同程度的下降，最大降低 17.811%，最小降低 10.77%，平均降低 12.78%，证明了泡沫铝填充结构油罐车后保险杠在提高油罐车追尾正碰安全性方面的有效性。

2.3.7.4 加速度分析

加速度是表现碰撞过程中后保险杠所承受的冲击程度，也是反映其安全性的一个重要指标，加速度越大对人的伤害也会越大，碰撞安全性也就越差[1]。同时碰撞过程中的实际加速度与车辆本身重量、碰撞初速度和后保险杠变形模式有关，所以使最大加速度减小非常必要。

仿真分析得到的原型结构和初步设计的泡沫铝填充结构油罐车后保险杠追尾正碰加速度曲线如图 2-30 所示。

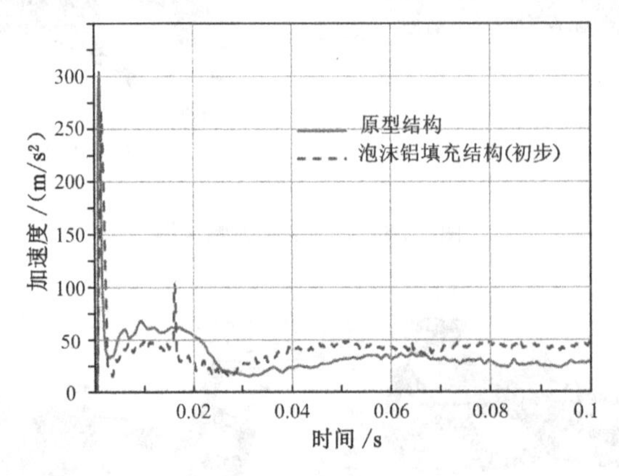

图 2-30 加速度变化

由图 2-30 可知，两种结构后保险杠在碰撞前 20 ms 加速度急剧变化，20 ms 之后相对平缓，说明这种护栏式结构后保险杠具有很好的追尾正碰防护性。初步设计泡沫铝填充结构后保险杠加速度峰值达到 265.27 m/s^2，较原型结构的 305.74 m/s^2 降低了 13.24%，且均小于规范要求[$40g$(392 m/s^2)]，符合设计要求，进一步证明了泡沫铝填充结构油罐车后保险杠在提高油罐车追尾正碰安全性方面的有效性。

2.4　油罐车后保险杠左倾 30°追尾侧碰安全性仿真分析

基于 LS-DYNA 的油罐车后保险杠左倾 30°追尾侧碰仿真分析的步骤与前述油罐车后保险杠追尾正碰仿真分析步骤基本相同，区别在于移动壁障碰撞油罐车后保险杠的方向和对移动壁障施加的速度载荷。故本节仅介绍油罐车后保险杠左倾 30°追尾侧碰仿真分析步骤中与上节不相同的部分，其余部分从略。

2.4.1　相关规范

大型车辆后保险杠左倾 30°追尾侧碰没有明确的碰撞法规，本章综合考虑相关汽车侧面碰撞法规和《汽车和挂车后下部防护要求》(GB 11567.2—2001)确定油罐车后保险杠大型车辆左倾 30°追尾侧碰特性仿真分析实验标准[12-13]。

(1) 追尾车辆简化成移动壁障的形式，采取左倾 30°方向进行追尾侧碰仿真，前端碰撞表面为刚性。移动壁障宽 1 700 mm，高 600 mm，质量取 10 t，施加 15 km/h 的初始速度。

(2) 在所考察的碰撞时间范围内后保险杠最大吸收内能越大说明其防护性能越好。根据《公路护栏安全性能评价标准》(JTG B05-01—2013)，防护装置吸收碰撞初始动能的 44%以上才能保证油罐车安全。移动壁障质量取 10 t，追尾碰撞初始速度为 15 km/h，初始动能为 86.81 kJ，则后保险杠至少吸收 38.19 kJ 的能量才能保证油罐车的安全。

(3) 在所考察的碰撞时间范围内后保险杠允许变形、开裂，但是不能整体脱落，后保险杠最大变形量越小说明其防护性能越好。同时后保险杠最大变形量不能超过 500 mm，防止追尾车辆对油罐车罐体造成破坏。

(4) 在所考察的碰撞时间范围内后保险杠各时刻最大应力越小说明其防护性能越好，整个碰撞过程中最大应力不能超过材料屈服极限 235 MPa。

(5) 在所考察的碰撞时间范围内加速度峰值越小说明其防护性能越好，同时要求最大加速度不大于 40g。

2.4.2　左倾 30°追尾侧碰有限元模型建立

在 APDL 的 LS-DYNA 模块中打开油罐车后保险杠左倾 30°追尾侧碰有限元模型，由于本节碰撞模型是左倾 30°碰撞，所以模型不是左右对称的，不能取模型右半边进行有限元仿真。油罐车后保险杠有限元模型结构复杂，直接生成的网格会出现大量单元退化问题，导致网格质量降低。为了解决这个问题，本书采用几何分解法对模型进行适当切割[14]。为方便查看和操作将被切割后相邻的面或体显示为不同颜色。这种几何分解法是针对网格划分的，被切割的面或实体仍然是一个整体，切割过的面或实体划分网格后并不会增加整体模型的节点数量和单元数量，方便后续网格划分的进行。左倾 30°追尾侧碰原型结构油罐车后保险杠有限元模型如图 2-31 所示，初步设计泡沫铝填充结构油罐车后保险杠有限元模型如图 2-32 所示。

2.4.3　油罐车后保险杠左倾 30°追尾侧碰模型网格划分

2.4.3.1　原型结构油罐车后保险杠左倾 30°追尾侧碰模型网格划分

原型结构油罐车后保险杠薄壁金属管框架结构单元模型选择 SHELL163 薄壳单元，材料模型选择双线性各向同性材料模型，网格大小均设置为 20 mm；移动壁障单元模型选择

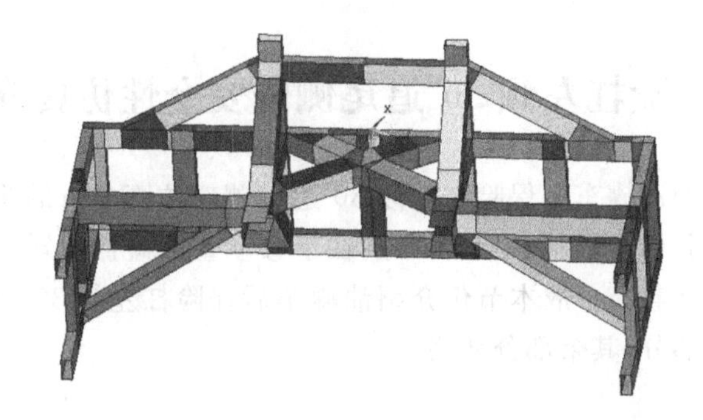

图 2-31 原型结构油罐车后保险杠有限元模型

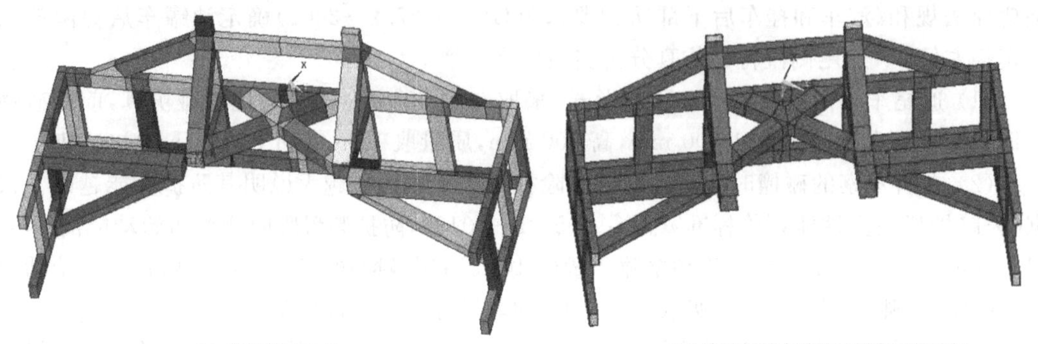

(a) 泡沫铝填充芯　　(b) 泡沫铝填充结构油罐车后保险杠

图 2-32 初步设计泡沫铝填充结构油罐车后保险杠有限元模型

SOLID164 实体单元，材料模型选择刚体材料模型，网格大小设置为 30 mm。原型结构油罐车后保险杠左倾 30°追尾侧碰系统模型网格划分后如图 2-33 所示，进行网格划分后共有 45 012 个节点，41 878 个单元。

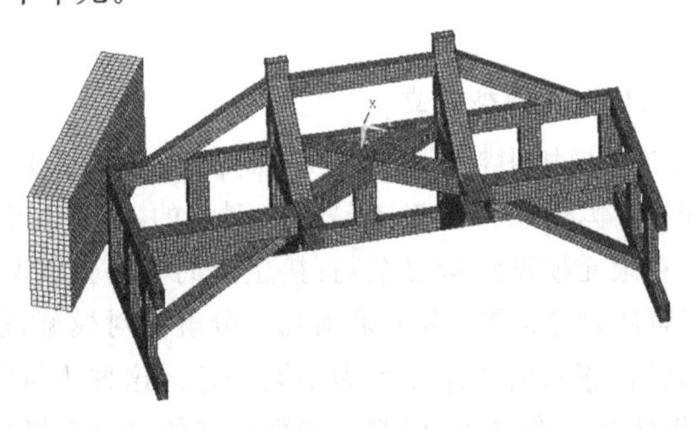

图 2-33 原型结构油罐车后保险杠碰撞模型网格划分

2.4.3.2 泡沫铝填充结构油罐车后保险杠左倾 30°追尾侧碰模型网格划分

油罐车后保险杠薄壁金属管框架结构单元模型选择 SHELL163 薄壳单元，材料模型选择双线性各向同性材料模型，网格大小均设置为 20 mm；泡沫铝填充芯结构单元模型选择 SOLID164 实体单元，材料模型选择可压扁泡沫材料模型，网格大小设置为 20 mm；移动壁障单元模型选择 SOLID164 实体单元，材料模型选择刚体材料模型，网格大小设置为 30 mm。泡沫铝填充芯结构油罐车后保险杠左倾 30°追尾侧碰系统模型网格划分后如

图 2-34 所示，进行网格划分后共有 76 790 个节点，62 993 个单元。

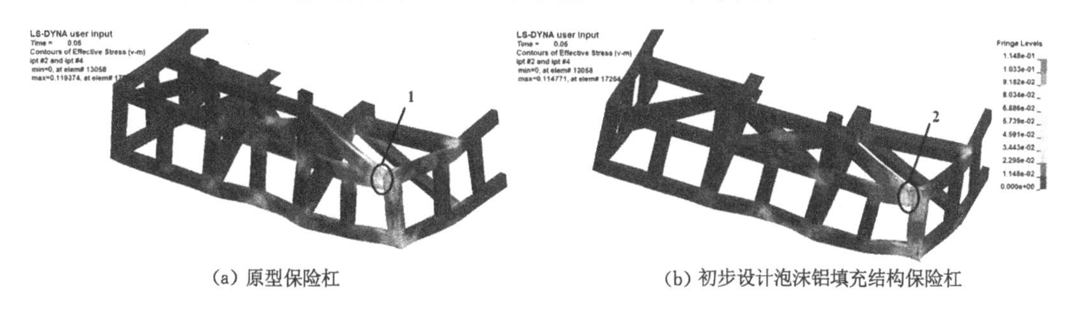

(a) 原型保险杠　　(b) 初步设计泡沫铝填充结构保险杠

图 2-34　泡沫铝填充结构油罐车后保险杠碰撞模型网格划分

2.4.4　载荷、速度及约束添加

按照相关规范，左倾 30°追尾侧碰移动壁障初始速度设置为 15 km/h。

根据国家标准《汽车和挂车后下部防护要求》(GB 11567.2—2001)规定，车辆应固定在水平、平坦、刚性、平滑的平面上，采用与实际相同的安装方式将防护装置固定在车辆尾部结构上。所以设置油罐车后保险杠连接卡槽为固定约束，如图 2-35 所示，选取所有自由度 ALL DOF，在自由度值 VALUE 中输入 0。

图 2-35　固定约束

2.4.5　结果与分析

2.4.5.1　仿真结果可信性与吸能性分析

经过 ANSYS LS-PREPOST 后处理器处理得左倾 30°追尾侧碰事故中原型和初步设计泡沫铝填充结构油罐车后保险杠的能量转换曲线如图 2-36 所示，吸能性曲线如图 2-37 所示。

由图 2-36 可见，原型结构油罐车后保险杠碰撞沙漏能为 2.50 kJ，初步设计的泡沫铝填充结构油罐车后保险杠碰撞沙漏能为 3.98 kJ，系统总能量为 86.81 kJ。两种结构油罐车后保险杠碰撞沙漏能分别占总能量的 2.88% 和 4.58%，均小于总能量的 5%，且能量曲线没有较大的突变，较为光滑，所以计算结果可信。

由图 2-37 可以看出，在碰撞的整个过程中初步设计的泡沫铝填充结构油罐车后保险杠最大吸收内能为 68.85 kJ，原型结构油罐车后保险杠最大吸收内能为 60.91 kJ，而根据规范，侧碰初始速度为 15 km/h，初始动能为 86.81 kJ，后保险杠至少吸收 38.19 kJ 的能量

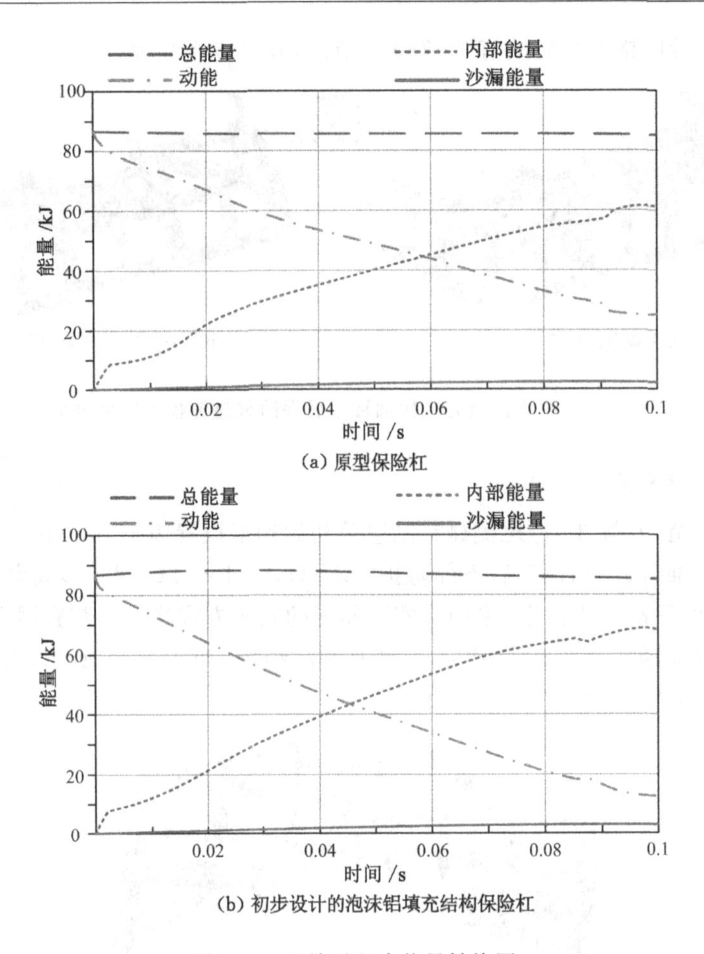

(a) 原型保险杠

(b) 初步设计的泡沫铝填充结构保险杠

图 2-36　碰撞过程中能量转换图

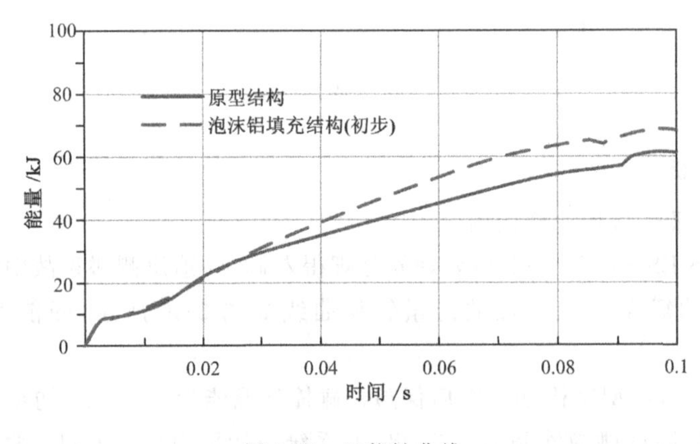

图 2-37　吸能性曲线

才能保证油罐车的安全。因此仿真结果表明两种结构油罐车后保险杠均符合最低吸能要求，而且初步设计泡沫铝填充结构油罐车后保险杠吸收能量比原型结构提升 13.04%，初步证明了泡沫铝填充结构油罐车后保险杠在提高油罐车追尾侧碰安全性方面具有显著效果。

2.4.5.2　变形分析

本书研究重点是泡沫铝填充结构对后保险杠碰撞安全性的提升，因此后保险杠变形模式是整个碰撞过程的研究重点。图 2-38 至图 2-41 所示为左倾 30°追尾侧碰事故中 25 ms、50 ms、75 ms 和 100 ms 四个时刻两种结构油罐车后保险杠的变形响应图，对比分析结果如表 2-8 所示。

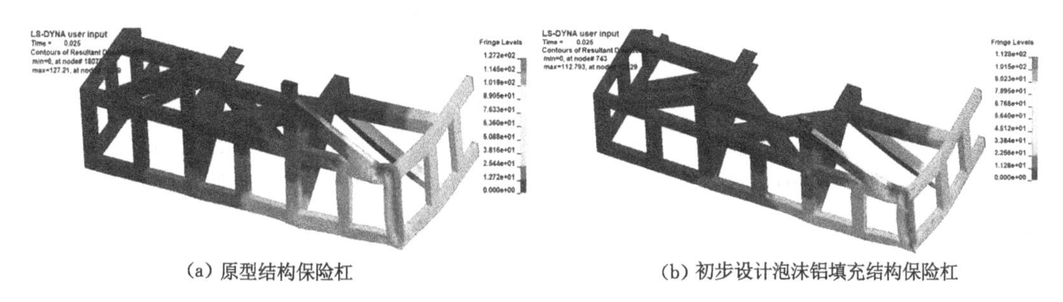

(a) 原型结构保险杠　　(b) 初步设计泡沫铝填充结构保险杠

图 2-38　25 ms 变形响应图

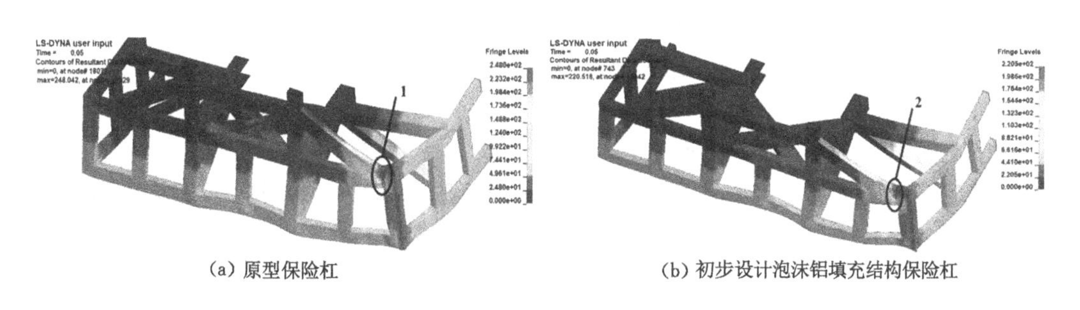

(a) 原型保险杠　　(b) 初步设计泡沫铝填充结构保险杠

图 2-39　50 ms 变形响应图

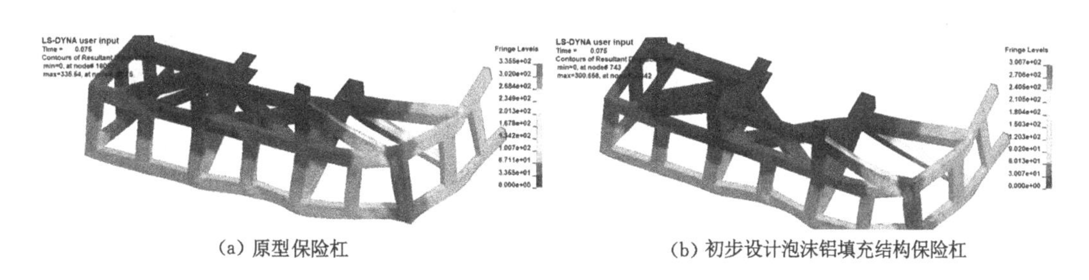

(a) 原型保险杠　　(b) 初步设计泡沫铝填充结构保险杠

图 2-40　75 ms 变形响应图

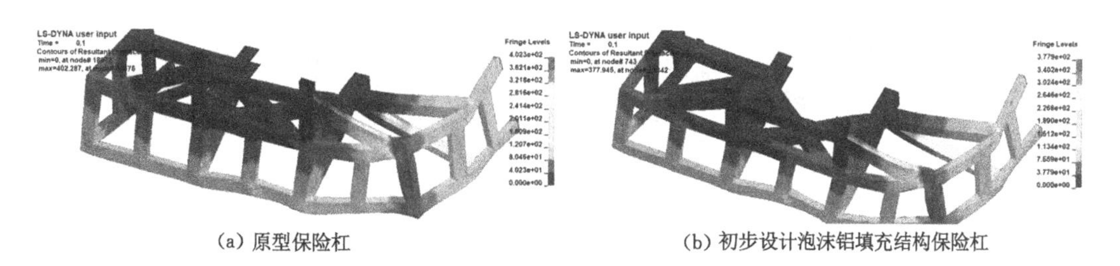

(a) 原型保险杠　　(b) 初步设计泡沫铝填充结构保险杠

图 2-41　100 ms 变形响应图

表 2-8　两种结构后保险杠变形对比

碰撞时刻/ms	原型保险杠变形/mm	泡沫铝保险杠变形/mm	结果比较/%
25	127.21	112.79	11.34
50	248.04	220.52	11.10
75	335.54	300.66	10.40
100	402.29	377.95	6.05

由表 2-8 可见，在整个碰撞过程中两种结构后保险杠最大变形量不超过相关规范规定值(500 mm)，证明这种护栏式后保险杠对于追尾侧碰防护的有效性。而初步设计的泡沫铝填充结构后保险杠在所考察碰撞后的各时刻的最大变形量较原型结构均有不同程度的下降，最大降低 11.34%，最小降低 6.05%，初步证明了泡沫铝填充结构后保险杠在提高油罐车追尾侧碰安全性方面的有效性。

由图 2-38 至图 2-41 可见，两种结构油罐车后保险杠的变形模式基本相同，保险杠与移动壁障接触的地方发生大量压溃变形，两种结构油罐车后保险杠上横梁件，从 50 ms 时刻开始发生弯曲崩溃现象，到 100 ms 时刻此处变形最严重。

2.4.5.3　应力分析

由仿真分析得到左倾 30°追尾侧碰事故中 25 ms、50 ms、75 ms 和 100 ms 四个时刻两种结构油罐车后保险杠的应力响应图，分别如图 2-42 至图 2-45 所示，对比分析结果如表 2-9 所示。

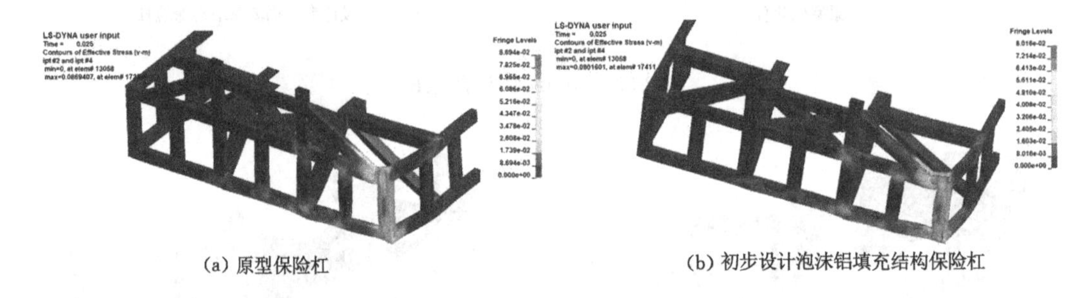

(a) 原型保险杠　　(b) 初步设计泡沫铝填充结构保险杠

图 2-42　25 ms 应力响应图

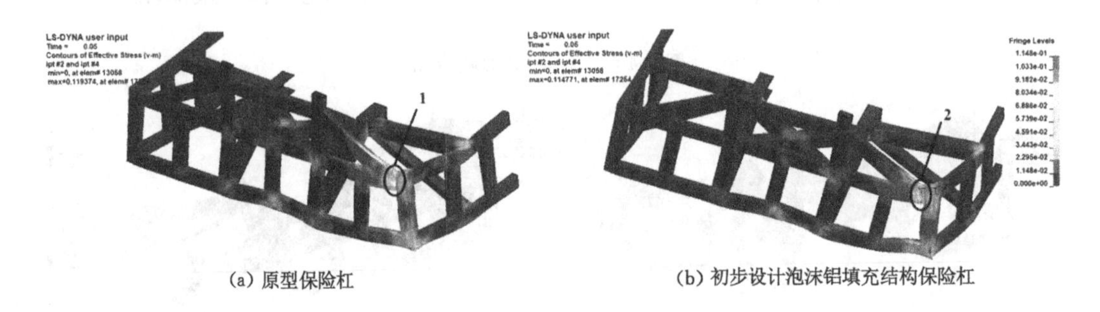

(a) 原型保险杠　　(b) 初步设计泡沫铝填充结构保险杠

图 2-43　50 ms 应力响应图

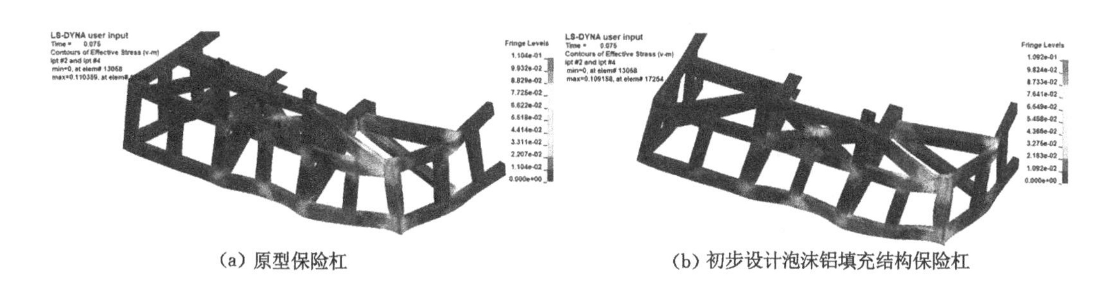

(a) 原型保险杠　　(b) 初步设计泡沫铝填充结构保险杠

图 2-44　75 ms 应力响应图

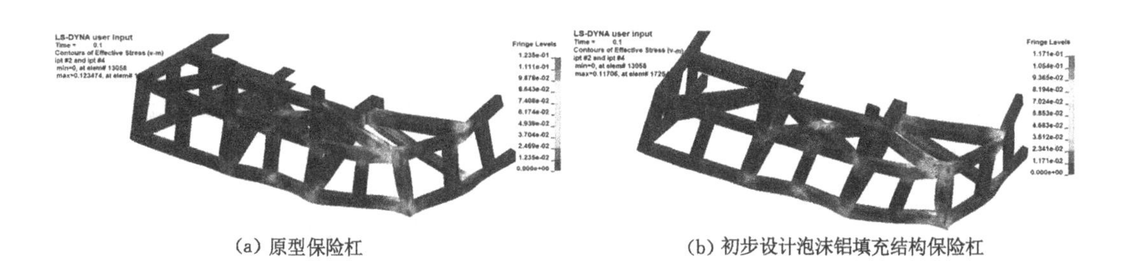

(a) 原型保险杠　　(b) 初步设计泡沫铝填充结构保险杠

图 2-45　100 ms 应力响应图

表 2-9　两种后保险杠应力对比

碰撞时刻/ms	原型结构应力/MPa	初步设计泡沫铝填充结构应力/MPa	结果比较/%
25	86.94	80.16	7.80
50	119.37	114.77	3.85
75	110.36	109.16	1.09
100	123.47	117.06	5.19

由图 2-42 至图 2-45 可见，两种结构油罐车后保险杠碰撞各时刻应力点分布位置相似，但初步设计的泡沫铝填充结构油罐车后保险杠应力分布相对分散。两种结构油罐车后保险杠上横梁件弯曲处，从碰撞 50 ms 时刻开始发生应力集中，故容易产生压溃变形和弯曲变形。

由表 2-9 可见，两种结构油罐车后保险杠应力在碰撞 50 ms 时刻发生突变，从侧面印证了前述变形分析中两种结构油罐车后保险杠从 50 ms 时刻开始发生弯曲崩溃现象。而初步设计的泡沫铝填充结构油罐车后保险杠在所考察碰撞后的各时刻的最大应力较原型结构均有不同程度的下降，最大降低 7.80%，最小降低 1.09%，平均降低 4.48%，证明了泡沫铝填充结构油罐车后保险杠在提高油罐车追尾侧碰安全性方面的有效性。

2.4.5.4　加速度分析

仿真分析得到的原型结构和初步设计的泡沫铝填充结构油罐车后保险杠左倾 30°追尾侧碰加速度曲线如图 2-46 所示。

由图 2-46 可知，初步设计泡沫铝填充结构油罐车后保险杠加速度峰值达到 115.08 m/s^2，较原型结构的 136.12 m/s^2 降低了 15.46%，且均小于规范要求[$40g$(392 m/s^2)]，符合设

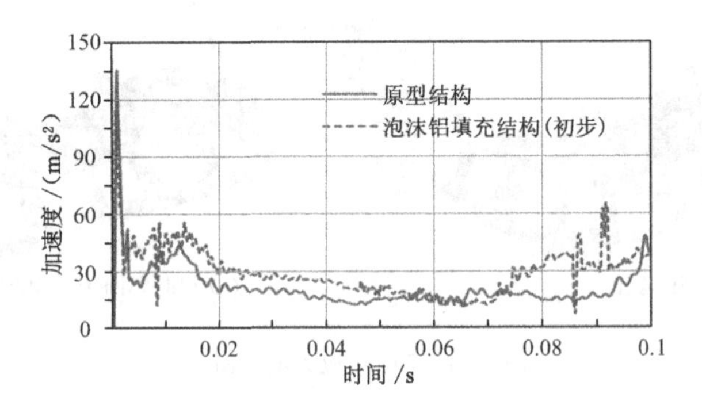

图 2-46　加速度变化

计要求。这进一步证明了泡沫铝填充结构油罐车后保险杠在提高油罐车追尾侧碰安全性方面具有显著效果。

2.5　油罐车后保险杠追尾钻入碰撞安全性仿真分析

根据《汽车和挂车后下部防护要求》(GB 1157.2—2001)的规定,油罐车后保险杠在乘用车追尾碰撞事故中要起到防止乘用车辆追尾钻入油罐车底部造成乘用车内人员伤害的作用。所以研究油罐车后保险杠追尾钻入碰撞安全性,对于防止后方乘用车在追尾碰撞事故中钻入油罐车底造成人员伤害具有重要意义。

本节主要研究防止小型乘用车辆追尾钻入油罐车底部造成乘用车内人员伤害。通过有限元仿真分析油罐车后保险杠碰撞事故中的吸能性、变形、应力和加速度等特性,初步证明泡沫铝填充结构油罐车后保险杠在提高油罐车轻质性和追尾钻入碰撞安全性方面的可行性。

基于 LS-DYNA 的油罐车后保险杠乘用车追尾钻入碰撞特性仿真分析的步骤与前述油罐车后保险杠大型车辆追尾碰撞仿真分析步骤基本相同,区别在于移动壁障碰撞油罐车后保险杠的方向和对移动壁障施加的速度载荷。故本节仅介绍油罐车后保险杠乘用车追尾钻入碰撞特性仿真分析步骤中与其不相同的部分,其余部分从略。

2.5.1　相关国家法规

根据国家标准《汽车和挂车后下部防护要求》(GB 11567.2—2001)可得如下准则[1]:

(1) 追尾车辆简化成移动壁障的形式,移动壁障质量为 1 100 kg±25 kg,前端碰撞表面为刚性,宽 1 700 mm,高 400 mm,离地间隙 240 mm。

(2) 移动壁障的速度应为 30～32 km/h,且在到达后下部防护装置的过程中,路线横向偏离理论轨迹均不得超过 15 cm。

(3) 在所考察的碰撞时间范围内后保险杠最大吸收内能越大说明其防护性能越好。根据《公路护栏安全性能评价标准》(JTG B05-01—2013),防护装置吸收碰撞初始动能的 44%以上才能保证油罐车安全。移动壁障质量取 1 100 kg,追尾碰撞初始速度为 32 km/h,初始动能为 43.46 kJ,后保险杠至少吸收 19.12 kJ 的能量才能保证油罐车的安全。

(4) 在所考察的碰撞时间范围内后保险杠允许变形、开裂,但是不能整体脱落,后保险杠最大变形量越小说明其防护性能越好。后保险杠最大变形量不能超过 400 mm，防止对追尾钻入车辆内乘用人员造成伤害。

(5) 在所考察的碰撞时间范围内后保险杠各时刻最大应力越小说明其防护性能越好。整个碰撞过程中最大应力不能超过材料屈服极限 235 MPa。

(6) 在所考察的碰撞时间范围内加速度峰值越小说明其防护性能越好。要求最大加速度不大于 40*g*。

2.5.2　有限元模型建立

在 APDL 的 LS-DYNA 模块中打开油罐车后保险杠追尾钻入碰撞有限元模型，由于模型是左右对称的，为了节省计算资源可取模型右半边进行有限元仿真。油罐车后保险杠有限元模型建立与前述 2.3.2 部分模型建立相同，可以沿用。

2.5.3　网格划分

2.5.3.1　原型结构油罐车后保险杠追尾钻入碰撞模型网格划分

原型结构油罐车后保险杠薄壁金属管框架结构单元模型选择 SHELL163 薄壳单元，材料模型选择双线性各向同性材料模型，网格大小均设置为 20 mm；移动壁障单元模型选择 SOLID164 实体单元，材料模型选择刚体材料模型，网格大小设置为 30 mm。原型结构油罐车后保险杠追尾钻入碰撞系统模型网格划分后如图 2-47 所示，进行网格划分后共有 14 079 个节点，13 279 个单元。

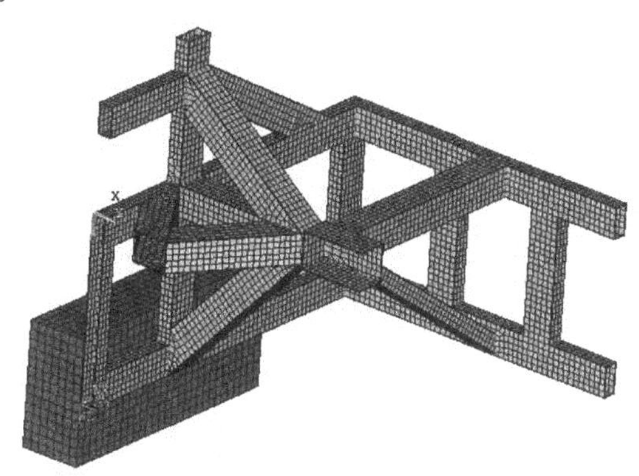

图 2-47　原型结构油罐车后保险杠碰撞模型网格划分

2.5.3.2　泡沫铝填充结构油罐车后保险杠追尾钻入碰撞模型网格划分

油罐车后保险杠薄壁金属管框架结构单元模型选择 SHELL163 薄壳单元，材料模型选择双线性各向同性材料模型，网格大小均设置为 20 mm；泡沫铝填充芯结构单元模型选择 SOLID164 实体单元，材料模型选择可压扁泡沫材料模型，网格大小设置为 20 mm；移动壁障单元模型选择 SOLID164 实体单元，材料模型选择刚体材料模型，网格大小设置为 30 mm。泡沫铝填充结构油罐车后保险杠追尾钻入碰撞模型网格划分后如图 2-48 所示，进行网格划分后共有 30 093 个节点，23 859 个单元。

2.5.3.3　初速度设置

按照前文所述相关法规，追尾钻入碰撞移动壁障初始速度设置为 32 km/h，如图 2-49 所示，在 Initial Velocity 里输入 8 888.89 mm/s。

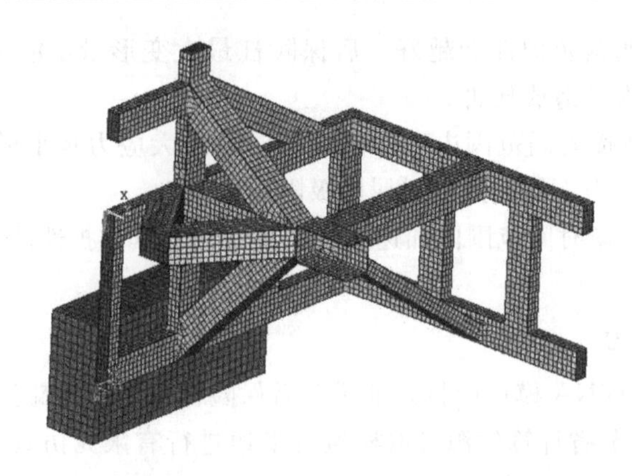

图 2-48　泡沫铝填充结构油罐车后保险杠碰撞模型网格划分

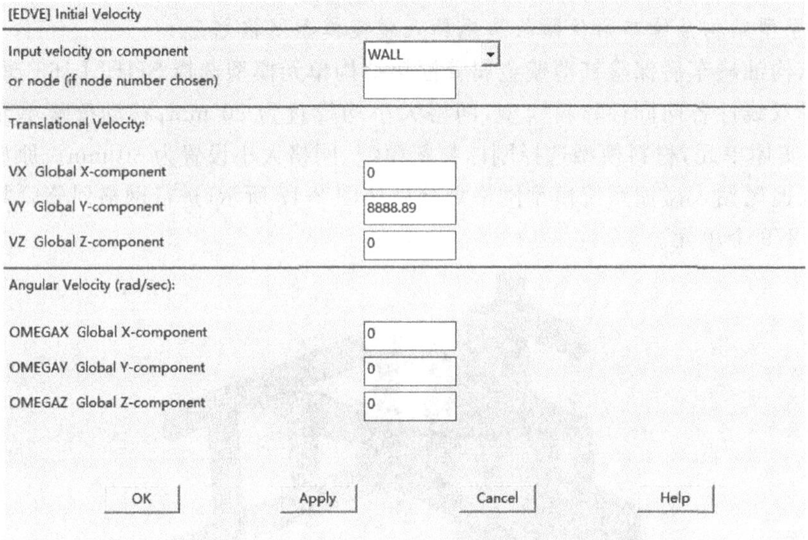

[EDVE] Initial Velocity

Input velocity on component　WALL
or node (if node number chosen)

Translational Velocity:

VX　Global X-component　0
VY　Global Y-component　8888.89
VZ　Global Z-component　0

Angular Velocity (rad/sec):

OMEGAX　Global X-component　0
OMEGAY　Global Y-component　0
OMEGAZ　Global Z-component　0

OK　Apply　Cancel　Help

图 2-49　移动壁障初始速度设置

2.5.4　结果与分析

2.5.4.1　仿真结果可信性与吸能性分析

经过 ANSYS LS-PREPOST 后处理器处理得到追尾钻入碰撞过程中原型和初步设计泡沫铝填充结构油罐车后保险杠的能量转换曲线如图 2-50 所示，吸能性曲线如图 2-51 所示。

由图 2-50 可见，原型结构油罐车后保险杠碰撞沙漏能为 0.97 kJ，初步设计的泡沫铝填充结构油罐车后保险杠碰撞沙漏能为 1.75 kJ，系统总能量为 43.46 kJ。两种结构油罐车后保险杠碰撞沙漏能分别占总能量的 2.23% 和 4.03%，均小于总能量的 5%，且能量曲线没有较大的突变，较为光滑，所以计算结果可信。

由图 2-51 可见，在碰撞的整个过程中，初步设计的泡沫铝填充结构油罐车后保险杠最大吸收内能为 35.5 kJ，原型结构油罐车后保险杠最大吸收内能为 30.32 kJ，而根据规范，追尾钻入碰撞初始速度为 32 km/h，初始动能为 43.46 kJ，后保险杠至少需要吸收 19.12 kJ 的

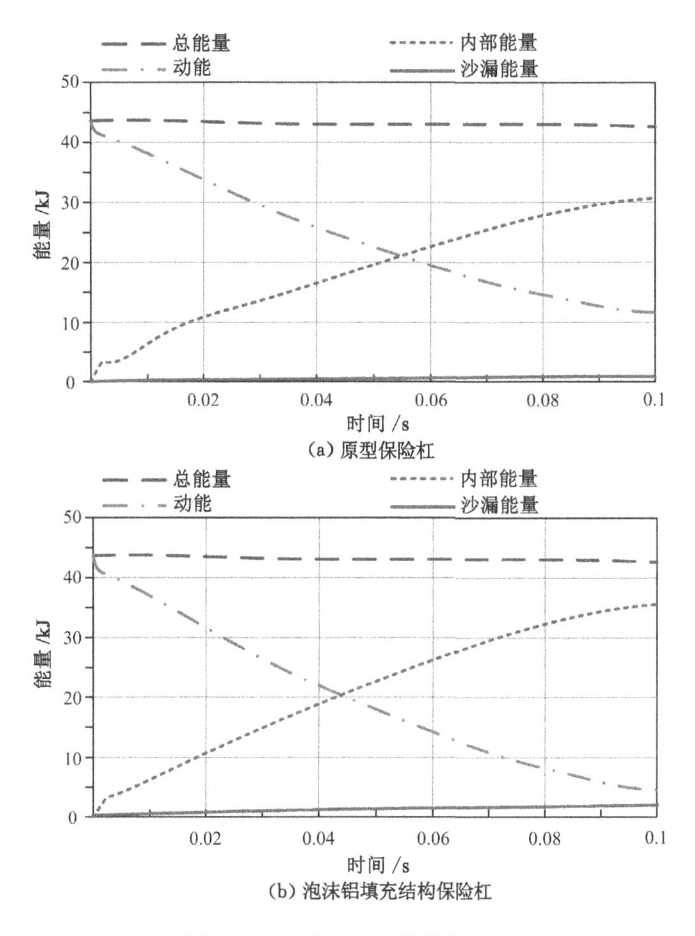

图 2-50　碰撞过程中能量转换图

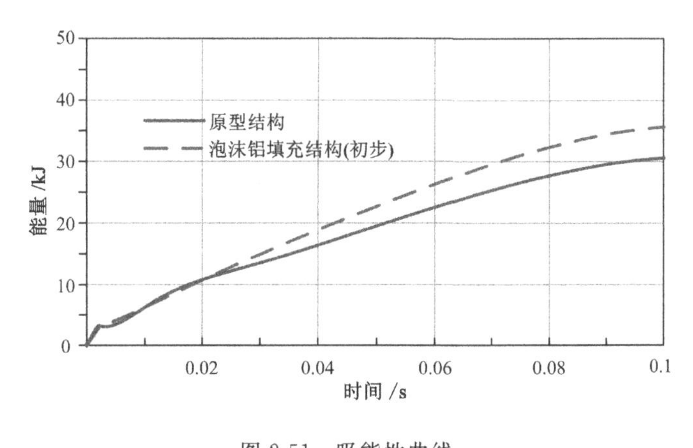

图 2-51　吸能性曲线

能量才能保证油罐车的安全，因此仿真结果表明两种结构油罐车后保险杠均符合最低吸能要求，而且初步设计泡沫铝填充结构油罐车后保险杠吸收能量比原型结构提升 17.08%，初步证明了泡沫铝填充结构油罐车后保险杠在提高油罐车追尾钻入碰撞安全性方面具有显著效果。

2.5.4.2 变形分析

图 2-52 至图 2-55 所示为追尾钻入碰撞事故中 25 ms、50 ms、75 ms 和 100 ms 四个时刻两种结构油罐车后保险杠的变形响应图，对比分析结果如表 2-10 所示。

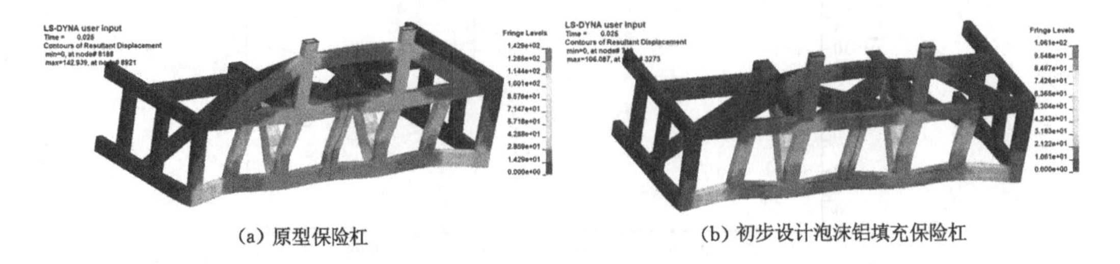

(a) 原型保险杠　　(b) 初步设计泡沫铝填充保险杠

图 2-52　25 ms 变形响应图

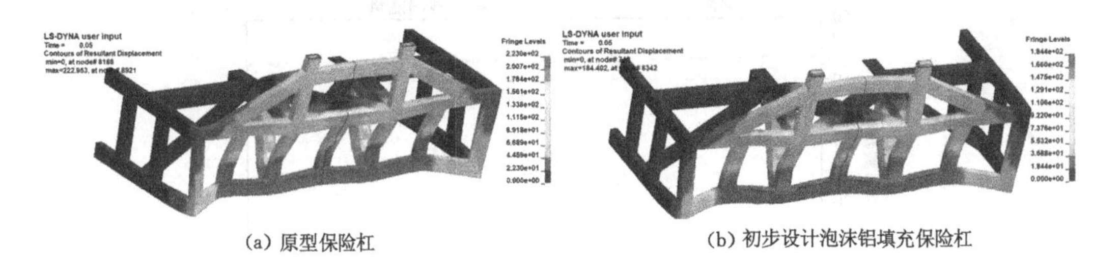

(a) 原型保险杠　　(b) 初步设计泡沫铝填充保险杠

图 2-53　50 ms 变形响应图

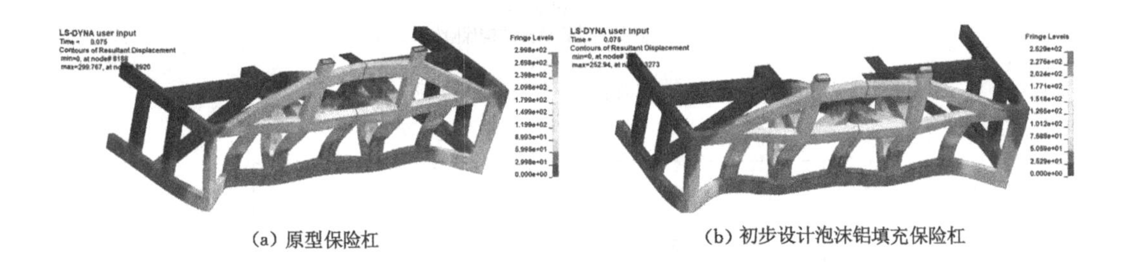

(a) 原型保险杠　　(b) 初步设计泡沫铝填充保险杠

图 2-54　75 ms 变形响应图

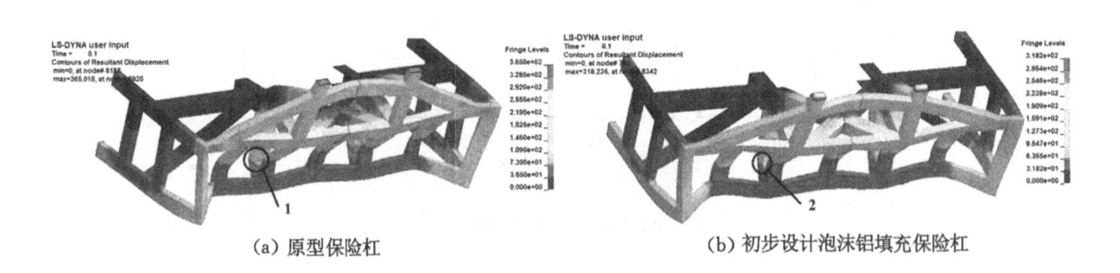

(a) 原型保险杠　　(b) 初步设计泡沫铝填充保险杠

图 2-55　100 ms 变形响应图

表 2-10　两种结构后保险杠变形对比

碰撞时刻/ms	原型保险杠变形/mm	泡沫铝保险杠变形/mm	结果比较/%
25	142.94	106.09	25.78
50	222.95	184.40	17.29
75	299.77	252.94	15.62
100	365.02	318.24	12.82

由图 2-52 至图 2-55 可知，保险杠与移动壁障接触的地方发生大量压溃变形，原型结构油罐车后保险杠支撑件(如图 2-55 中 1 处所标)发生弯曲崩溃(欧拉失稳)现象，而泡沫铝填充结构油罐车后保险杠支撑件(如图 2-55 中 2 处所标)并未发生弯曲崩溃现象，初步证明了泡沫铝填充结构油罐车后保险杠对追尾钻入碰撞变形模式有较大的改善。

由表 2-10 可见，在整个碰撞过程中两种结构油罐车后保险杠最大变形量均不超过相关规范规定值(400 mm)，能够保证追尾钻入车辆内部人员安全，证明了这种护栏式后保险杠对于追尾钻入碰撞防护的有效性。初步设计的泡沫铝填充结构油罐车后保险杠在所考察碰撞后的各时刻最大变形量较原型结构均有不同程度的下降，最大降低 25.78%，最小降低 12.82%，平均降低 17.88%。以上结论初步证明了泡沫铝填充结构油罐车后保险杠在提高油罐车追尾钻入碰撞安全性方面的有效性。

2.5.4.3　应力分析

由仿真分析得到追尾钻入碰撞事故中 25 ms、50 ms、75 ms 和 100 ms 四个时刻两种结构油罐车后保险杠的应力响应图，如图 2-56 至图 2-59 所示，对比分析结果如表 2-11 所示。

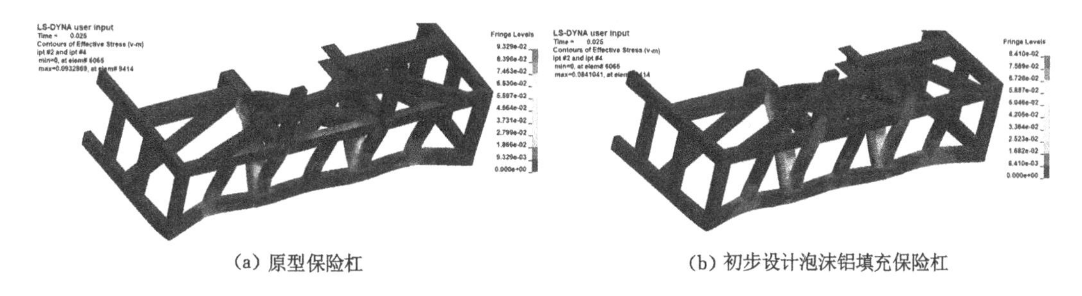

(a) 原型保险杠　　(b) 初步设计泡沫铝填充保险杠

图 2-56　25 ms 应力响应图

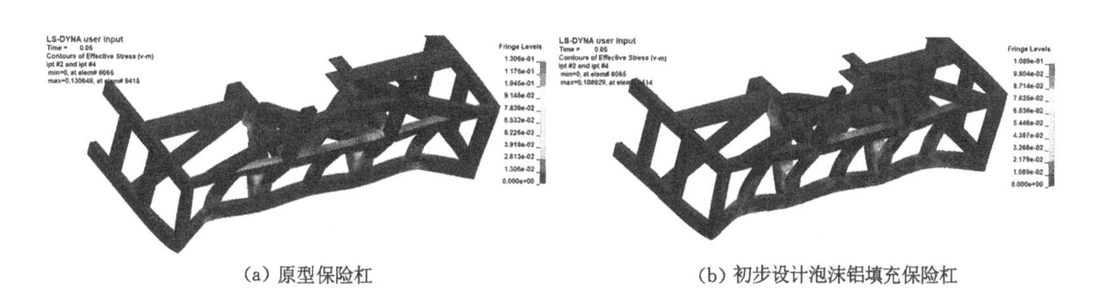

(a) 原型保险杠　　(b) 初步设计泡沫铝填充保险杠

图 2-57　50 ms 应力响应图

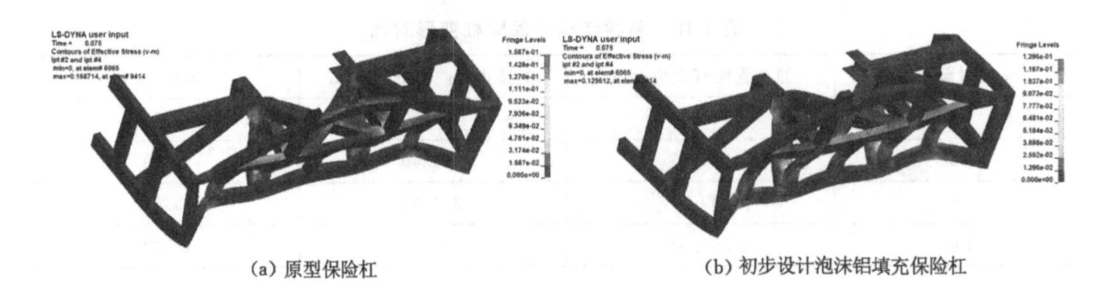

(a) 原型保险杠　　(b) 初步设计泡沫铝填充保险杠

图 2-58　75 ms 应力响应图

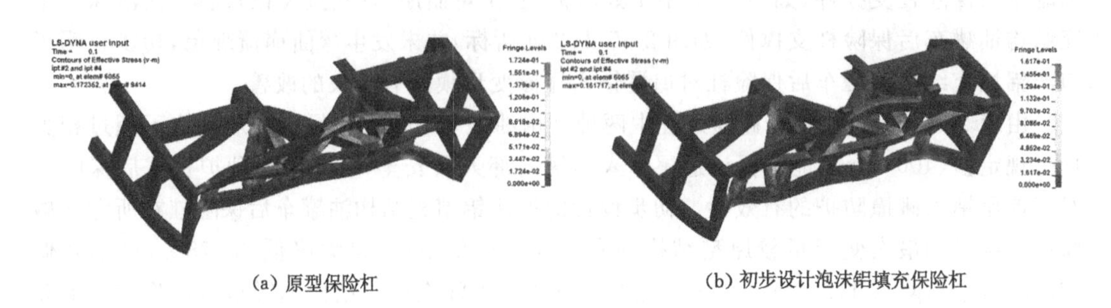

(a) 原型保险杠　　(b) 初步设计泡沫铝填充保险杠

图 2-59　100 ms 应力响应图

表 2-11　两种结构后保险杠应力对比

碰撞时刻/ms	原型保险杠应力/MPa	泡沫铝填充结构保险杠应力/MPa	结果比较/%
25	93.29	84.10	9.85
50	130.65	108.93	16.62
75	158.71	129.61	18.34
100	172.35	161.72	6.17

由图 2-56 至图 2-59 可见，两种结构油罐车后保险杠碰撞各时刻应力点分布位置相似，但初步设计的泡沫铝填充结构油罐车后保险杠应力分布相对分散，更利于后保险杠吸收碰撞能。

由表 2-11 可见，初步设计的泡沫铝填充结构油罐车后保险杠在所考察碰撞后的各时刻的最大应力较原型结构均有不同程度的下降，最大降低 18.34%，最小降低 6.17%，平均降低 12.74%。以上结论初步证明了泡沫铝填充结构油罐车后保险杠在提高油罐车追尾钻入碰撞安全性方面的有效性。

2.5.4.4　加速度分析

仿真分析得到的原型结构和初步设计的泡沫铝填充结构油罐车后保险杠追尾钻入碰撞加速度曲线如图 2-60 所示。

由图 2-60 可知，两种结构油罐车后保险杠在碰撞初始时刻加速度急剧变化，之后在 20 m/s^2 上下小范围波动，相对平缓，说明这种护栏式结构后保险杠具有很好的追尾钻入碰撞防护性。由图可知，初步设计泡沫铝填充结构油罐车后保险杠加速度峰值达到 212.13 m/s^2，

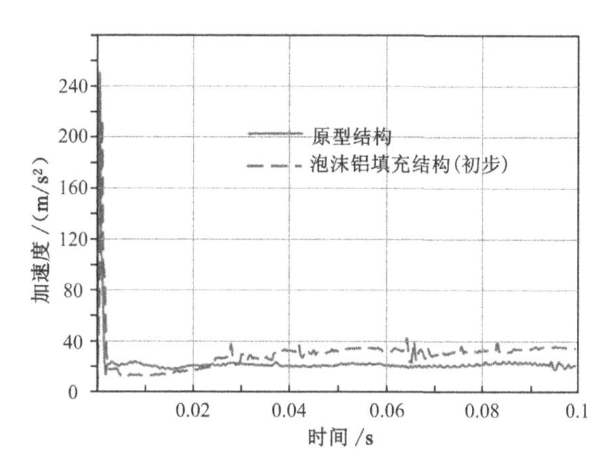

图 2-60　加速度变化曲线

较原型结构的 250.67 m/s² 降低了 15.37%，且均小于规范规定(40g)，符合设计要求，也进一步证明了泡沫铝填充结构油罐车后保险杠在提高油罐车追尾钻入碰撞安全性方面具有显著效果。

2.6　泡沫铝填充结构油罐车后保险杠优化设计

为进一步挖掘泡沫铝填充结构油罐车后保险杠的优越性，本节将对泡沫铝填充结构油罐车后保险杠进行多目标优化设计。

2.6.1　泡沫铝填充结构油罐车后保险杠参数设置

以泡沫铝填充结构油罐车后保险杠的几何参数尺寸 t_1 和 t_2 为设计变量，以泡沫铝填充结构油罐车后保险杠的质量最小和追尾正碰吸能性最大两个目标为优化目标，以泡沫铝填充结构油罐车后保险杠的质量小于原型结构和吸能性大于原型结构为约束条件对追尾正碰泡沫铝填充结构油罐车后保险杠进行多目标优化设计。

2.6.1.1　设计变量设置

参数化建模中的参数指的是变量，对原有模型中的参数进行改变就可以得到一个新的模型，这是 ANSYS 有限元软件实现优化设计的基础。泡沫铝填充结构油罐车后保险杠参数化模型在 2.3.2 部分已经建立，故本节可以直接在 DM 模块中对相关变量进行输入参数设置。将泡沫铝填充结构矩形管壁厚 t_1 和方管壁厚 t_2 提取为输入参数，$t_1=2.5$ mm 和 $t_2=4.5$ mm 为优化设计初始迭代厚度。

2.6.1.2　输出参数设置

ANSYS 有限元软件是通过对多组模型的仿真结果进行参数评价得到最优解来实现优化设计的。故输出参数为泡沫铝填充结构油罐车后保险杠的质量最小和追尾正碰吸能性最大这两个目标参数。按照 2.5 部分所述对初步设计的泡沫铝填充结构油罐车后保险杠进行追尾正碰仿真，再将 APDL 中 LS-DYNA 模块下的仿真结果导回到 Workbench 界面，在 Solution 下设置输出参数。输入参数 P_3 和 P_4 表示泡沫铝填充结构矩形管和方管壁厚，输出参数(优化目标)P_1 和 P_2 表示泡沫铝填充结构油罐车后保险杠的吸能性最大和质量最小。

2.6.2 多目标优化设计的数学模型

为使泡沫铝填充结构油罐车后保险杠在满足轻质性的条件下，最大限度地提高后保险杠的碰撞安全性，以提高油罐车的节能性、环保性和安全性，对其进行优化设计具有重要意义。故以泡沫铝填充结构油罐车后保险杠的几何参数尺寸 t_1 和 t_2 为设计变量，以泡沫铝填充结构油罐车后保险杠的质量最小和追尾正碰吸能性最大两个目标为优化目标，以泡沫铝填充结构油罐车后保险杠的质量小于原型结构和吸能性大于原型结构为约束条件，得该多目标优化问题的数学模型为：

$$\min[-f_1(x),f_2(x)]^{\mathrm{T}}$$
$$\text{s.t.}\begin{cases}f_1(x)\geqslant175.42;\quad f_2(x)\leqslant280\\X=[t_1,t_2]^{\mathrm{T}}\\0<t_1\leqslant4;\quad 2\leqslant t_2\leqslant6\end{cases}\tag{2-19}$$

式中 $f_1(x)$——泡沫铝填充结构油罐车后保险杠追尾正碰吸能性目标函数；

$f_2(x)$——泡沫铝填充结构油罐车后保险杠质量目标函数。

2.6.3 优化结果与分析

2.6.3.1 灵敏度分析

输入参数 P_3 和 P_4 对两个目标函数 P_1 和 P_2 的灵敏度柱状图如图 2-61 所示。

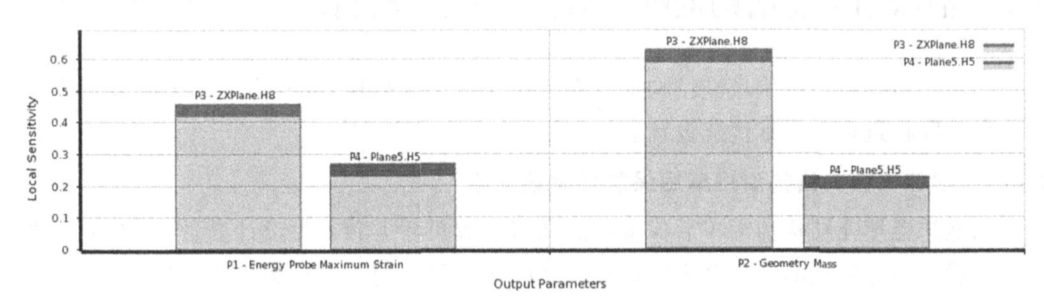

图 2-61 敏感性图

由图 2-61 可见，泡沫铝填充结构油罐车后保险杠的吸能性和质量与矩形管壁厚 t_1 和方管壁厚 t_2 正相关，其中矩形管壁厚 t_1 对泡沫铝填充结构油罐车后保险杠的吸能性和质量的影响要大于方管壁厚 t_2 的影响。由前述可知矩形管的等效长度大于方管等效长度，故矩形管壁厚 t_1 对泡沫铝填充结构油罐车后保险杠质量的影响大于方管壁厚 t_2 是合理的。

图 2-62 所示为输出参数泡沫铝填充结构油罐车后保险杠在碰撞过程中最大吸收内能 P_1 与输入参数矩形管壁厚 P_3 和方管壁厚 P_4 之间的 3D 响应关系图。图 2-63 所示为输出参数泡沫铝填充结构油罐车后保险杠质量 P_2 与输入参数矩形管壁厚 P_3 和方管壁厚 P_4 之间的 3D 响应关系图。

由图 2-62 可见，输出参数泡沫铝填充结构油罐车后保险杠在碰撞过程中最大吸收内能 P_1 随着输入参数矩形管壁厚 P_3 和方管壁厚 P_4 的增加而增大，开始时 P_1 随着 P_3 和 P_4 的增加急剧增大，之后趋于平缓。这说明泡沫铝填充结构油罐车后保险杠在碰撞过程中最大吸收内能达到一定范围之后，矩形管壁厚和方管壁厚的变化的响应程度降低。

由图 2-63 可见，输出参数泡沫铝填充结构油罐车后保险杠质量 P_2 随着输入参数矩形

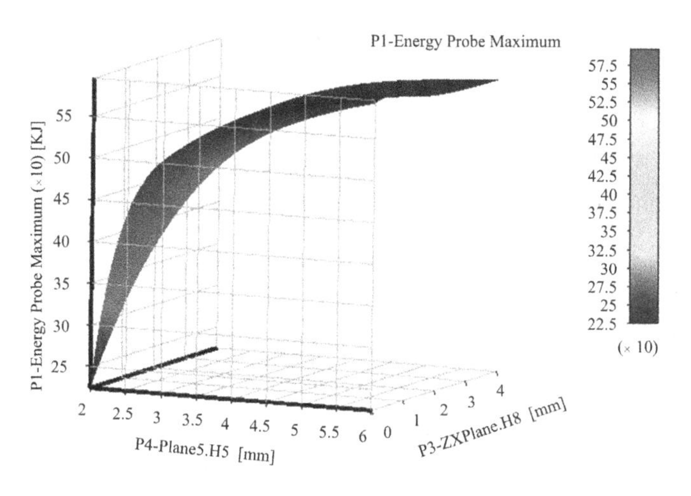

图 2-62　吸能性 3D 响应关系图

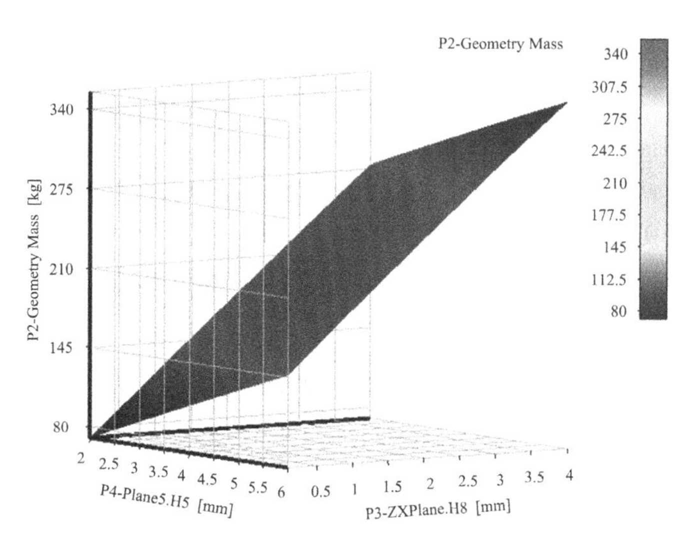

图 2-63　质量 3D 响应关系图

管壁厚 P_3 和方管壁厚 P_4 的增加而增大，P_2 和 P_3、P_4 之间呈线性关系。输出参数泡沫铝填充结构油罐车后保险杠质量 P_2 与输入参数矩形管壁厚 P_3 和方管壁厚 P_4 之间的 3D 响应关系图是一个平面。

2.6.3.2　最优点分析

经过 ANSYS Workbench 软件对各设计点最大吸收内能和质量进行综合分析和最优化处理后，得到如图 2-64 所示三个候选最优设计点。

	Candidate Point 1	Candidate Point 2	Candidate Point 3
P3 - ZXPlane.H8 (mm)	2.859	3.014	3.527
P4 - Plane5.H5 (mm)	3.75	4.13	4.05
P1 - Energy Probe Maximum (KJ)	☆☆ 550.957	☆☆☆ 558.629	☆☆ 560.132
P2 - Geometry Mass (kg)	☆☆☆ 264.342	☆☆ 270.04	☆ 275.139

图 2-64　优化设计点

由图 2-64 可见，三个候选最优设计点的泡沫铝填充结构油罐车后保险杠在碰撞过程中最大吸收内能相差不大，吸收内能最大的是 Candidate Point 3，但同时也是质量最大点。综合考虑三个候选最优设计点和市面上矩形管与方管的材料规格，最后确定矩形管壁厚 $P_3(t_1)$ 取 3 mm，方管壁厚 $P_4(t_2)$ 取 4 mm。故最终确定泡沫铝填充结构油罐车后保险杠矩形填充管规格为 100 mm×50 mm×3 mm，方形填充管规格为 100 mm×100 mm×4 mm。

2.6.4 优化效果分析

经过优化最终设计的泡沫铝填充结构油罐车后保险杠尺寸确定后，按照第 2.3～2.5 部分所述对优化后的泡沫铝填充结构油罐车后保险杠追尾正碰、左倾 30°追尾侧碰和追尾钻入碰撞模型进行前处理并求解。利用 LS-PREPOST 后处理器对优化后的泡沫铝填充结构油罐车后保险杠仿真结果进行查看，列出后保险杠吸能性、变形、应力和加速度等仿真结果，并将其与原型结构油罐车后保险杠仿真结果进行对比分析。

2.6.4.1 轻质性与颠簸力仿真分析

(1) 轻质性分析

优化后的泡沫铝填充结构油罐车后保险杠矩形管壁厚 t_1 为 3 mm，方管壁厚 t_2 为 4 mm，结合第 2.2. 部分后保险杠结构尺寸图建立优化后的泡沫铝填充结构油罐车后保险杠有限元模型。最终得到泡沫铝填充结构油罐车后保险杠质量为 268.23 kg，相比原型结构的 280 kg 降低了 4.2%，证明了优化后泡沫铝填充结构油罐车后保险杠的轻质性。

(2) 颠簸力仿真分析

按照前述颠簸力仿真分析步骤对优化后的泡沫铝填充结构油罐车后保险杠进行颠簸力仿真分析，仿真分析结果对比如表 2-12 所示。

表 2-12 颠簸力仿真分析结果

保险杠	原型	初设	优化后
最大变形/mm	0.103	0.231	0.279
最大应力/MPa	8.349	17.682	23.735

由表 2-12 可以看出，三种结构油罐车后保险杠在三倍重力载荷作用下最大变形在 0.1～0.3 mm 范围内，相差 0.1～0.2 mm，变形量和相差值都非常微小，可以忽略不计。最大应力在 8～24 MPa 范围内，相差 6～15 MPa，应力值较小，三倍重力载荷作用下产生的应力对后保险杠影响微小，可以忽略不计。综合上述分析可以得出优化后泡沫铝填充结构油罐车后保险杠刚度和强度符合设计要求，且泡沫铝填充结构对后保险杠刚度和强度的影响不大。

2.6.4.2 追尾正碰安全性仿真结果分析

(1) 能量结果与分析

仿真分析得到的三种后保险杠吸能性曲线如图 2-65 所示，对比分析结果如表 2-13 所示。

由图 2-65 和表 2-13 可见，泡沫铝填充结构油罐车后保险杠在整个碰撞过程中吸能峰值为 556.47 kJ，比原型结构的 480.14 kJ 提升了 15.90%；比初步设计泡沫铝填充结构的 542.58 kJ 提升了 2.56%。这证明了泡沫铝填充结构在提高油罐车后保险杠碰撞吸能性进而提高其安全性方面的有效性，优化设计可使其优越性更显突出。

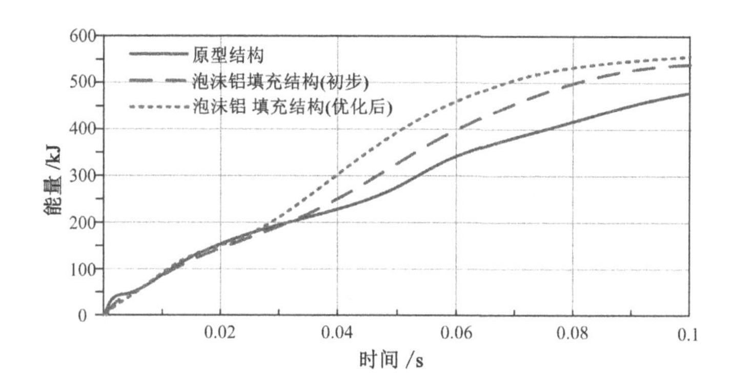

图2-65　吸能性曲线

表2-13　追尾碰撞(正碰)特性

保险杠	质量/kg	最大变形/mm	最大应力/MPa	加速度峰值/(mm/s²)	最大吸能/kJ
原型	280	385.38	185.49	305.74	480.14
初设	264	327.92	164.22	265.27	542.58
优化后	268.23	315.74	155.73	249.7	556.47

(2) 碰撞变形结果与分析

由仿真分析得到优化后泡沫铝填充结构油罐车后保险杠在大型车辆追尾正碰25 ms、50 ms、75 ms和100 ms四个时刻的变形响应图如图2-66所示，对比分析结果如表2-13所示。

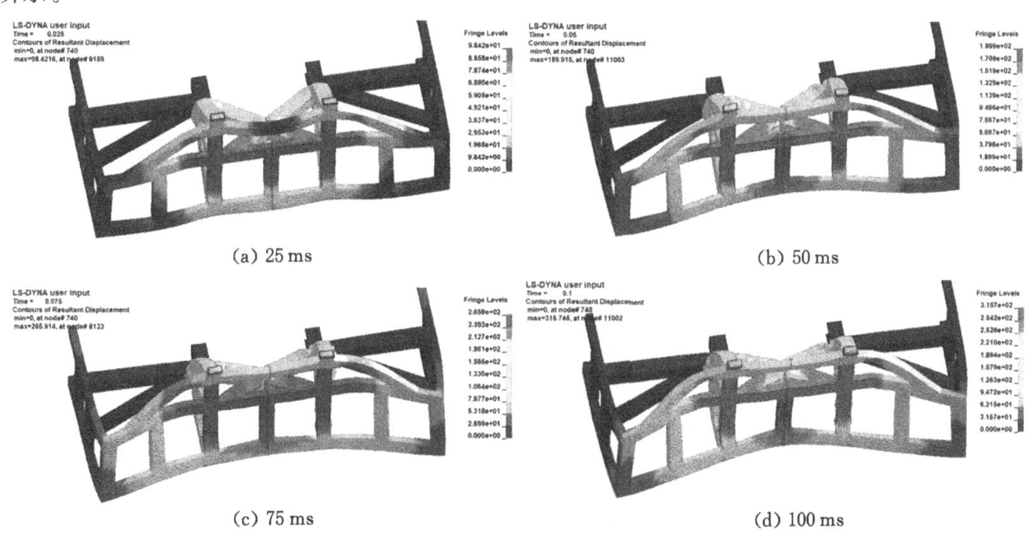

(a) 25 ms　(b) 50 ms

(c) 75 ms　(d) 100 ms

图2-66　变形响应图

由图2-66可见，泡沫铝填充结构油罐车后保险杠支撑件褶皱变形较原型结构有较大的改进，碰撞结束时刻支撑件还未被压实，仍然具备变形吸能效应；弯曲变形最大的是横梁件，碰撞结束时刻泡沫铝填充结构油罐车后保险杠横、纵梁件都未发生严重凹陷，较原型结构变形模式有较大改善。

由表 2-13 可见，优化后泡沫铝填充结构油罐车后保险杠在整个碰撞过程中最大变形量为 315.74 mm，较原型结构的 385.38 mm 降低 18.07%，较初步设计的泡沫铝填充结构的 327.92 mm 降低 3.71%。以上结论证明了泡沫铝填充结构油罐车后保险杠在提高油罐车安全性方面的有效性，优化设计可使其优越性更显突出。

(3) 碰撞应力结果与分析

由仿真分析得到优化后泡沫铝填充结构油罐车后保险杠在大型车辆追尾正碰 25 ms、50 ms、75 ms 和 100 ms 四个时刻的应力响应图如图 2-67 所示，对比分析结果如表 2-13 所示。

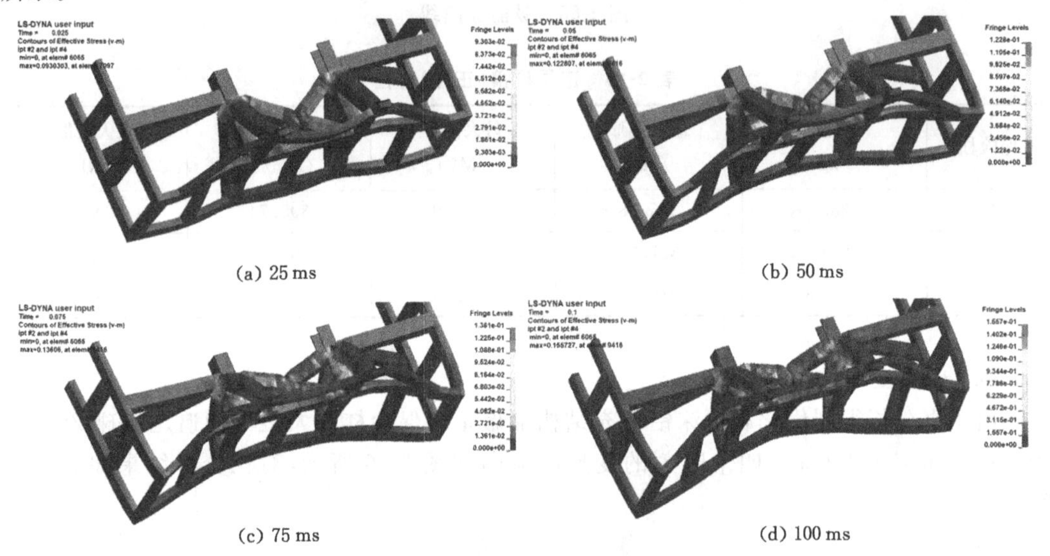

(a) 25 ms　(b) 50 ms

(c) 75 ms　(d) 100 ms

图 2-67　应力响应图

由图 2-67 可知，优化后泡沫铝填充结构油罐车后保险杠支撑件应力较为分散地分布在整根支撑件上，故支撑件均匀变形，更有利于其吸收碰撞能。

由表 2-13 可见，优化后泡沫铝填充结构油罐车后保险杠在整个碰撞过程中最大应力为 155.73 MPa，较原型结构的 185.49 MPa 降低 16.04%，较初步设计的泡沫铝填充结构的 164.22 MPa 降低 5.17%。以上结论证明了泡沫铝填充结构油罐车后保险杠在提高油罐车安全性方面的有效性，优化设计可使其优越性更显突出。

(4) 加速度结果与分析

由仿真分析得到的三种后保险杠大型车辆追尾正碰加速度曲线如图 2-68 所示，对比分析结果如表 2-13 所示。

由图 2-68 和表 2-13 可见，优化后泡沫铝填充结构油罐车后保险杠加速度峰值为 249.7 m/s^2，较原型结构的 305.74 m/s^2 降低了 18.33%，较初步设计泡沫铝填充结构的 265.27 m/s^2 降低了 5.87%。这进一步证明了泡沫铝填充结构油罐车后保险杠在提高油罐车碰撞安全性方面具有显著效果，优化设计可使其优越性更显突出。

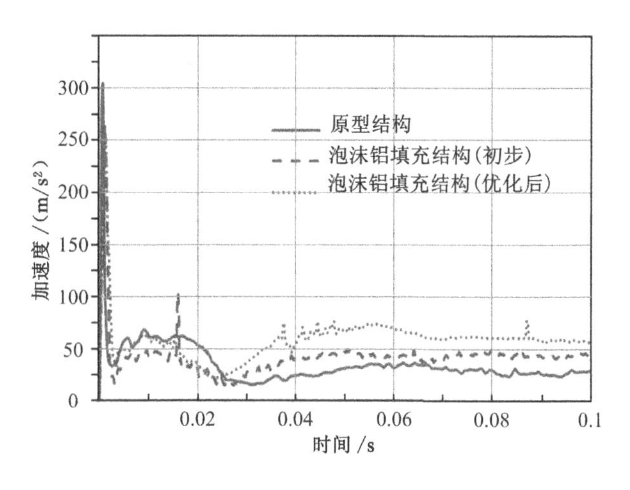

图 2-68　加速度变化

2.6.4.3　左倾 30°追尾侧碰安全性仿真结果分析

(1) 能量结果与分析

由仿真分析得到的三种后保险杠吸能性曲线如图 2-69 所示，对比分析结果如表 2-14 所示。

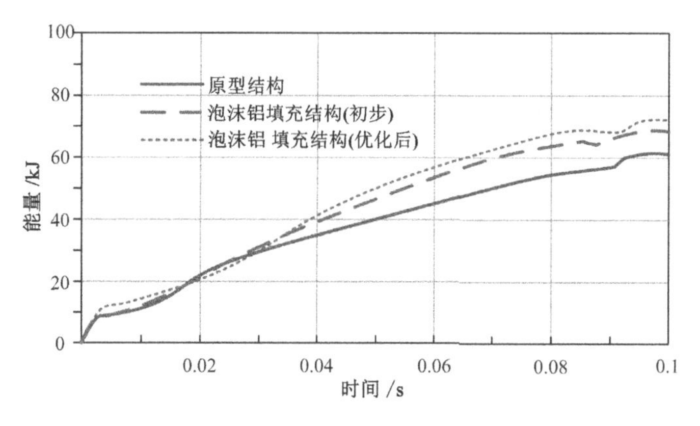

图 2-69　吸能性曲线

表 2-14　追尾碰撞(侧碰)特性

保险杠	质量 /kg	最大变形 /mm	最大应力 /MPa	加速度峰值 /(mm/s^2)	最大吸能 /kJ
原型	280	402.29	123.47	136.12	60.91
初步	264	377.95	117.06	115.08	68.85
优化后	268.23	360.86	111.86	109.84	72.31

由图 2-69 和表 2-14 可见，优化后泡沫铝填充结构油罐车后保险杠在整个碰撞过程中吸能峰值为 72.31 kJ，比原型结构的 60.91 kJ 提升了 18.72%，比初步设计泡沫铝填充结构的 68.85 kJ 提升了 5.03%，再次证明泡沫铝填充结构在提高油罐车后保险杠碰撞吸能性进而提高其安全性方面的有效性，优化设计可使其优越性更显突出。

（2）碰撞变形结果与分析

由仿真分析得到泡沫铝填充结构油罐车后保险杠在侧碰 25 ms、50 ms、75 ms 和 100 ms 四个时刻的变形响应图如图 2-70 所示，对比分析结果如表 2-14 所示。

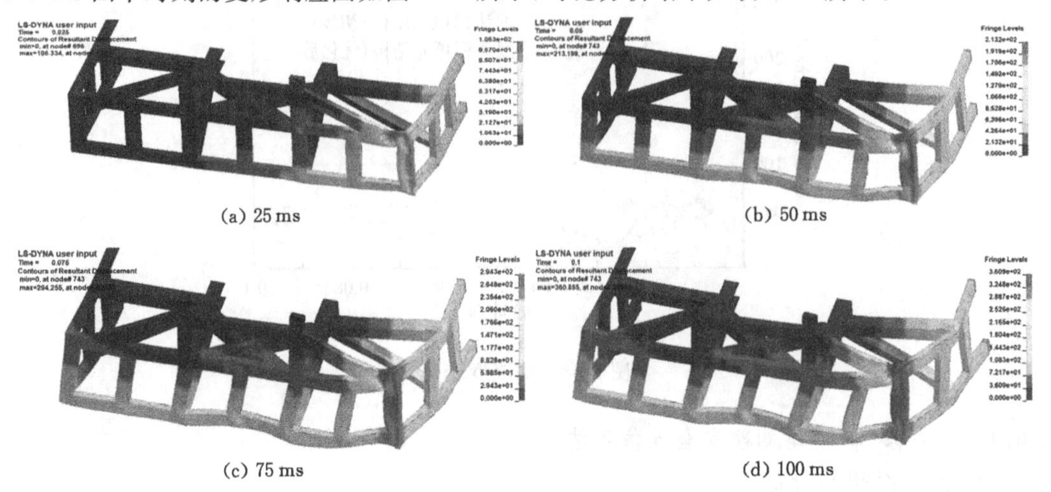

(a) 25 ms　(b) 50 ms　(c) 75 ms　(d) 100 ms

图 2-70　变形响应图

由图 2-70 可见，泡沫铝填充结构油罐车后保险杠与移动壁障侧碰接触部分压溃变形最严重。

由表 2-14 可见，优化后泡沫铝填充结构油罐车后保险杠在整个碰撞过程中最大变形量为 360.86 mm，较原型结构的 402.29 mm 降低 10.3%，较初步设计的泡沫铝填充结构的 377.95 mm 降低 4.52%。以上结论证明了泡沫铝填充结构油罐车后保险杠在提高油罐车安全性方面的有效性，优化设计可使其优越性更显突出。

（3）碰撞应力结果与分析

由仿真分析得到泡沫铝填充结构油罐车后保险杠在侧碰 25 ms、50 ms、75 ms 和 100 ms 四个时刻的应力响应图如图 2-71 所示，对比分析结果如表 2-14 所示。

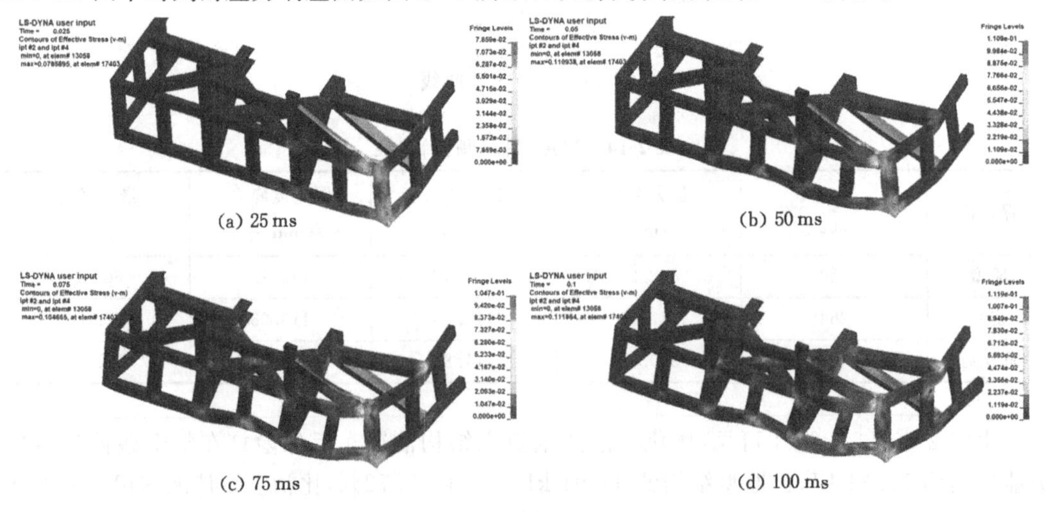

(a) 25 ms　(b) 50 ms　(c) 75 ms　(d) 100 ms

图 2-71　应力响应图

由图 2-71 可见，应力较为分散地分布在优化后泡沫铝填充结构油罐车后保险杠与移动壁障左倾 30°追尾侧碰接触部分，变形相对均匀，更有利于其吸收碰撞能。

由表 2-14 可见，优化后泡沫铝填充结构油罐车后保险杠在整个碰撞过程中最大应力为 111.86 MPa，较原型结构的 123.47 MPa 降低 9.4%，较初步设计的泡沫铝填充结构的 117.06 MPa 降低 4.44%。以上结论证明了泡沫铝填充结构油罐车后保险杠在提高油罐车安全性方面的有效性，优化设计可使其优越性更显突出。

(4) 加速度结果与分析

由仿真分析得到的三种后保险杠侧碰加速度曲线如图 2-72 所示，对比分析结果如表 2-14 所示。

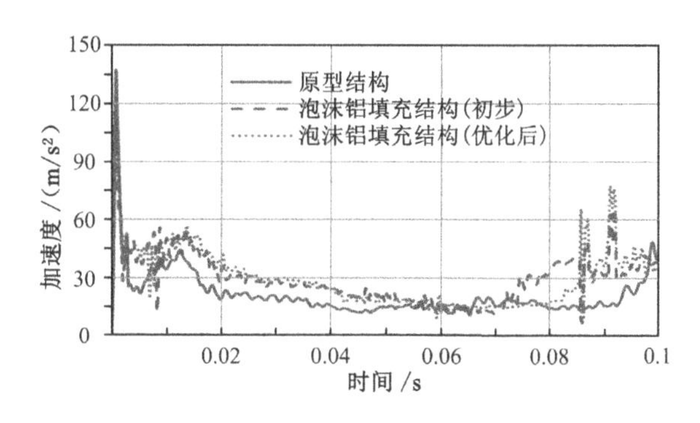

图 2-72　加速度变化

由图 2-72 和表 2-14 可见，优化后泡沫铝填充结构油罐车后保险杠加速度峰值为 109.84 m/s^2，较原型结构的 136.12 m/s^2 降低了 19.31%，较初步设计泡沫铝填充结构的 115.08 m/s^2 降低了 4.55%。这进一步证明了泡沫铝填充结构油罐车后保险杠在提高油罐车碰撞安全性方面具有显著效果，优化设计可使其优越性更显突出。

2.6.4.4　追尾钻入碰撞安全性仿真结果分析

(1) 能量结果与分析

由仿真分析得到的三种后保险杠吸能曲线如图 2-73 所示，对比分析结果如表 2-15 所示。

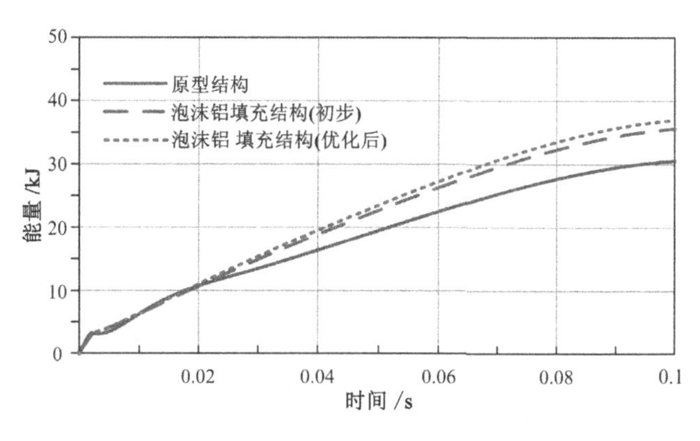

图 2-73　吸能性曲线

表 2-15 追尾碰撞(钻入)特性

保险杠	质量/kg	最大变形/mm	最大应力/MPa	加速度峰值/(mm/s^2)	最大吸能/kJ
原型	280	365.02	172.35	250.67	30.32
初步	264	318.24	161.72	212.13	35.5
优化后	268.23	305.72	153.8	197.33	37.1

由图 2-73 和表 2-15 可见，优化后泡沫铝填充结构油罐车后保险杠在整个碰撞过程中吸能峰值为 37.1 kJ，比原型结构的 30.32 kJ 提升了 22.36%，比初步设计泡沫铝填充结构的 35.5 kJ 提升了 4.51%。这再次证明了泡沫铝填充结构在提高油罐车后保险杠碰撞吸能性进而提高其安全性方面的有效性，优化设计可使其优越性更显突出。

(2) 碰撞变形结果与分析

由仿真分析得到泡沫铝填充结构油罐车后保险杠在追尾钻入碰撞 25 ms、50 ms、75 ms 和 100 ms 四个时刻的变形响应图如图 2-74 所示，对比分析结果如表 2-15 所示。

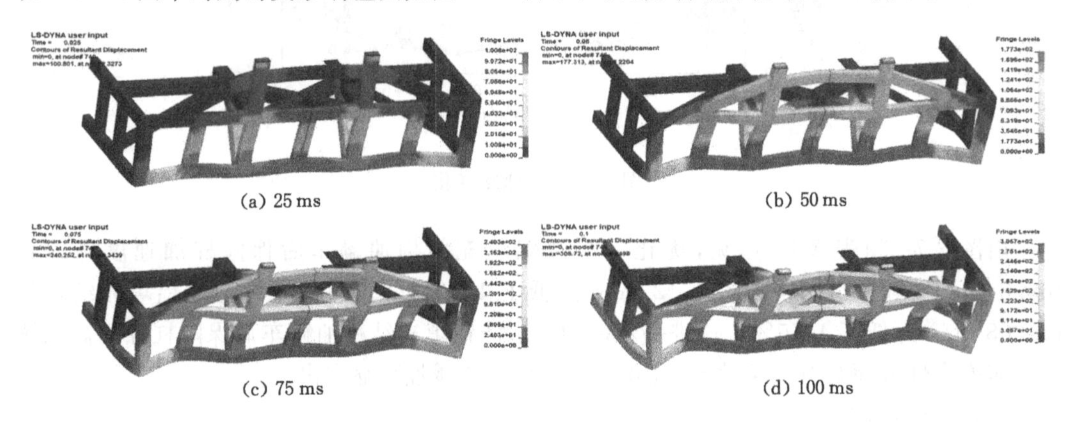

图 2-74 变形响应图

由图 2-74 可见，优化后泡沫铝填充结构油罐车后保险杠变形模式良好，未发生弯曲崩溃现象。

由表 2-15 可见，优化后泡沫铝填充结构油罐车后保险杠在整个碰撞过程中最大变形量为 305.72 mm，较原型结构的 365.02 mm 降低 16.25%，较初步设计的泡沫铝填充结构的 318.24 mm 降低 3.93%。以上结论证明了泡沫铝填充结构油罐车后保险杠在提高油罐车安全性方面的有效性，优化设计可使其优越性更显突出。

(3) 碰撞应力结果与分析

由仿真分析得到泡沫铝填充结构油罐车后保险杠在追尾钻入碰撞 25 ms、50 ms、75 ms 和 100 ms 四个时刻的应力响应图如图 2-75 所示，对比分析结果如表 2-15 所示。

由图 2-75 可见，应力较为分散地分布在优化后泡沫铝填充结构油罐车后保险杠支撑件上，变形相对均匀，更有利于其吸收碰撞能。

由表 2-15 可见，优化后泡沫铝填充结构油罐车后保险杠在整个碰撞过程中最大应力为 153.8 MPa，较原型结构的 172.35 MPa 降低 10.76%，较初步设计的泡沫铝填充结构的

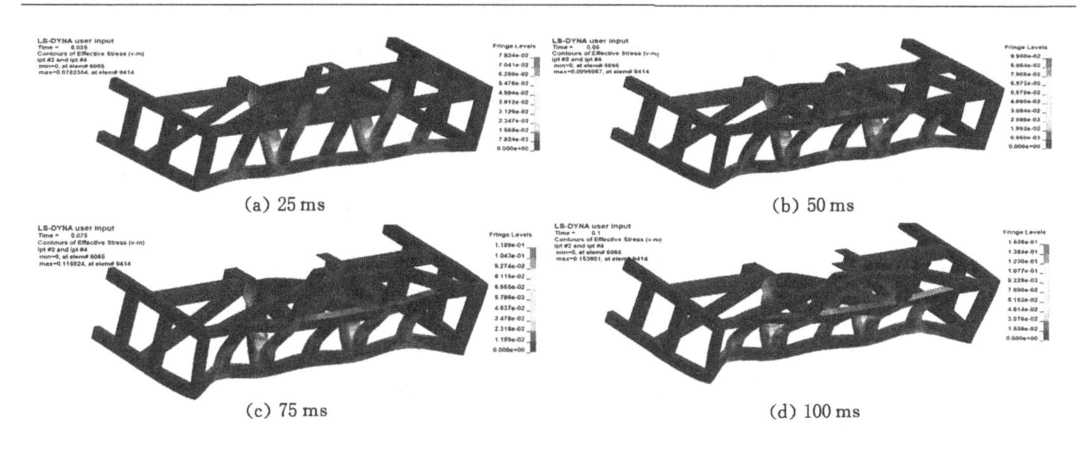

(a) 25 ms　(b) 50 ms　(c) 75 ms　(d) 100 ms

图 2-75　应力响应图

161.72 MPa 降低 4.9%。以上结论证明了泡沫铝填充结构油罐车后保险杠在提高油罐车安全性方面的有效性，优化设计可使其优越性更显突出。

(4) 加速度结果与分析

由仿真分析得到的三种后保险杠追尾钻入碰撞加速度曲线如图 2-76 所示，对比分析结果如表 2-15 所示。

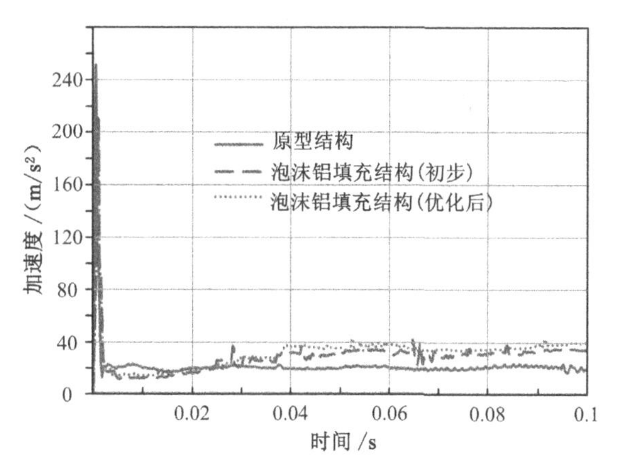

图 2-76　加速度变化

由图 2-76 和表 2-15 可知，优化后泡沫铝填充结构油罐车后保险杠加速度峰值为 197.33 m/s^2，较原型结构的 250.67 m/s^2 降低了 21.28%，较初步设计泡沫铝填充结构的 212.13 m/s^2 降低了 6.98%。进一步证明了泡沫铝填充结构油罐车后保险杠在提高油罐车碰撞安全性方面具有显著效果，优化设计可使其优越性更显突出。

2.7　本章小结

本章以护栏式后保险杠为研究原型，对泡沫铝填充结构油罐车后保险杠的结构设计、优化及其轻质性和碰撞安全性进行了分析，得出的结论如下：

(1) 分析现有油罐车后保险杠的类型及功用，选取某种油罐车后保险杠为设计原型，参照其外形结构尺寸，结合泡沫铝的结构功能特性，在保证轻质性的前提下，初步设计泡沫铝填充结构油罐车后保险杠，并对其进行颠簸力分析，验证了所设计的泡沫铝填充结构油罐车后保险杠在保证重量降低了5.7%的前提下，刚度、强度仍然满足设计要求。

(2) 基于ANSYS软件建模模块建立两种结构油罐车后保险杠三维模型。根据相关规范要求，通过有限元仿真软件LS-DYNA仿真分析两种结构油罐车后保险杠大型车辆追尾正碰、左倾30°追尾侧碰和乘用车追尾钻入碰撞，得出追尾正碰最大吸能提升13.00%，最大变形降低14.91%，最大应力降低11.47%，最大加速度降低13.24%；左倾30°追尾侧碰最大吸能提升13.04%，最大变形降低6.05%，最大应力降低5.19%，最大加速度降低15.46%；追尾钻入碰撞最大吸能提升17.08%，最大变形降低12.82%，最大应力降低6.17%，最大加速度降低15.37%。这初步证明了泡沫铝填充结构油罐车后保险杠在提高油罐车轻质性和安全性方面的可行性。

(3) 为充分挖掘泡沫铝填充结构油罐车后保险杠的优越性，以保险杠质量最小和吸能性最大为目标函数，运用ANSYS Workbench软件中结构优化分析模块，对泡沫铝填充结构油罐车后保险杠目标进行多目标参数优化设计。

(4) 对优化后的泡沫铝填充结构油罐车后保险杠进行追尾碰撞有限元仿真分析。结果表明：优化后泡沫铝填充结构保险杠在追尾正碰时，最大吸能量较原型保险杠和优化前泡沫铝填充结构保险杠分别提升了15.9%和2.56%，而最大变形分别降低了18.7%和3.71%，最大应力分别降低了16.04%和5.17%，最大加速度分别降低了18.33%和5.87%；在左倾30°追尾侧碰时最大吸能量较原型保险杠和优化前泡沫铝填充结构保险杠分别提升了18.72%和5.03%，而最大变形分别降低了10.3%和4.52%，最大应力分别降低了9.4%和4.44%，最大加速度分别降低了19.31%和4.55%；在追尾钻入碰撞时，最大吸能量较原型保险杠和优化前泡沫铝填充结构保险杠分别提升了22.36%和4.51%，而最大变形分别降低了16.25%和3.93%，最大应力分别降低了10.76%和4.9%，最大加速度分别降低了21.28%和6.98%。通过碰撞评价标准和对碰撞结果对比分析以及轻质性的验证，证明了泡沫铝填充结构在提高油罐车轻质性(进而提高其环保性、降低成本)，特别是碰撞安全性方面的有效性，同时优化设计使其各项性能得到进一步提升。

参考文献

[1] 李金. 罐式车辆后防护装置碰撞特性的仿真及试验研究[D]. 沈阳：东北大学，2014.

[2] 陈培进. 论改进液体危险货物运输车后部设计的可行性[J]. 道路交通管理，2015(1)：42-43.

[3] 张明. 重型汽车后防护装置多元耦合仿生设计与分析[D]. 长春：吉林大学，2017.

[4] 刘勺华，房亚，路纪雷，等. 汽车后防护装置有限元强度分析研究[J]. 重庆交通大学学报(自然科学版)，2015，34(2)：137-140.

[5] BALTA B, ALI SOLAK H, ERK O, et al. A response surface approach to heavy duty truck rear underrun protection device beam optimisation[J]. International journal of vehicle design, 2016, 71(1/2/3/4): 3.

[6] POOUDOM S, CHANTHANUMATAPORN S, KOETNIYOM S, et al. Design and

development of truck rear underrun protection device[J]. IOP conference series: materials science and engineering,2019,501:012017.

[7] FENG S Y,LIU Z F,ZHAO Y L,et al. Collision simulation and design optimization of rear underrun protection device of lorry[J]. IOP conference series: earth and environmental science,2018,189:042008.

[8] 徐畅.泡沫铝填充结构轿车B柱的研究[D].阜新:辽宁工程技术大学,2015.

[9] 廖萍,周陈全,倪红军,等.基于Workbench的电池组支架结构分析及优化[J].制造业自动化,2014,36(14):30-32.

[10] 李海峰,吴冀川,刘建波,等.有限元网格剖分与网格质量判定指标[J].中国机械工程,2012,23(3):368-377.

[11] 王馨甜.泡沫铝填充结构汽车后保险杠研究[D].阜新:辽宁工程技术大学,2014.

[12] 杨永生.汽车保险杠系统低速碰撞性能研究[D].哈尔滨:哈尔滨工程大学,2009.

[13] 孙成智,曹广军,王光耀.为提高低速碰撞性能的轿车保险杠吸能盒结构优化[J].汽车工程,2010,32(12):1093-1096.

[14] 李海峰,吴冀川,刘建波,等.有限元网格剖分与网格质量判定指标[J].中国机械工程,2012,23(3):368-377.

第3章 泡沫铝夹芯结构机床立柱优化设计及性能分析

3.1 引言

3.1.1 研究泡沫铝夹芯结构机床立柱的意义

提高机床静、动、热态性能和轻质性是为顺应现代制造业向着高精度、高速度、高自动化等方向发展所急需研究的重要课题[1-2]。目前国内外的相关研究主要有两大方面，其一是对传统材料（主要是铸铁）的机床基础件进行结构改进或优化，其二是采用新材料设计制造机床基础件[1-9]。泡沫铝作为近些年发展起来的新型功能结构材料，具有轻质、高比刚度和良好的吸振缓冲性能，因此在汽车、航空航天、军工、机床制造业等领域具有良好的应用前景[3,9]。立柱作为机床主要部件之一，起着承载和导向的作用，其轻质性，静、动、热态性能对整机的综合性能有着至关重要的影响。因此将以泡沫铝为芯体、致密金属为壳体的复合材料应用于机床立柱，并运用优化设计理论对泡沫铝填充结构立柱进行多目标、多参数优化设计有望能大大提高立柱乃至机床整体的轻质性和静、动、热态性能。因此，研究泡沫铝夹芯结构机床立柱多目标优化设计及性能仿真分析具有重要的理论和现实意义。

3.1.2 本章的主要研究内容

本章研究泡沫铝夹芯结构机床立柱多目标优化设计及性能仿真分析，主要研究内容如下：

(1) 分析机床立柱的功用、设计要求及其分类，选取某机床立柱为设计原型，在保证机床立柱外形尺寸基本不变，与机床其他部件的连接关系不变的前提下，依据等刚度设计理论和轻量化理论初步设计泡沫铝夹芯结构机床立柱。

(2) 对原型机床典型工况下机床立柱的受力情况进行分析，为后续对原型机床立柱和泡沫铝夹芯结构机床立柱的静、动态性能仿真分析奠定基础。

(3) 运用 ANSYS Workbench 软件对原型立柱和泡沫铝夹芯结构立柱进行静、动态性能仿真分析，对比仿真结果，证明泡沫铝夹芯结构立柱在静、动态性能上优于原型立柱。

(4) 综合运用灵敏度分析理论和多目标优化设计理论，对泡沫铝夹芯结构机床立柱进行多目标优化设计，以使所设计的泡沫铝夹芯结构机床立柱在保证静态性能满足要求的前提下其动态性能（主要是主阶振型的固有频率）及轻质性的综合指标达到最优。

(5) 运用有限元仿真分析的方法研究原型结构和优化前后的泡沫铝夹芯结构机床立柱的静、动态性能和热态性能，并计算它们的质量，最后将结果进行对比分析，证明泡沫铝夹芯结构机床立柱在提高机床立柱乃至整机的静、动态和热态性能以及轻质性能和提高机床的工作性能方面的可行性和优越性。

3.2　泡沫铝夹芯结构立柱的初步设计

3.2.1　原型立柱的选取

选取 XK714 型数控铣床的立柱作为泡沫铝夹芯结构立柱设计原型。

3.2.1.1　XK714 型数控铣床简介

(1) XK714 型数控铣床结构及其特点

XK714 数控铣床是适用于机械加工及模具制造的数控铣床，能适应从粗加工到精加工的加工要求，整机外观图和光机(除去机床外壳)图如图 3-1 所示。

(a) 整机外观图

(b) 光机图

图 3-1　XK714 型数控铣床

由图 3-1(b)可见，XK714 型数控铣床主要组成部分有：床身 1、立柱 2、工作台 3，主轴箱 4、Z 方向进给电机 5，主运动电机 6、Y 方向进给电机 7 和 X 方向进给电机 8。该数控机床的主运动由主运动电机 6 驱动实现，X、Y、Z 三个方向的进给运动分别由电机 8、7、5 驱动实现。

XK714 型数控铣床的型号解释如下：X——机床分类代号(铣床)；K——通用特性代号(数控机床)；7——结构特性代号(立式铣床)；14——主参数代号(工作台面的宽度为 140 mm)。

XK714 型数控铣床作为一种多功能的数控铣床，其主要结构特点如下：

① 立柱底部为 A 字形桥跨式结构，结合大箱体底座，能大幅度减轻切削时机身的振动；

② X、Y、Z 三轴采用直线导轨，精度高，定位精确，摩擦力小，反应速度快；

③ 采用高速、高精度、高刚性主轴单元；

④ 采用间歇式自动润滑。

(2) XK714 型数控铣床主要技术参数

该数控铣床的基本技术参数如表 3-1 所示。

表 3-1　XK714 型数控铣床基本技术参数

项目	单位	参数值
X 轴行程	mm	650
Y 轴行程	mm	400
Z 轴行程	mm	500

表 3-1(续)

项目	单位	参数值
工作台尺寸	mm×mm	900×400
工作台最大承重	kg	400
T 形槽(槽数-宽度-间距)	mm	3-13-130
主运动电机功率	kW	5.5
主轴最高转速	r/min	8 000
X 方向进给电机功率	kW	5.5
X 方向进给电机最高转速	r/min	8 000
Y 方向进给电机功率	kW	5.5
Y 方向进给电机最高转速	r/min	8 000
Z 方向进给电机功率	kW	6.5
Z 方向进给电机最高转速	r/min	9 454
切削进给速度	mm/min	2～5 000
切削速度	m/s	0.05
定位精度	mm	±0.075
重复定位精度	mm	±0.005
机床质量(约)	kg	3 650

3.2.1.2 原型立柱简介

XK714 型数控铣床为立式铣床，立柱结构如图 3-2 所示。

立柱整体采用灰铸铁(HT200)制造，质量 582.32 kg。其大体尺寸为：矩形空筒截面外围尺寸 350 mm×370 mm，空筒壁厚 25 mm；内空筒壁上设有十字形加强筋，如图 3-2(c)所示，厚 15 mm；立柱整体高 1 550 mm；底座矩形块尺寸 500 mm×410 mm×100 mm；A 字形加强筋宽度 20 mm；左右两侧开有圆形通孔，直径 100 mm。

3.2.2 泡沫铝夹芯结构立柱的初步设计

3.2.2.1 总体结构设计

泡沫铝虽然具有低密度、高阻尼、减振等特性，但其绝对刚度和强度比不上铸铁，在对立柱进行设计时，不能直接用泡沫铝材料制造立柱壁，必须和内外铸铁壳体形成复合结构立柱壁，这样才能满足强度和刚度要求。故设计泡沫铝夹芯结构立柱时，在保证立柱基本外形尺寸不变的条件下，将原型立柱壁初步设计为泡沫铝夹芯层结构立柱壁，且去掉立柱内壁的加强筋。其三维实体和俯视图如图 3-3 所示，图 3-3(b)所示阴影部分为泡沫铝夹芯层，1 和 3 分别为内外层铸铁壁，设内外铸铁壁厚度相同，为 t，立柱内壁长度为 b，且泡沫铝层厚度相同。

变量 t 和 b 的具体值需要根据等刚度设计理论和轻质性的约束条件来确定。

3.2.2.2 等刚度设计对变量 t 和 b 的约束

在初步设计完泡沫铝夹芯结构立柱整体结构后，泡沫铝夹芯结构立柱的刚度大于或等于原型立柱的刚度是基本条件，因此，需要运用等刚度设计原理确定变量 t 和 b 的范围，而

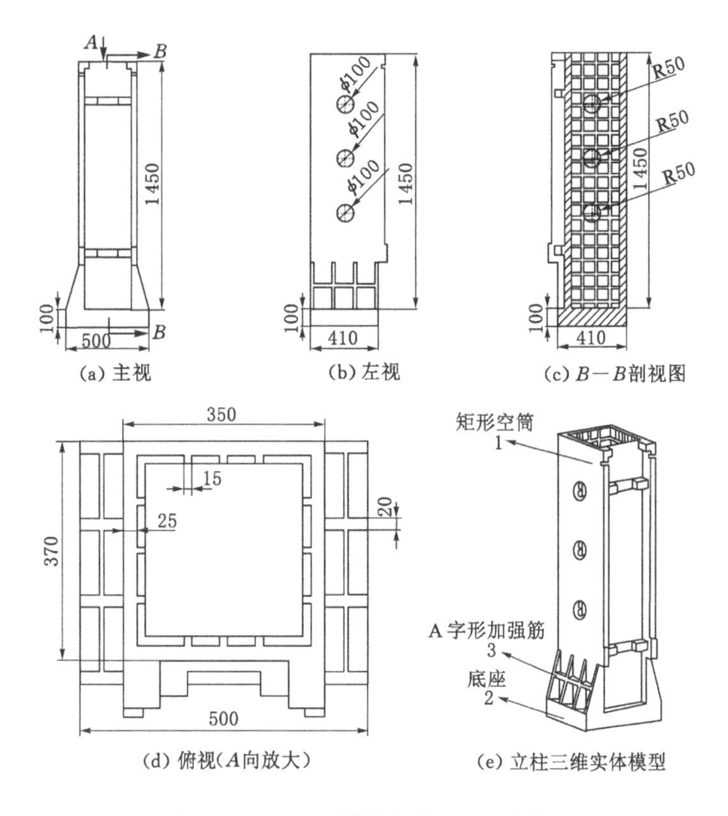

图 3-2　XK714 型数控铣床立柱结构简图

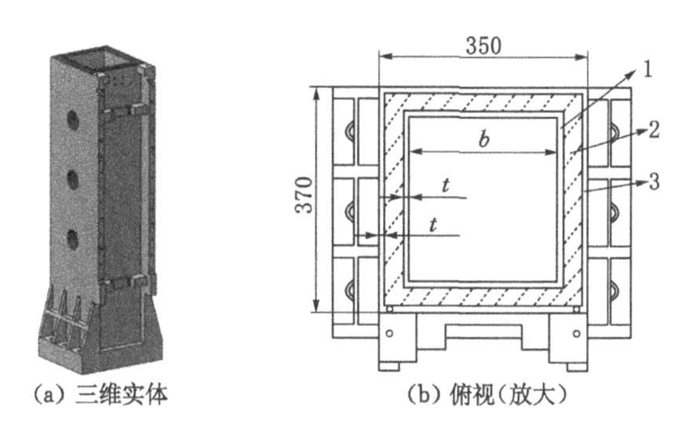

图 3-3　泡沫铝夹芯结构立柱

进行等刚度设计及计算原型立柱和泡沫铝夹芯结构立柱参数之前,必须先确定两种立柱的典型截面简图。

(1) 原型立柱典型截面的选取

原型立柱内壁上有十字形加强筋,因而截面形状也分为两种情况,第一种是截面截在竖向加强筋上时,如图 3-4(a)所示,第二种是截面截在横向加强筋上时,如图 3-4(b)所示。

考虑到实际计算问题以及截面位于竖向加强筋上的情况多于位于横向上的(竖直加强筋总长度大于横向加强筋总宽度),本书将截面简化为图 3-4(a)的情况,即取图 3-4(a)的截面情况为典型截面进行下文的研究工作。

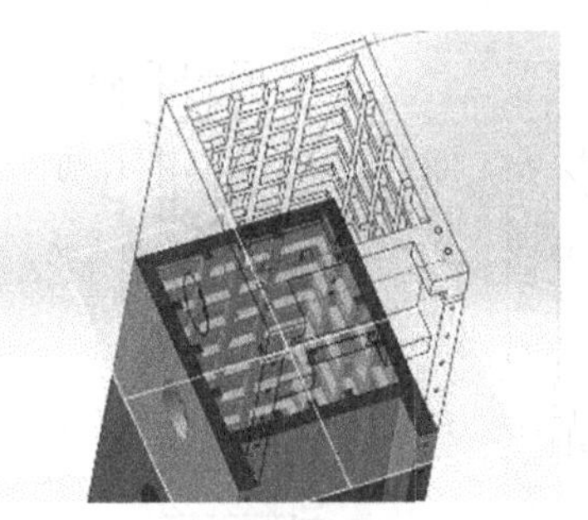
(a) 截面位于竖向加强筋上

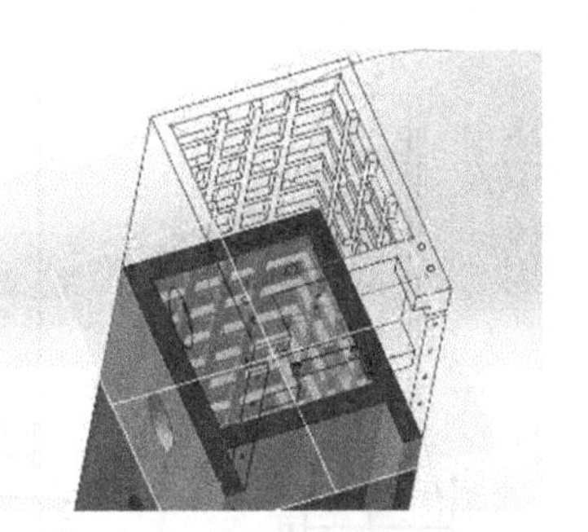
(b) 截面位于横向加强筋上

图 3-4　原型立柱截面

最后将原型立柱上的螺栓孔和立柱左右两侧通孔简化处理后，原型立柱典型截面如图 3-5 所示。

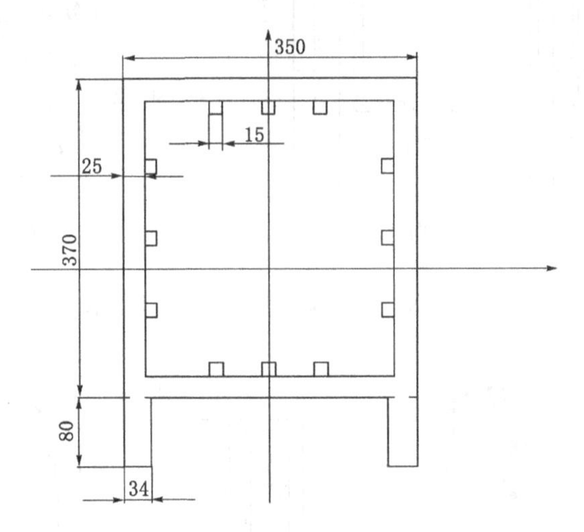

图 3-5　原型立柱典型截面

(2) 原型立柱截面抗弯刚度计算

依据截面抗弯刚度计算公式有[10]：

$$K_1 = E_c I_c \tag{3-1}$$

式中　K_1——原型截面抗弯刚度，Pa・mm^4；

E_c——原型立柱材料的弹性模量，Pa；

I_c——原型立柱截面对 X 轴的惯性矩，mm^4。

由此，先计算出原型立柱截面对 X 轴的惯性矩。根据简化处理，可将立柱截面简化为如图 3-6 所示。为方便下文计算，将原型截面划分区域，划分时，由于只需计算对 X 轴的惯性矩，因此将纵坐标相同的归为一个区域，总共 7 个区域，其中区域 1 为图中阴影部分；区域 2 为截面中最下方矩形，共有 2 个；区域 3 为小矩形，共有 3 个；区域 4 为小矩形，共有 2 个；区域 5 为小矩形，共有 2 个；区域 6 为小矩形，共有 2 个；区域 7 也为小矩形，共有 3 个，如图 3-6 所示。

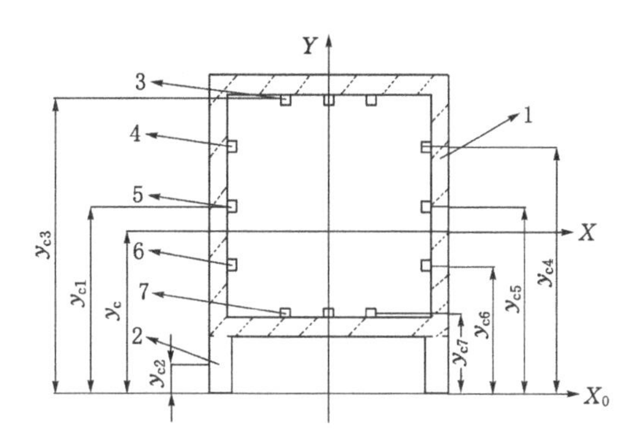

图 3-6　原型立柱截面区域划分

考虑到整个立柱截面对 X 轴的形心矩与图中区域 1～7 对 X 轴的形心矩不相同，计算惯性矩时要用到惯性矩平行轴定理，将区域 1～7 的形心矩的纵坐标分别标为 y_{c1}～y_{c7}，规则的矩形形心矩为其几何中心，整个立柱截面的形心矩纵坐标为 y_c，由组合截面形心矩计算公式可求出 y_c。

$$y_c = \frac{\sum A_i y_{ci}}{\sum A_i} = \frac{A_1 y_{c1} + 2A_2 y_{c2} + 3A_3 y_{c3} + 2A_4 y_{c4} + 2A_5 y_{c5} + 2A_6 y_{c6} + 3A_7 y_{c7}}{A_1 + 2A_2 + 3A_3 + 2A_4 + 2A_5 + 2A_6 + 3A_7} \tag{3-2}$$

式中　A_i——每个区域的面积，mm^2，即

$$A_1 = B_1 H_1 - B_2 H_2 \tag{3-3}$$

$$A_i = B_{i+1} H_{i+1} (i=2,3,4,5,6,7) \tag{3-4}$$

式中　B——截面尺寸中的长度，mm；

H——截面尺寸宽度，mm。

为计算出 A_i 的大小，需对原型立柱截面每个区域进行尺寸标注，如图 3-7 所示。根据原型立柱实际尺寸列出每个区域的尺寸和形心矩的纵坐标，分别如表 3-2 和表 3-3 所示。

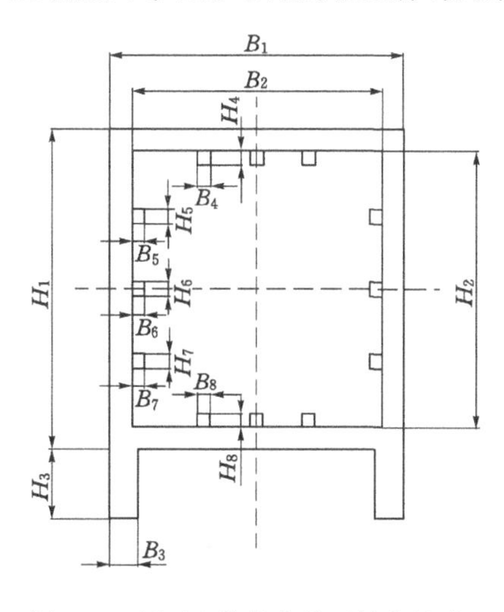

图 3-7　原型立柱简化截面结构尺寸

表 3-2　原型立柱截面尺寸

标号	H_1	H_2	H_3	H_4	H_5	H_6	H_7	H_8
尺寸/mm	370	320	80	15	15	15	15	15
标号	B_1	B_2	B_3	B_4	B_5	B_6	B_7	B_8
尺寸/mm	350	300	34	15	15	15	15	15

表 3-3　原型立柱截面各个区域形心矩纵坐标

标号	y_{c1}	y_{c2}	y_{c3}	y_{c4}	y_{c5}	y_{c6}	y_{c7}
形心矩纵坐标/mm	265	40	417.5	348.75	265	181.25	112.5

由式(3-2)至式(3-4)以及表 3-2 中数据计算得出 $y_c \approx 236$ mm。由矩形截面惯性矩公式有：

$$I_0 = \frac{bh^3}{12} \tag{3-5}$$

式中　I_0——矩形截面惯性矩，mm^4；

b——矩形截面的长，mm；

h——矩形截面的宽，mm。

由计算组合图形截面惯性矩的惯性矩平行轴定理公式有：

$$I = I_0 + Aa^2 \tag{3-6}$$

式中　I——组合截面中各个子截面惯性矩，mm^4；

A——子截面的截面面积，mm^2；

a——平移距离（子截面的形心矩纵坐标相对于组合截面形心矩纵坐标的距离），mm。

由此，截面区域 1 的惯性矩为：

$$I_{c1} = \frac{B_1 H_1^3 - B_2 H_2^3}{12} + (B_1 H_1 - B_2 H_2)(y_c - y_{c1})^2 \tag{3-7}$$

截面其他区域惯性矩为：

$$I_{ci} = \frac{B_{i+1} H_{i+1}^3}{12} + B_{i+1} H_{i+1} (y_c - y_{ci})^2 \quad (i=2,3,4,5,6,7) \tag{3-8}$$

将已知数据代入式(3-7)和式(3-8)中计算得：$I_{c1} \approx 686\ 352\ 667$ mm^4，$I_{c2} \approx 105\ 942\ 187$ mm^4，$I_{c3} \approx 7\ 416\ 225$ mm^4，$I_{c4} \approx 2\ 864\ 545$ mm^4，$I_{c5} \approx 193\ 444$ mm^4，$I_{c6} \approx 678\ 670$ mm^4，$I_{c7} \approx 3\ 435\ 975$ mm^4。而组合截面惯性矩为各个子区域惯性矩之和，求得原型立柱截面的惯性矩为：

$$I_c = I_{c1} + 2I_{c2} + 3I_{c3} + 2I_{c4} + 2I_{c5} + 2I_{c6} + 3I_{c7} \tag{3-9}$$

将数据代入式(3-9)求得：$I_c = 938\ 266\ 959$ mm^4。

原型立柱采用灰铸铁材料，其材料属性如表 3-4 所示。

表 3-4　灰铸铁(HT200)材料属性

材料	密度 ρ/(g/mm^3)	弹性模量 E/Pa	泊松比 μ
HT200	7.2E−3	1.44E+11	0.3

根据式(3-1)可计算得出原型立柱的截面抗弯刚度：$K_1 = 1.351\ 104\ 4\times10^{20}\ \text{Pa}\cdot\text{mm}^4$。

(3) 泡沫铝夹芯结构立柱截面抗弯刚度计算

由前述中初步设计知，泡沫铝夹芯结构立柱的内外层铸铁立柱壁厚度相同，大小为 $t(0<t<25\ \text{mm})$，泡沫铝夹芯结构立柱内壁长度为 $b(0<b<350\ \text{mm})$，且泡沫铝夹芯层宽度相同。与原型立柱截面简化方法相同，最终简化处理后的泡沫铝夹芯结构立柱截面简化图如图 3-8 所示。依据表 3-2 以及所设未知数 t 和 b 可求出泡沫铝层厚度为：$(B_1-b)/2-2t$，以及立柱内壁宽度为：H_1-B_1+b。

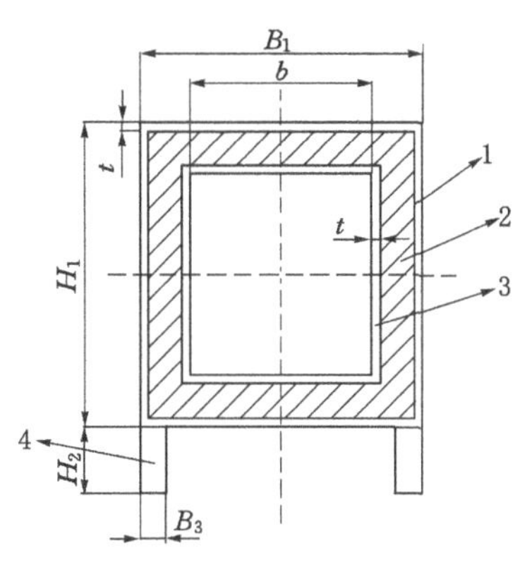

图 3-8　泡沫铝夹芯结构立柱截面

将图 3-8 中泡沫铝夹芯结构立柱截面划分区域，分别为区域 1～4，其中区域 1、3 为外、内层铸铁层；区域 2 为泡沫铝层，如图 3-8 中阴影部分所示；区域 4 与原型立柱的区域 2 的尺寸和材料相同，后者的相应尺寸表 3-2 已经给出。

为方便计算，列出了泡沫铝夹芯结构立柱截面各区域纵坐标的形心矩，如表 3-5 所示。

表 3-5　泡沫铝夹芯结构立柱截面各区域的形心矩

标号	y_{B1}	y_{B2}	y_{B3}	y_{B4}
形心矩纵坐标/mm	265	265	265	40

根据组合截面形心矩计算公式可求出泡沫铝夹芯结构立柱截面对 X 轴的形心矩纵坐标 y_B：

$$y_B = \frac{\sum A_i y_{Bi}}{\sum A_i} = \frac{A_1 y_{B1} + A_2 y_{B2} + A_3 y_{B3} + 2A_4 y_{B4}}{A_1 + A_2 + A_3 + 2A_4} \tag{3-10}$$

式中　A_i——每个区域的面积，mm^2；

y_{Bi}——每个区域形心矩的纵坐标，mm。

依据图 3-8 和相关数据依次可求出：$A_1 = B_1H_1-(B_1-2t)(H_1-2t)$，$A_2=(B_1-2t)\times(H_1-2t)-(b+2t)(H_1-B_1+b+2t)$，$A_3=(b+2t)(H_1-B_1+b+2t)-b(H_1-B_1+b)$，$A_4=2\ 720\ \text{mm}^2$；最后代入公式(3-10)可求得泡沫铝夹芯结构立柱截面形心矩纵坐标表达式：

$$y_B = \frac{-5\ 300b-265b^2+34\ 535\ 100}{-20b-b^2+134\ 940} \tag{3-11}$$

又由组合图形截面惯性矩平行轴定理公式得出截面区域1的惯性矩表达式为：

$$I_{B1}=\frac{B_1H_1^3-(B_1-2t)(H_1-2t)^3}{12}+[B_1H_1-(B_1-2t)(H_1-2t)](y_B-y_{B1})^2 \tag{3-12}$$

截面区域2的惯性矩表达式为：

$$I_{B2}=\frac{(B_1-2t)(H_1-2t)^3-(b+2t)(H_1-B_1+b+2t)^3}{12}+$$
$$[(B_1-2t)(H_1-2t)-(b+2t)(H_1-B_1+b+2t)](y_B-y_{B2})^2 \tag{3-13}$$

截面区域3的惯性矩表达式为：

$$I_{B3}=\frac{(b+2t)(H_1-B_1+b+2t)^3-b(H_1-B_1+b)^3}{12}+$$
$$[(b+2t)(H_1-B_1+b+2t)-b(H_1-B_1+b)](y_B-y_{B3})^2 \tag{3-14}$$

截面区域4的惯性矩表达式为：

$$I_{B4}=\frac{B_3H_3^3}{12}+B_3H_3(y_B-y_{B4})^2 \tag{3-15}$$

最后求得泡沫铝夹芯结构立柱截面惯性矩表达式为：

$$I_B=I_{B1}+I_{B2}+I_{B3}+2I_{B4}=\frac{350\times370^3-b(20+b)}{2}+$$
$$(1\,440t-4t^2)\left(\frac{-5\,300b-265b^2+34\,535\,100}{-20b-b^2+134\,940}-265\right)^2+$$
$$(129\,500-1\,480t-20b-b^2-4tb)\left(\frac{-5\,300b-265b^2+34\,535\,100}{-20b-b^2+134\,940}-265\right)^2+$$
$$(4tb+40t+4t^2)\left(\frac{-5\,300b-265b^2+34\,535\,100}{-20b-b^2+134\,940}-265\right)^2+\frac{34\times80^3}{6}+$$
$$5\,440\left(\frac{-5\,300b-265b^2+34\,535\,100}{-20b-b^2+134\,940}-40\right)^2 \tag{3-16}$$

查阅相关资料，泡沫铝材料属性如表3-6所示。

表3-6 泡沫铝材料属性

材料	密度 $\rho/(g/mm^3)$	弹性模量 E/Pa	泊松比 μ
泡沫铝	5.4E−4	1.2E+10	0.33

依据截面抗弯刚度计算公式可计算出泡沫铝夹芯结构立柱截面抗弯刚度为：

$$K_2=E_{泡}I_{B2}+E_{铸}(I_{B1}+I_{B3}+2I_{B4}) \tag{3-17}$$

式中 K_2——泡沫铝夹芯结构立柱截面抗弯刚度，$Pa\cdot mm^4$。

联立式(3-12)至式(3-15)，将相关数据代入式(3-17)，求得关于 t 和 b 的 K_2 表达式为：

$$K_2=1.2\times10^{10}\times\frac{(350-2t)(370-2t)^3-(b+2t)(20+b+2t)^3}{12}+$$
$$1.2\times10^{10}\times(129\,500-1\,480t-20b-b^2-4tb)\left(\frac{-5\,300b-265b^2+34\,535\,100}{-20b-b^2+134\,940}-265\right)^2+$$
$$1.44\times10^{11}\times\frac{350\times370^3-(350-2t)(370-2t)^3}{12}+$$
$$1.44\times10^{11}\times(1\,440t-4t^2)\left(\frac{-5\,300b-265b^2+34\,535\,100}{-20b-b^2+134\,940}-265\right)^2+$$

$$1.44\times10^{11}\times\frac{(b+2t)(20+b+2t)^3-b\,(20+b)^3}{12}+$$
$$1.44\times10^{11}\times(4tb+40t+4t^2)\left(\frac{-5\,300b-265b^2+34\,535\,100}{-20b-b^2+134\,940}-265\right)^2+$$
$$1.44\times10^{11}\times\left[\frac{34\times80^3}{6}+5\,440\left(\frac{-5\,300b-265b^2+34\,535\,100}{-20b-b^2+13\,4940}-40\right)^2\right]\tag{3-18}$$

(4) 等刚度理论设计计算泡沫铝夹芯结构立柱

根据等弯曲刚度设计的原则，设计后的泡沫铝夹芯结构立柱的静刚度与强度应大于或者等于原型灰铸铁材料立柱的静刚度与强度，即泡沫铝夹芯结构立柱截面抗弯刚度大于或等于原型立柱截面抗弯刚度，表达式为：

$$K_2\geqslant K_1\tag{3-19}$$

由上文计算的结果可知：$K_1=1.351\,104\,4\times10^{20}$ Pa·mm^4，将表达式(3-18)代入式(3-19)并输入 MATLAB 软件进行拟合。

3.2.2.3　轻质性对变量 t 和 b 的约束

为满足轻量化要求，应使泡沫铝夹芯结构立柱质量不大于原型灰铸铁立柱质量，即：

$$M_2\leqslant M_1\tag{3-20}$$

式中　M_1——原型灰铸铁立柱质量，g；

M_2——泡沫铝夹芯结构立柱质量，g。

原型立柱分为矩形空筒和底座两部分。立柱的矩形空筒的体积可可由 SolidWorks 2014 中的体积查询功能查出，查得原型立柱矩形空筒体积为：$V_1=60\,378\,000$ mm^3，由表 3-4 可知灰铸铁(TH200)的材料密度：$\rho_{铸}=7.2\times10^3$ kg/m^3 $=7.2\times10^{-3}$ g/mm^3，进而求得原型立柱矩形空筒的质量为：$M_1=\rho_{铸}V_1=434.72$ kg。

泡沫铝夹芯结构立柱的体积可由图 3-8 以及表 3-2 数据列出关于 t 和 b 的表达式计算得出，求得泡沫铝夹芯结构立柱矩形空筒的质量表达式为：

$$M_2=\rho_{泡}LA_2+\rho_{铸}L(A_1+A_3+2A_4)\tag{3-21}$$

式中　A——泡沫铝夹芯结构立柱截面各个区域的面积，mm^2；

L——泡沫铝夹芯结构立柱矩形空筒高度，1 450 mm；

$\rho_{铸}$——TH200 材料的密度，g/mm^3；

$\rho_{泡}$——泡沫铝材料的密度，g/mm^3。

将 $M_1=\rho_{铸}V_1=434\,721.60$ g 以及式(3-21)代入式(3-20)也可得关于变量 t 和 b 的不等式为：

$$M_2=14\,292.36t+38.628tb-15.66b-0.783b^2+158\,192.1\leqslant434\,721.6\text{ g}\tag{3-22}$$

3.2.2.4　泡沫铝夹芯结构立柱截面尺寸的确定

将式(3-19)和式(3-22)联立，输入 MATLAB 软件进行拟合，以 b 为自变量，t 为因变量，最终得出的图形如图 3-9 所示。

图 3-9 中，曲线 y_2 为等质量曲线，曲线 y_1 为等弯曲刚度曲线，可以看出，图中阴影部分为合理求解区域，得出 t 和 b 的取值范为：5.5 mm$<t<$14 mm、190$<b<$300 mm，在初始条件 $0<t<25$ mm、$0<b<350$ mm 范围内。本书选取图中阴影部分中节点：$t=10$ mm、$b=250$ mm 的作为下文的仿真和优化设计的初始值，由此可计算出泡沫铝层厚度为 30 mm 以及泡沫铝夹芯结构立柱截面尺寸。

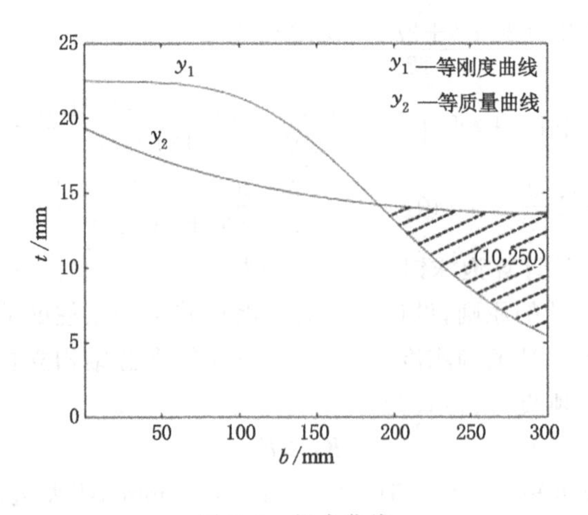

图 3-9 拟合曲线

3.2.2.5 初步设计的泡沫铝夹芯结构立柱的质量和刚度分析

由前述中尺寸利用 SolidWorks 2014 进行三维建模,得泡沫铝立柱实体模型如图 3-10 所示。

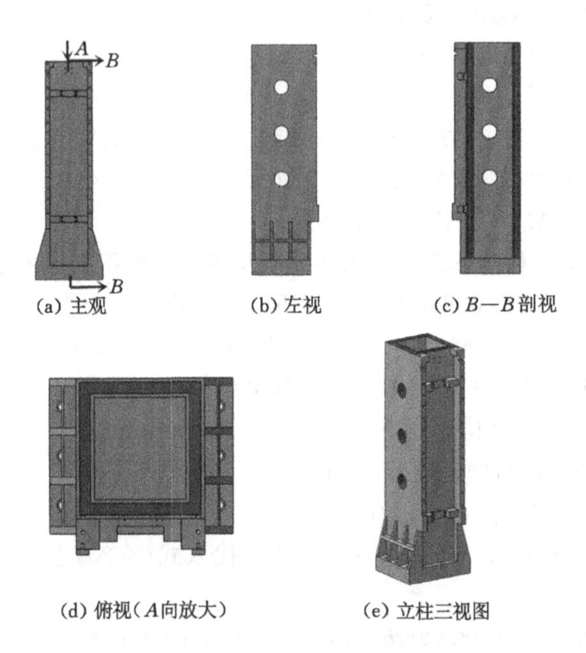

图 3-10 泡沫铝夹芯结构立柱实体模型

图中立柱壁分为三层,内外层为灰铸铁层,中间夹层为泡沫铝夹芯层,A 字形加强筋以及立柱底座都为原型立柱尺寸。将 t 和 b 的值分别代入式(3-18)和式(3-21)得泡沫铝夹芯结构立柱的抗弯刚度和质量,最后计算出立柱总质量,与原型立柱的抗弯刚度和总质量对比,如表 3-7 所示。

表 3-7　两种立柱抗弯刚度和质量对比

立柱种类属性	抗弯刚度/Pa·mm^4	质量/kg
原型立柱	1.351 104 4E+20	582.32
泡沫铝夹芯结构立柱	1.372 045 8E+20	492.43
变化率	1.55%	−15.44%

由表 3-7 可见，泡沫铝夹芯结构立柱的刚度 $K_2=1.372\ 045\ 8\times10^{20}$ Pa·mm^4，总质量 $M_2=492.43$ kg，其中刚度比原型立柱增大约 1.55%，总质量比原型立柱减少约 15.44%，结果表明，将泡沫铝应用于机床立柱，轻质效果明显，抗弯刚度也有所提升。

3.3　机床立柱受力以及静态特性仿真分析

机床的静态性能是衡量机床整体性能的重要指标之一，因此，本章将分析原型立柱在典型工况（铣削）下的受力情况，并用 ANSYS Workbench 的静力仿真分析模块对原型立柱和泡沫铝夹芯结构立柱进行静态仿真分析，以证明泡沫铝夹芯结构立柱在静态性能上优于原型立柱。

3.3.1　原型立柱受力分析

在对机床立柱进行静力学分析时，由于实际加工环境极其复杂，因此要对立柱受力分析进行必要的简化。机床的大小、加工精度和加工环境的不同，受力分析所简化的侧重点不同，本书选取的原型为 XK714 型数控铣床，属于大型精密加工机床，在对其立柱进行受力分析时必须考虑铣削力、主轴箱部分重力和自身重力，因此，下文就在这三个方面对原型立柱进行受力分析和计算。

3.3.3.1　原型立柱铣削力的计算

（1）铣削力与铣削分力

铣床在正常加工工件时，机床刀具会向铣削工件进给，工件对铣刀的力就是铣削力 F。在铣削加工中，铣刀为多齿刀具，每个齿刀工作齿都受到变形抗力和摩擦力的作用，齿刀的切削面积和位置都在不断变化，故铣削力的大小和方向也在改变，铣削力的大小可以根据不同条件下铣削力经验公式进行计算。根据 XK714 型数控铣床的典型工况，铣刀为面铣刀，选择的铣削方式为端铣中的对称铣削方式，如图 3-11 所示。

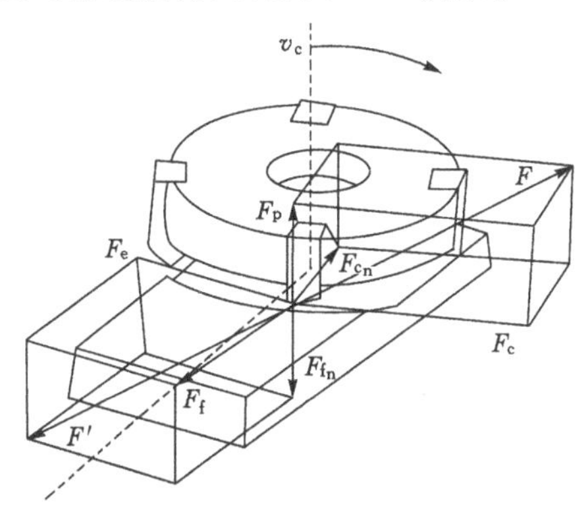

图 3-11　面铣刀铣削力示意图

铣削力可分为三个相互垂直的分力，如图 3-11 所示。切削力 F_c 为在工作面内铣削力在铣刀主运动方向分力，垂直切削力 F_{c_n} 为在工作面内铣削力在垂直于主运动方向的分力，背向力 F_p 为铣削力在垂直于工作平面的分力，铣削力的方向可由三个方向上的分力进行合成得出。图中 F' 为作用在工件上的铣削力，与 F 大小相等，方向相反，它也可以分为三个方向的分力：进给力 F_f 为铣削力在纵向进给力方向上的分力，横向进给力 F_e 为铣削力在横向进给方向上的分力，垂直进给力 F_{f_n} 为铣削力在垂直进给方向上的分力。

(2) 铣削力的计算

查阅资料可得出面铣刀切削力 F_c 的经验公式如表 3-8 所示[11]。

表 3-8 端铣时的切削力计算公式

铣刀类型	刀具材料	工件材料	切削力 F_c 计算公式
面铣刀	高速钢	碳钢	$F_c=9.81(78.8)a_e^{1.1}f_z^{0.80}a_p^{0.95}Zd^{-1.1}$
		灰铸铁	$F_c=9.81(50)a_e^{1.14}f_z^{0.72}a_p^{0.90}Zd^{-1.14}$
	硬质合金	碳钢	$F_c=9.81(789.3)a_e^{1.1}f_z^{0.75}a_pZd^{-1.3}n^{-0.2}$
		灰铸铁	$F_c=9.81(54.5)a_ef_z^{0.74}a_p^{0.90}Zd^{-1.0}$

注：括号内的系数是当工件材料为高速钢时计算切削力用到的系数，括号前面的系数是当工件材料为铸铁时计算切削力用到的系数。

根据 XK714 型数控铣床的加工环境，查阅相关资料[12]可得在典型工况下计算切削力的数据如表 3-9 所示。

表 3-9 切削力计算参数

参数	铣刀齿数 Z	铣刀直径 d/mm	背吃刀量 a_p/mm	侧吃刀量 a_e/mm	每齿进给量 f_z/(mm/z)
取值	12	80	0.5	50	0.1

本书选择的 XK714 型数控铣床的铣刀材料为高速钢，加工工件材料选择灰铸铁，由此可代入表 3-8 中的第二个公式，且加工材料的性能不同时，需在 F_c 前面乘以修正系数 K_{F_c}，由此可得 F_c 的计算公式为：

$$F_c=9.81K_{F_c}K_1'K_2'a_e^{1.14}f_z^{0.72}a_p^{0.90}Zd^{-1.14} \tag{3-23}$$

式中 K_{F_c}——加工材料对切削力的影响系数，取 30[13]；

K_1'——刀具前角对切削力的影响系数，取 1.2[13]；

K_2'——切削速度对切削力的影响系数，取 1.0[13]。

将数据代入式(3-23)可求得 $F_c\approx253.24$ N。

而在铣削过程中，F_f、F_e 和 F_{f_n} 的大小与 F_c 有一定的比例，可以计算出来，其比值如表 3-10 所示。

本书选择对称铣削进行计算，取表 3-10 中数据 $F_f/F_c=0.4$、$F_{f_n}/F_c=0.9$、$F_e/F_c=0.5$ 进行计算。最终可以求得：$F_f\approx101.30$ N，$F_{f_n}\approx227.91$ N，$F_e\approx126.62$ N。于是可计算铣削力大小为：

表 3-10　各铣削力之间的比值

铣削条件	比值	对称铣削	不对称铣削	
			逆铣	顺铣
端铣削 $a_e=(0.4\sim0.8)d$; $f_z=0.1\sim0.2$ mm/z	F_f/F_c	0.3～0.4	0.6～0.9	0.15～0.30
	F_{f_n}/F_c	0.85～0.95	0.45～0.7	0.9～1.00
	F_e/F_c	0.5～0.55	0.5～0.55	0.5～0.55

$$F=\sqrt{F_f^2+F_{f_n}^2+F_e^2}\approx\sqrt{101.30^2+227.91^2+126.62^2}\approx279.71\ (\mathrm{N})$$

将刀具受到的铣削力 F 分解为与 F' 相同的三个方向：纵向进给方向分力 F'_f，横向进给方向 F'_e，垂直进给方向 F'_{f_n}，其中 F'_f 与 F_f、F'_e 与 F_e、F'_{f_n} 与 F_{f_n} 大小相同，方向相反。其中：F'_f 与 Y 轴平行，对立柱在 YZ 平面内产生沿顺时针的弯矩；F'_e 与 X 轴平行，对立柱在 XY 平面内产生沿逆时针的扭矩；F'_{f_n} 与 Z 轴平行，对立柱在 YZ 平面产生沿逆时针的弯矩，如图 3-12 所示。

其中 F'_f 对立柱的正面压力通过滑动导轨作用在立柱壁上，因此，导轨上会产生一个滑动摩擦力：

$$f=\mu F'_f \tag{3-24}$$

式中　μ——动摩擦系数，取 0.25。

代入 F'_f 求得 $f=25.33$ N，作用在导轨上，方向竖直向上。

对立柱进行受力分析，切削力分析简图如图 3-13 所示。

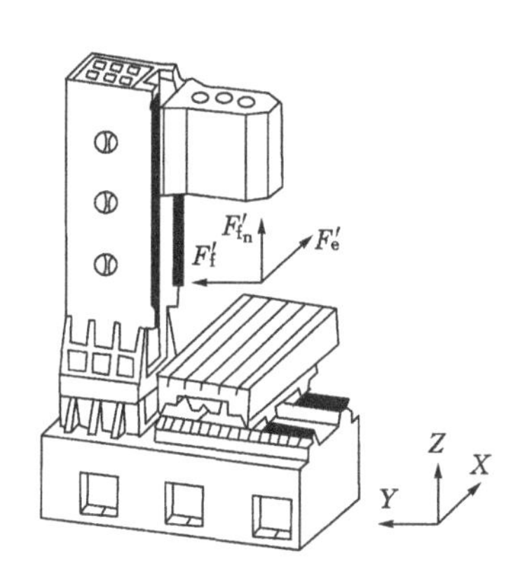

图 3-12　铣削力分析图

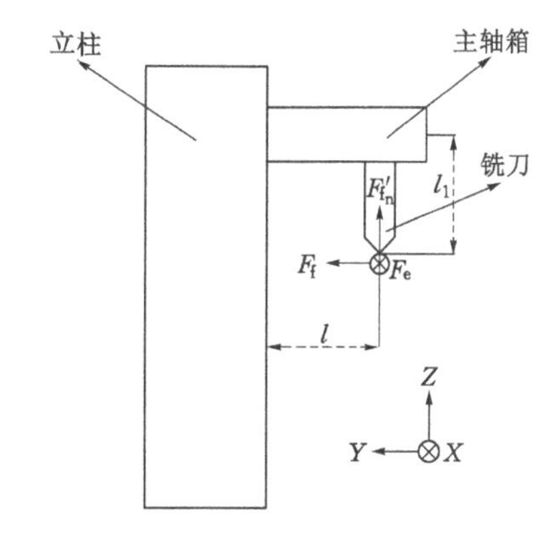

图 3-13　切削力分析结构简图

查阅 XK714 型数控铣床数据[14]得，刀具到立柱正面的距离 $l\approx400$ mm，刀具到主轴箱中心的距离 $l_1\approx200$ mm，计算出 F'_f 对立柱在 YZ 平面内产生的弯矩为：

$$M_{F'_f}=F'_f\times l_1 \tag{3-25}$$

F'_e 对立柱在 XY 平面内产生的扭矩：

$$M_{F'_e}=-F'_e\times l \tag{3-26}$$

F'_{f_n} 对立柱在 YZ 平面内产生的弯矩：

$$M_{F'_{f_n}}=-F'_{f_n}\times l \tag{3-27}$$

代入相关数据可求得：$M_{F_f'}=45\ 582\ \text{N}\cdot\text{mm}$，$M_{F_e'}=-50\ 648\ \text{N}\cdot\text{mm}$，$M_{F_{f_n}'}=-91\ 164\ \text{N}\cdot\text{mm}$，其中顺时针方向为正，逆时针方向为负。

3.3.1.2　主轴箱部分对立柱的作用力

原型立柱正面设有两条竖直的滑动导轨，导轨上安装有主轴箱，主轴箱与导轨通过四个滑块相连接。立柱上方安装有电机和链条，电机带动链条，实现主轴箱的上下滑动。链条一端连接配重，用于平衡链条另一端的主轴箱重量，最终实现立柱对工件的正常加工。立柱装配体的剖面图如图 3-14 所示。

在典型工况下对立柱进行受力分析时，需对主轴箱部分进行受力分析。查阅 XK714 型数控铣床数据[15]可知，主轴箱重 G_1 约 2 650 N，需要配重的重量约 2 944 N。立式机床必须设有配重装置，在选用机床配重时，重锤的重量一般为运动部件重量的 85%～95%，未平衡的 5%～15%，由滑轮(链轮)、轴承和导轨等的摩擦阻力来补偿。本书取 90%，因此配重后应为 $G_2=2\ 944\times 90\%\approx 2\ 650$ (N)。将主轴箱、链条、链轮和配重看成一个整体，可作出受力简图如图 3-15 所示，其中 F_1 为两链轮对链条竖直方向上的分力，整个系统在水平方向为平衡状态，故两链轮对链条水平方向上的分力相互平衡。

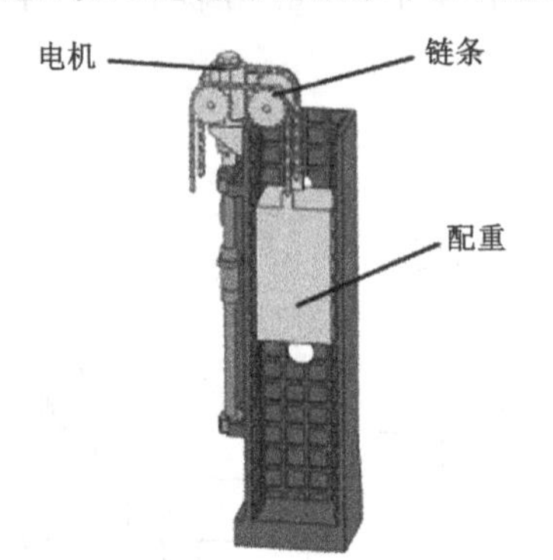

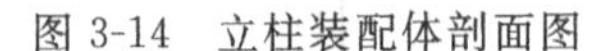

图 3-14　立柱装配体剖面图

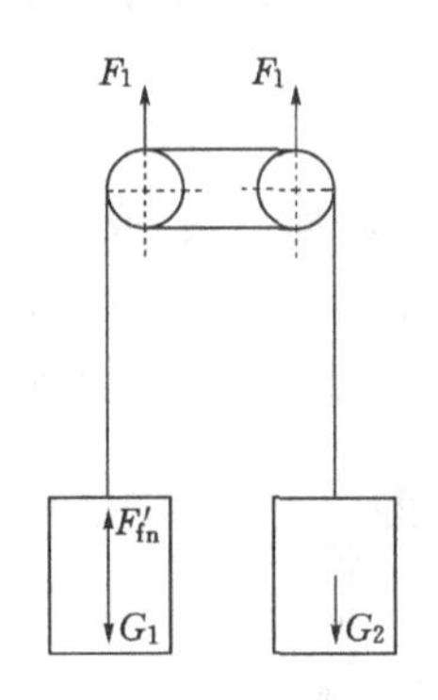

图 3-15　主轴箱部分受力简图

由图 3-15 可列出受力平衡关系：

$$2F_1+F_{f_n}'=G_1+G_2 \tag{3-28}$$

将 F_{f_n}'、G_1 和 G_2 的大小代入式(3-28)可求得 $F_1=2\ 536.045$ N，从而计算出链条对链轮的压力 $F_2=2F_1=5\ 072.09$ N，加上链轮、电机和相关零件的重力 G_3 即可求出作用在立柱上部的压力。

查阅相关数据[16]可知 $G_3=685.24$ N，最终求得作用在立柱上部的总压力 $F=F_2+G_3=5\ 757.33$ N，方向竖直向下。

3.3.1.3　原型立柱自重分析

在 SolidWorks 2014 中进行立柱建模，开启立柱体积和质量查询功能，得立柱总体积为 80 878 000 mm^3，质量为 582.321 6 kg。因此，原型立柱重力为 $G\approx 5\ 823.21$ N，方向竖直向下。

3.3.1.4　原型立柱总体载荷分部

通过前述的原型立柱在典型工况下受力分析可完成立柱在实际工况下的模拟载荷施加，为下文立柱的静态性能仿真打下基础。其载荷分布如图 3-16 所示，其中 M_1 为 F_f' 对立柱的弯矩，M_2 为 F'_{f_n} 对立柱的弯矩，M_3 为 F'_e 对立柱的扭矩。

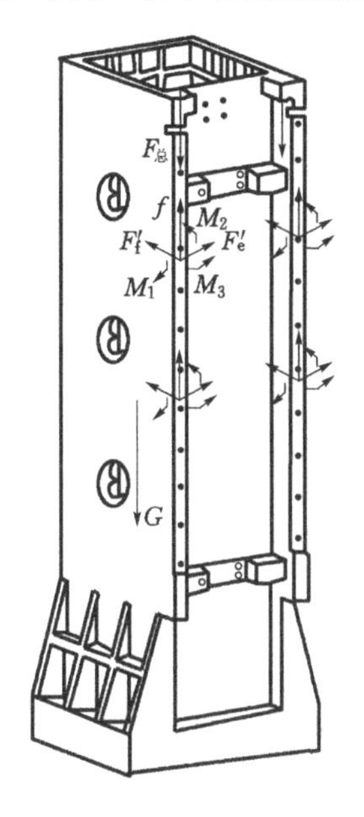

图 3-16　原型立柱载荷分部

3.3.2　立柱静态性能仿真分析

3.3.2.1　静态仿真基本步骤

（1）立柱模型的导入

双击 ANSYS Workbench 15.0 软件图标，打开软件主界面，在软件左边分析模块中找出 Static Structural（静态结构），并双击打开静态分析模块，选中此模块的第三行的 Geometry 模块，右键选择导入立柱模型。ANSYS Workbench 15.0 软件与多种 CAD 软件有接口，在与 Solidworks 2014 软件设置好接口后，可直接将绘制完成的立柱模型导入。模型导入示意图如图 3-17 所示。

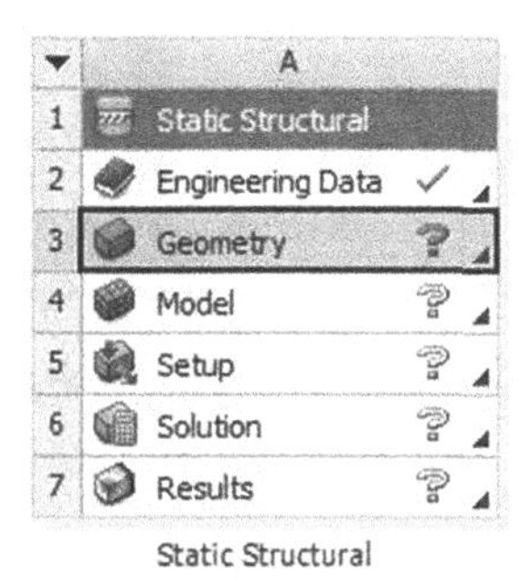

图 3-17　模型导入示意图

（2）材料的设定

模型导入后，双击第二行的 Engineering Data 模块进行材料的设定，软件默认材料属性为 Structural Steel(结构钢)。Engineering Data 模块设有材料库，其中归纳了一些常见材料，而在仿真中，实际材料属性往往与材料库中材料属性有所不同，因此，用户需要根据实际材料属性输入。根据前述的 HT200 材料属性、泡沫铝材料属性，输入完成后如图 3-18 所示。

Properties of Outline Row 5: zhutie

	A	B	C	D	E
1	Property	Value	Unit		
2	Density	7200	kg m^-3		
3	Isotropic Elasticity				
4	Derive from	Youn...			
5	Young's Modulus	1.44E+05	MPa		
6	Poisson's Ratio	0.3			
7	Bulk Modulus	1.2E+11	Pa		
8	Shear Modulus	5.5385E+10	Pa		

(a) HT200材料

Properties of Outline Row 3: paomolv

	A	B	C	D	E
1	Property	Value	Unit		
2	Density	540	kg m^-3		
3	Isotropic Elasticity				
4	Derive from	Youn...			
5	Young's Modulus	12000	MPa		
6	Poisson's Ratio	0.33			
7	Bulk Modulus	1.1765E+10	Pa		
8	Shear Modulus	4.5113E+09	Pa		

(b) 泡沫铝材料

图 3-18 材料属性输入示意图

(3) 立柱模型的简化处理

材料设定完成后，可以双击第三行的 Geometry 模块进入 Design Modeler 界面进行立柱模型的编辑和修改。在仿真之前，必须对模型进行相应的简化处理，以避免出现仿真结果失真情况。本书针对立柱的简化处理如下：

① 去除导致应力集中的螺栓孔；

② 去除对网格划分影响较大的尖角、倒角等。

简化编辑完成后，可关闭 Design Modeler 界面，返回主界面，双击第四行的 Model 模块进入 Mechanical 界面进行立柱有限元模型的查看。ANSYS Workbench 15.0 软件会将导入的三维实体模型自动转化为有限元模型，简化处理后的原型立柱和泡沫铝夹芯结构立柱有限元模型如图 3-19 所示。

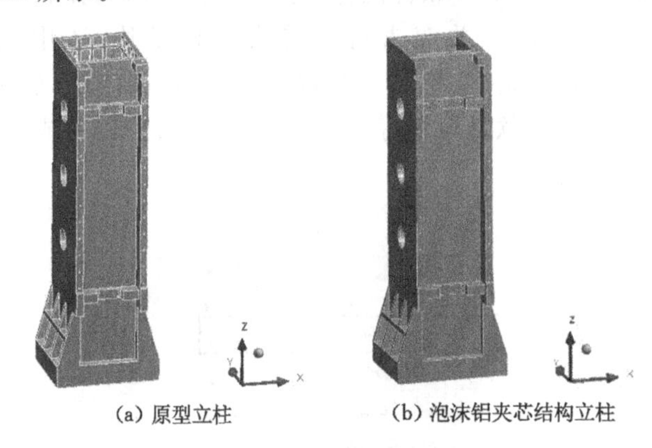

(a) 原型立柱 (b) 泡沫铝夹芯结构立柱

图 3-19 立柱有限元模型

(4) 网格的划分

网格划分的精度直接影响仿真结果与实际工况的匹配度，网格划分精度越低，仿真结果将越偏离实际工况，而网格划分精度越高，仿真结果越接近真实结果，但是过细的网格划分将会大大延长仿真的时间，甚至会因结构划分过细而导致计算机无法求出相应的解，因此，合理划分网格大小对仿真结果的真实度起着至关重要的作用。本书根据立柱实际尺寸，合理选择网格划分大小。双击 Model 模块进入 Mechanical 界面，选择自动划分网格功能，此功能可根据实际模型灵活的选择网格种类，合理划分网格。本书自动划分的网格为四面体网格，划分后的两种立柱有限元网格模型如图 3-20 所示，其中原型立柱总共划分网格 13 687 个，节点 52 219 个；泡沫铝夹芯结构立柱总共划分网格 16 687 个，节点 68 314 个。

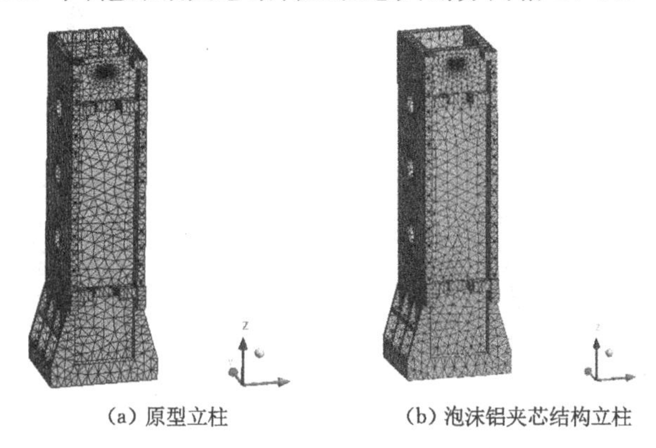

(a) 原型立柱　　(b) 泡沫铝夹芯结构立柱

图 3-20　立柱有限元网格模型

(5) 载荷和边界条件的施加

网格划分完成后，需要在 Mechanical 界面对立柱进行载荷的施加和边界条件的设定。具体载荷的大小、方向和种类按照 3. 3. 1 中计算结果进行施加。将立柱底面设置成固定约束，将泡沫铝夹芯层与内外铸铁层的接触都设置为绑定接触，完成载荷和边界条件施加后的两种立柱模型示意图如图 3-21 所示。

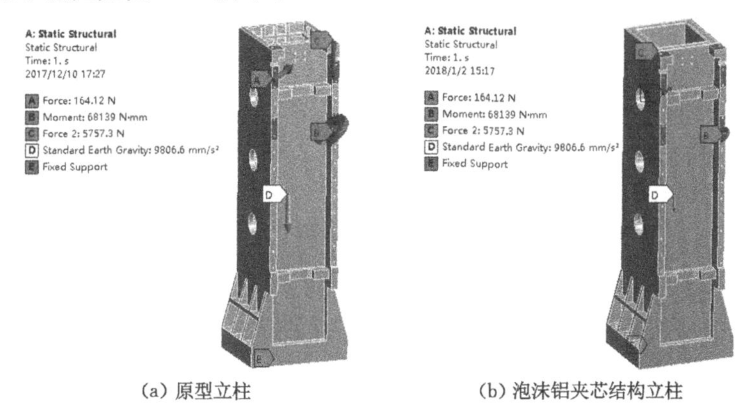

(a) 原型立柱　　(b) 泡沫铝夹芯结构立柱

图 3-21　立柱载荷施加模型

(6) 求解结果的设定

载荷施加完成后，用户必须在 Mechanical 界面继续对求解结果进行设定，本节对两种立柱进行静态性能仿真分析，设定的求解结果为总变形图、等效应变云图和等效应力云图。

3. 3. 2. 2　结果与分析

完成上述步骤后，在 Mechanical 界面左边界面的分析树中选中 Solution，点击右键并选择 Solve，计算机会自动进行求解。经过一段时间后，求解完成，用户可以点击设定的求解结果，右边界面则会显示相应的图像。本书针对原型立柱和泡沫铝夹芯结构立柱进行了静态仿真分析，两种立柱总变形图、等效应变云图和等效应力云图分别如图 3-22 至图 3-24 所示。

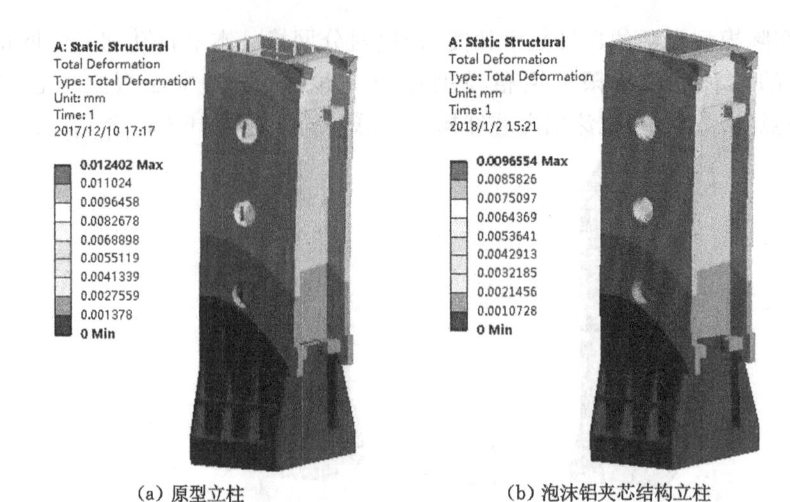

(a) 原型立柱　　(b) 泡沫铝夹芯结构立柱

图 3-22　两种立柱总变形图

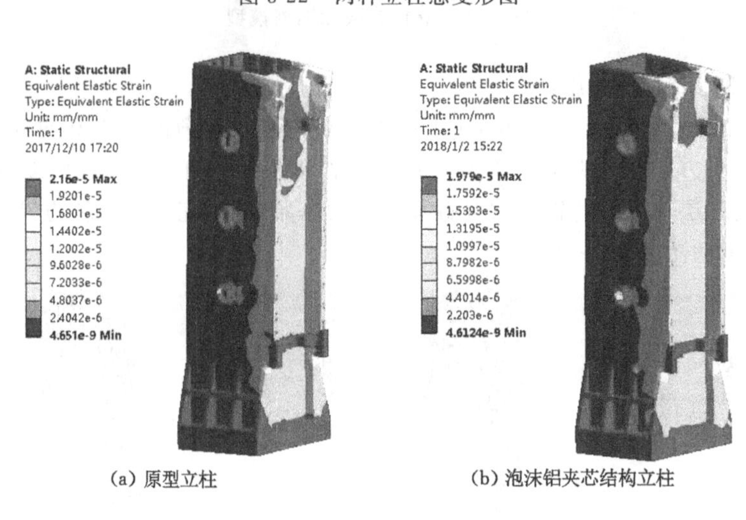

(a) 原型立柱　　(b) 泡沫铝夹芯结构立柱

图 3-23　两种立柱等效应变云图

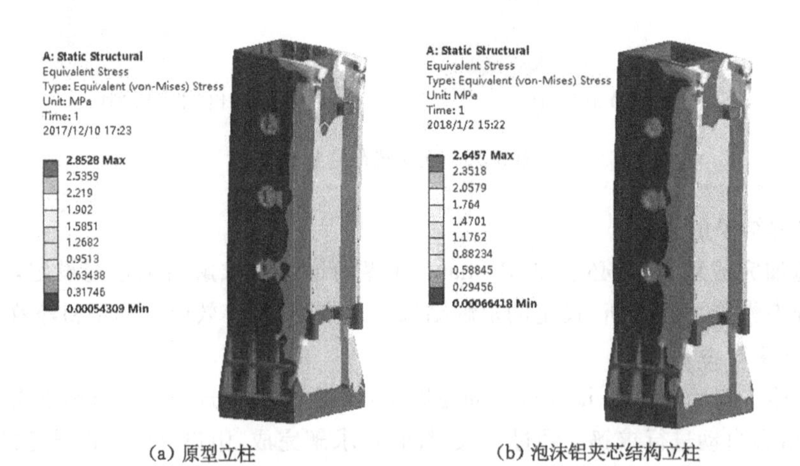

(a) 原型立柱　　(b) 泡沫铝夹芯结构立柱

图 3-24　两种立柱等效应力云图

从图3-22中可以看出，两种立柱的总变形最大值都在立柱顶端靠前的部位，这是因为此处是立柱受力最大的部位。其中，原型立柱最大总变形值为 $1.240\ 2\times10^{-2}$ mm，泡沫铝夹芯结构立柱最大总变形值为 $9.655\ 4\times10^{-3}$ mm。

由图3-23可见，两种立柱的最大等效应变值都比较小，也分布在立柱顶端靠前的部位，同样是因为此处是立柱受力最大的部位。其中原型立柱最大等效应变值为 $2.160\ 0\times10^{-5}$，泡沫铝夹芯结构立柱最大等效应变值为 $1.979\ 0\times10^{-5}$。

由图3-24可见，两种立柱最大等效应力同样分布在立柱顶端靠前的部位，且原型立柱最大等效应力值为2.852 8 MPa，泡沫铝夹芯结构立柱最大等效应力值为2.645 7 MPa。查阅资料可知，灰铸铁（HT200）材料的屈服极限为200 MPa，泡沫铝材料的屈服极限为24 MPa，故两种立柱最大等效应力都在许用范围内。

为方便分析比较，将上述图像中的数据进行汇总，归纳为一个表格内，并将两种立柱总质量加入表中进行对比，如表3-11所示。

表3-11　两种立柱静态性能

立柱种类	立柱属性			
	最大总变形/mm	最大等效应变	最大等效应力/MPa	总质量/kg
原型立柱	1.240 2E−2	2.160 0E−5	2.852 8	582.3 2
泡沫铝夹芯结构立柱	9.655 4E−3	1.979 0E−5	2.645 7	492.43
变化率	−22.15%	−8.38%	−7.26%	−15.44%

由表3-11数据可知，在受载情况相同的条件下，泡沫铝夹芯结构立柱的最大总变形、最大等效应变、最大等效应力以及总质量都比原型立柱的低，其中，最大总变形比原型立柱的降低22.15%，最大等效应变比原型立柱的降低8.38%，最大等效应力比原型立柱的降低7.26%，总质量比原型立柱的降低15.44%。因此，将泡沫铝材料应用于机床立柱中对于提高机床基础件乃至整机的静态性能和轻质性具有可行性和优越性。

3.4　立柱动态性能仿真分析

随着机床不断发展和更新换代，对机床的整体性能也提出了更高的要求，而机床动态性能是衡量机床整体性能的主要性能指标，深受广大学者的关注，它由模态和谐响应两个部分组成。因此，本节将从这两部分对原型立柱和泡沫铝夹芯结构立柱进行动态性能仿真分析，并对比和分析仿真结果，以证明泡沫铝夹芯结构立柱在动态性能上优于原型立柱。

3.4.1　立柱模态仿真分析

3.4.1.1　模态仿真步骤

在使用ANSYS Workbench 15.0软件对立柱进行模态仿真时，可以将立柱静态仿真前处理数据（材料分配、网格划分、载荷和边界条件施加）共享给动态仿真模块，这样能提高仿真效率。完成数据共享后，进行模态仿真。

3.4.1.2　模态仿真结果及与分析

由于机床立柱本身的最高激振频率往往较低，在实际工况下，机床立柱自身的高阶固有频率远大于机床立柱的最高激振频率，因此，通常只需考虑自身低阶固有频率，高于最高激振频率就能避免共振现象发生。因此，本书选取了原型立柱和泡沫铝夹芯结构立柱的前六阶固有频率进行对比和分析，其振型图分别如图 3-25 至图 3-30 所示。

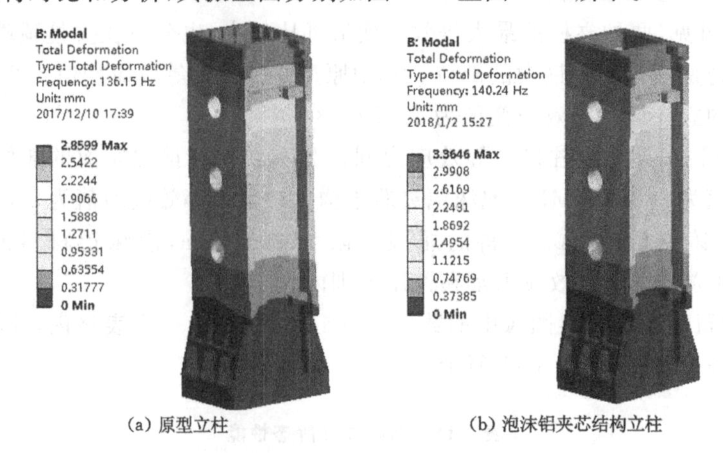

(a) 原型立柱　　(b) 泡沫铝夹芯结构立柱

图 3-25　第 1 阶振型图

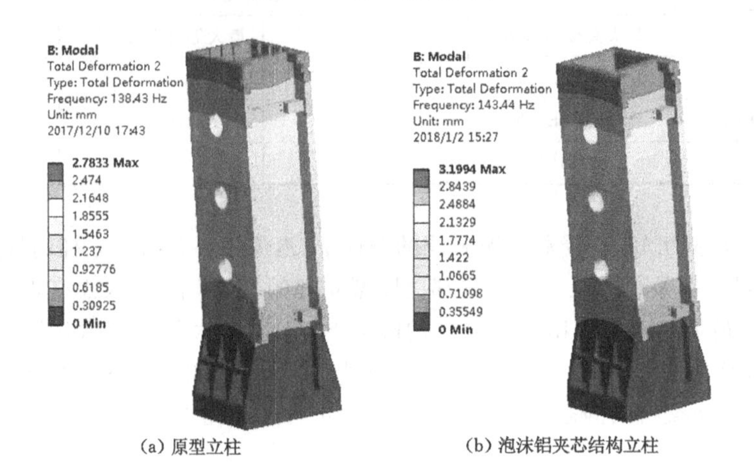

(a) 原型立柱　　(b) 泡沫铝夹芯结构立柱

图 3-26　第 2 阶振型图

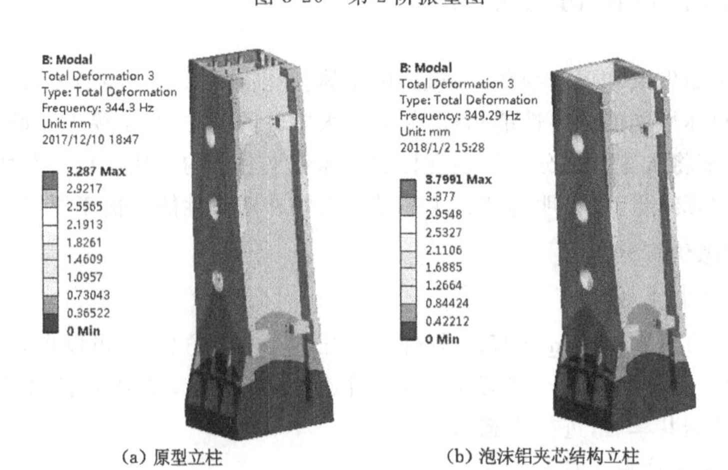

(a) 原型立柱　　(b) 泡沫铝夹芯结构立柱

图 3-27　第 3 阶振型图

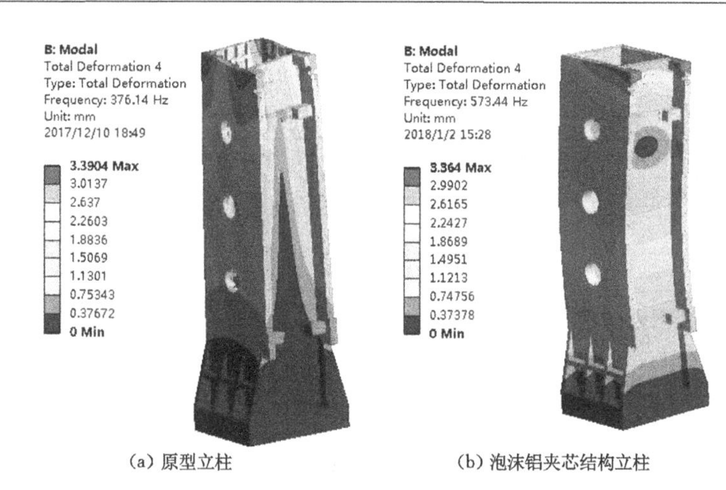

(a) 原型立柱　　(b) 泡沫铝夹芯结构立柱

图 3-28　第 4 阶振型图

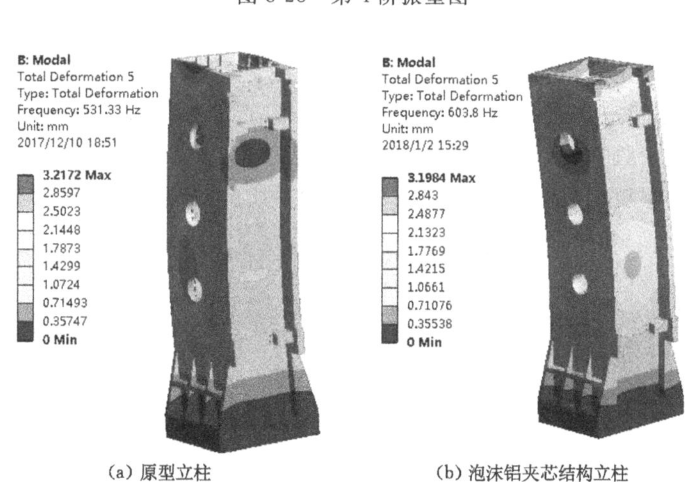

(a) 原型立柱　　(b) 泡沫铝夹芯结构立柱

图 3-29　第 5 阶振型图

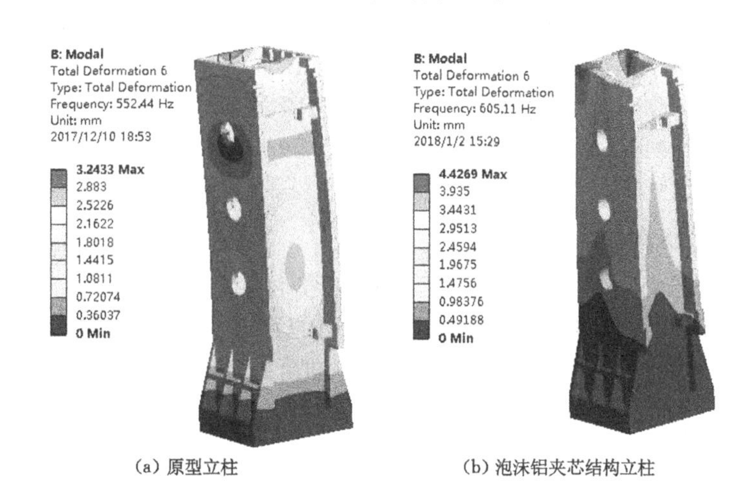

(a) 原型立柱　　(b) 泡沫铝夹芯结构立柱

图 3-30　第 6 阶振型图

将上述图像数据归纳汇总如表 3-12 所示。

表 3-12 两种立柱前六阶模态

阶次	原型立柱固有频率/Hz	泡沫铝夹芯结构立柱固有频率/Hz	变化率
1	136.15	140.24	3.00%
2	138.43	143.44	3.62%
3	344.30	349.29	1.45%
4	376.14	573.44	52.45%
5	531.33	603.80	13.64%
6	552.44	605.11	9.53%

由表 3-12 可以看出，原型立柱的第 1 阶固有频率为 136.15 Hz，泡沫铝夹芯结构立柱的第 1 阶固有频率为 140.24 Hz，均远大于机床立柱的最高激振频率，故两种立柱在正常工作时，立柱较难发生共振现象。并且在受相同载荷条件下，泡沫铝夹芯结构立柱的前六阶固有频率比原型立柱的前六阶固有频率均有所提高，其中，第 1 阶固有频率提高了 3.00%，第 2 阶固有频率提高了 3.62%，第 3 阶固有频率提高了 1.45%，第 4 阶固有频率提高了 52.45%，第 5 阶固有频率提高了 13.64%，第 6 阶固有频率提高了 9.53%。

对于自由振动系统来说，当受到外界一次扰动后所能获得的动能为[17]：

$$T=\frac{1}{2}mv^2=\frac{1}{2}m\,(\omega_0 A)^2=2m\pi^2 f_0^2 A^2 \tag{3-29}$$

式中 T——振动系统动能；

m——振动系统质量，g；

v——振动速度，m/s；

ω_0——振动角速度，rad/s；

A——振动最大振幅，m；

f_0——振动系统固有频率，Hz。

当振动系统外加载荷扰动的动能 T 一定时，振动系统固有频率 f_0 与最大振幅 A 成反比，故当振动系统固有频率 f_0 增加时，振动系统最大振幅 A 将减小，所以，当振动系统固有频率增加后，振动系统的自由振动将会减小，由表 3-12 可知泡沫铝夹芯结构立柱的前六阶固有频率比原型立柱的前六阶固有频率均有所提高，由此证明泡沫铝夹芯结构立柱的抗振性能要优于原型铸铁立柱。

3.4.2 立柱谐响应仿真分析

谐响应仿真分析法是一种典型的动力响应分析方法，它主要是通过使用计算机软件模拟研究机械系统在一个或者多个简谐力载荷加载下的稳态响应，可以得到机械系统在指定的频率范围内的频幅响应曲线，方便研究人员了解和研究实际机械系统的动力学性能。

3.4.2.1 谐响应仿真基本步骤

(1) 前处理

在对原型立柱和泡沫铝夹芯结构立柱进行谐响应仿真分析时，同样可以将立柱静态仿真部分前处理数据（材料分配、网格划分）共享给谐响应仿真模块，只需将 ANSYS Workbench 15.0 软件主界面左边模块里的 Harmonic Response 模块选中并拖拽进静态分析模块的第 6 行 Solution 模块即可，而载荷和边界条件施加需要用户再次定义输入。

(2) 谐响应仿真求解结果设定

完成前处理数据设定后，需要对仿真结果进行设定，本书设定求解结果为立柱在 X、Y 和 Z 三个方向上的谐响应曲线，选取两种立柱静态性能最大变形处进行谐响应分析，分别在 X、Y 和 Z 三个方向上施加 200 N 的简谐力，相位角为零，激振力频率段设为 100～800 Hz，载荷步数为 175，选 Harmonic 为计算分析器，运用 Full(完全法)进行求解，采用阶跃式的施加载荷方式。

3.4.2.2　谐响应仿真结果与分析

设置完成后，点击 Solve 进行求解，可求得两种立柱在指定结构点上响应幅值与频率之间的变化关系。两种材料立柱在 X、Y 和 Z 三个方向上的响应曲线分别如图 3-31 至图 3-36 所示。

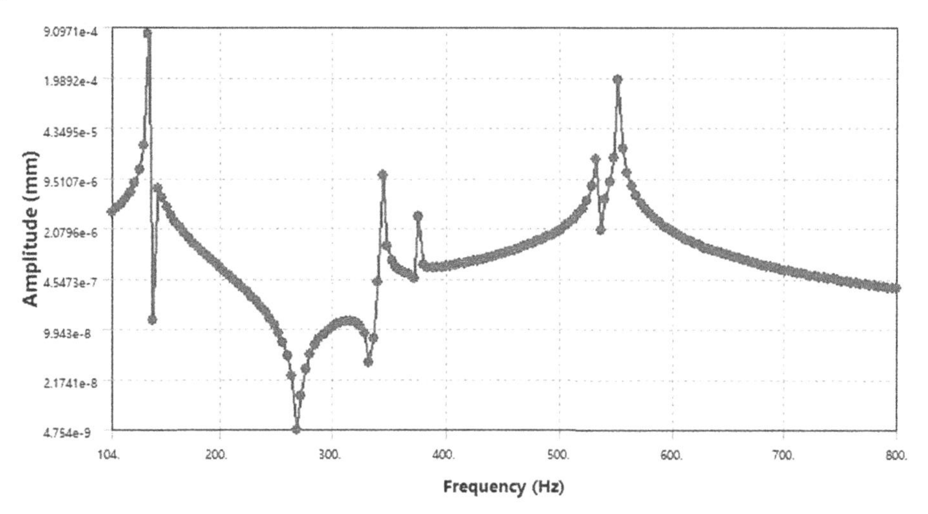

图 3-31　原型立柱在 X 方向上谐响应

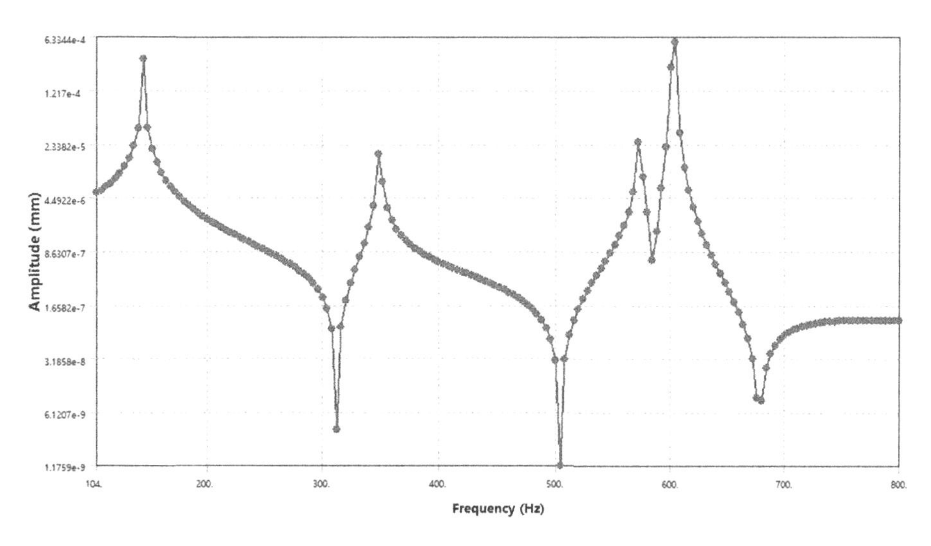

图 3-32　泡沫铝夹芯结构立柱在 X 方向上谐响应

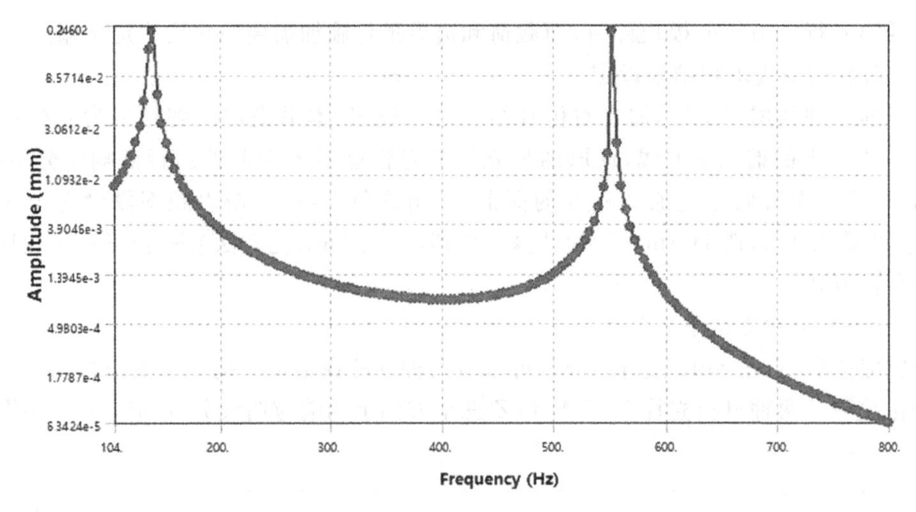

图 3-33　原型立柱在 Y 方向上谐响应

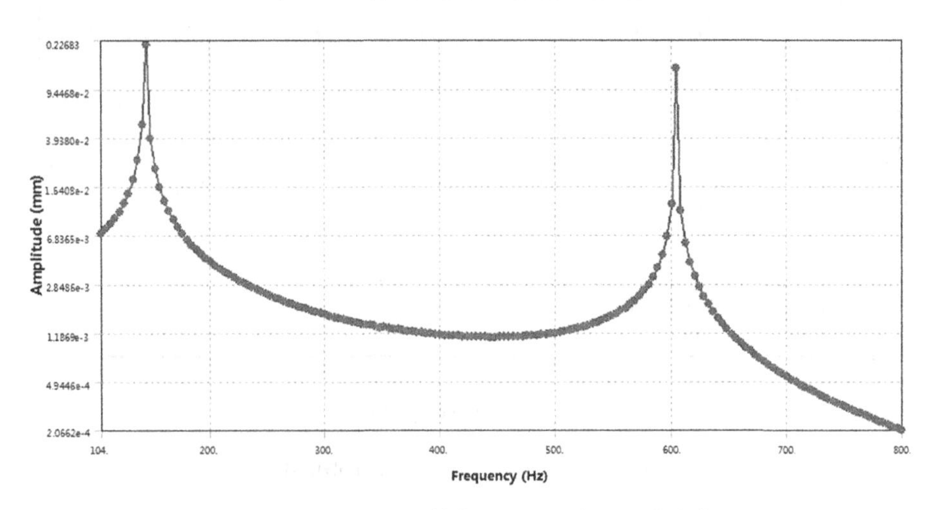

图 3-34　泡沫铝夹芯结构立柱在 Y 方向上谐响应

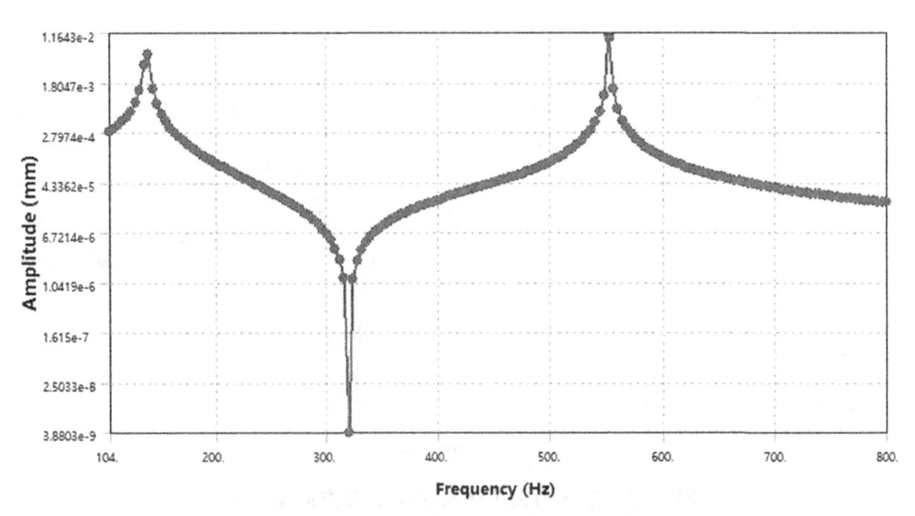

图 3-35　原型立柱在 Z 方向上谐响应

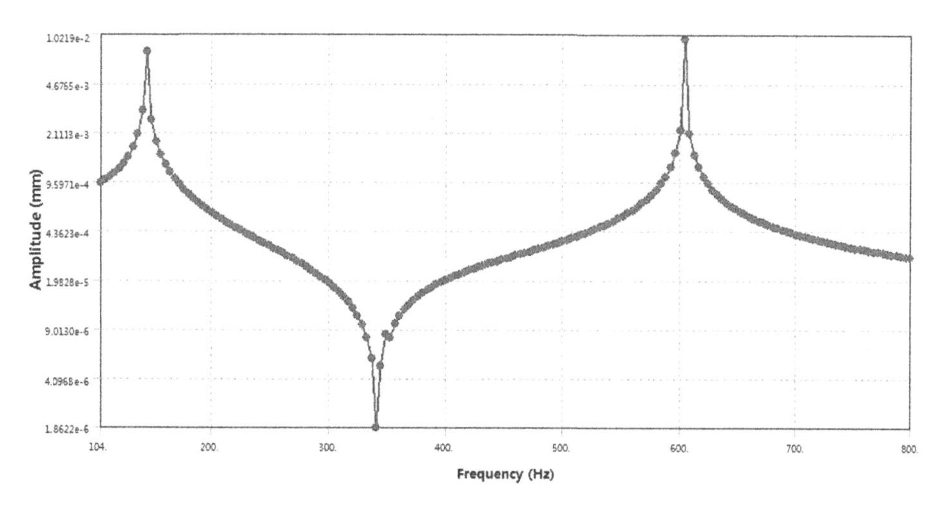

图 3-36 泡沫铝夹芯结构立柱在 Z 方向上谐响应

为方便比较分析，将图像中数据最大值归纳到一个表中，如表 3-13 所示。

表 3-13 两种材料立柱各个方向谐响应最大值

立柱种类	各方向最大值		
	X 方向/mm	Y 方向/mm	Z 方向/mm
原型立柱	9.097 1E−4	0.246 02	1.164 3E−2
泡沫铝夹芯结构立柱	6.334 4E−4	0.226 83	1.021 9E−2
变化率	−30.37%	−7.80%	−12.23%

从图 3-31 和图 3-32 中可以看出，原型立柱和泡沫铝夹芯结构立柱在 X 方向上的谐响应值都比较低，其中原型立柱在频率范围为 100～200 Hz 之间出现极大幅值 $9.097\,1\times10^{-4}$ mm，泡沫铝夹芯结构立柱在频率范围为 600～700 Hz 之间出现极大幅值 $6.334\,4\times10^{-4}$ mm；比较发现，泡沫铝夹芯结构立柱在 X 方向上的最大谐响应幅值比原型立柱降低 30.37%。

从图 3-33 和图 3-34 中可以看出，两种立柱在 Y 方向上的谐响应值比另外两个方向上都大，且原型立柱在频率范围为 100～200 Hz 之间出现极大幅值 0.246 02 mm，泡沫铝夹芯结构立柱在频率范围为 100～200 Hz 之间出现极大幅值 0.226 83 mm；对比发现，泡沫铝夹芯结构立柱在 Y 方向上的最大谐响应值比原型立柱降低 7.80%。

从图 3-35 和图 3-36 中可以看出，原型立柱在 Z 方向上的谐响应值在频率范围为 500～600 Hz 之间出现极大幅值 $1.164\,3\times10^{-2}$ mm，泡沫铝夹芯结构立柱在 Z 方向上的谐响应值在频率范围为 600～700 Hz 之间出现极大幅值 $1.021\,9\times10^{-2}$ mm；对比发现，泡沫铝夹芯结构立柱在 Z 方向上的最大谐响应值比原型立柱降低 12.23%。

由上述分析可知，泡沫铝夹芯结构立柱在 X、Y、Z 三个方向上的最大谐响应值都比原型立柱有所降低，其中 X 方向上降低 30.37%，Y 方向上降低 7.80%，Z 方向上降低 12.23%，且泡沫铝夹芯结构立柱在 X 方向上的谐响应波峰值数量少于原型立柱。由此证明，将泡沫铝材料加到机床立柱中能够有效降低立柱受到外界激力时所产生的振幅，从而提高了机床立柱的动态性能。

3.5 泡沫铝夹芯结构立柱多目标优化设计

3.5.1 泡沫铝夹芯结构立柱多目标优化设计基本步骤

3.5.1.1 参数化建模与参数的设定

(1) 泡沫铝夹芯结构立柱参数化建模

利用 ANSYS Workbench 进行泡沫铝夹芯结构立柱的参数化建模，双击软件图标，进入主界面，将静力分析模块点开，进入第三行的几何编辑(Geometry)模块，建立泡沫铝夹芯结构立柱参数化模型，根据本书 3.2 部分选取的泡沫铝初步尺寸，可初步设置优化设计变量尺寸大小为：泡沫铝层厚度 $P_2=30$ mm，内外壁铸铁层厚度 $P_1=10$ mm。完成初始变量参数设置示意图如图 3-37 所示。

	Name	Value	Type	Comment
✓	Plane5.H7	10 mm	Length	
✓	Plane49.H1	30 mm	Length	

图 3-37 初始变量参数

按照上述初始设计尺寸初步建立泡沫铝夹芯结构立柱的参数化模型，并对泡沫铝夹芯结构立柱做简化处理(去除螺栓孔)。在 ANSYS Workbench 软件中建立的泡沫铝夹芯结构立柱参数化模型如图 3-38 所示。

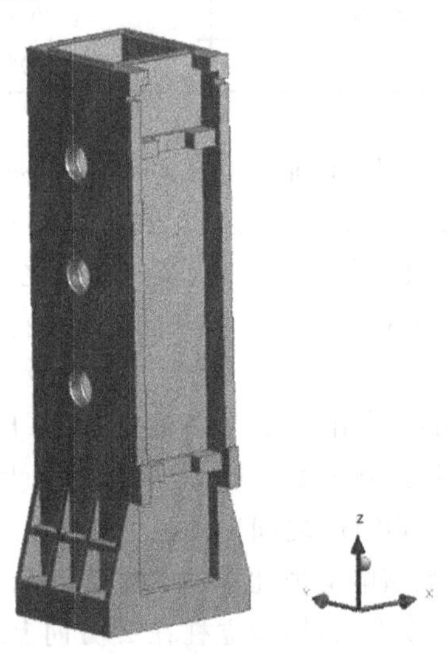

图 3-38 泡沫铝夹芯结构立柱参数化模型

(2) 设计变量参数的设定

依据本章多目标优化设计的基本构思，将泡沫铝层厚度 H_1 和内外壁层铸铁厚度 H_7 (变量 t)设置为设计变量，泡沫铝层厚度 P_2(mm)在前述内容中为：$(350-b)/2-2t$；依据前述泡沫铝夹芯结构立柱等刚度计算知 t 和 b 的范围为：5.5 mm$<t<$14 mm、190 mm$<b<$300 mm，根据立柱的基本外形尺寸不变，可计算确定 P_2 的范围为：10 mm$<P_2<$70 mm，而

P_1(变量 t)的范围为:$5.5\ \text{mm}<t<14\ \text{mm}$。确定范围后,设置为 Input Parameters(输入参数)选项,如图 3-39 所示。

ID	Parameter Name
⊟ Input Parameters	
⊟ Static Structural (A1)	
P1	Plane5.H7
P2	Plane49.H1

图 3-39　输入参数设置示意图

(3) 约束条件参数的设定

根据原型立柱模型的静态仿真分析得出相应的静态仿真数据:最大等效应变为 $2.160\ 0\times10^{-5}$,最大等效应力为 2.852 8 MPa。设定约束条件为:泡沫铝夹芯结构立柱最大等效应变 $P_3\leqslant2.160\ 0\times10^{-5}$,最大等效应力 $P_4\leqslant2.852\ 8$ MPa,以此作为 Output Parameters(输出参数)设置,如图 3-40 所示。

⊟ Output Parameters	
⊟ Static Structural (A1)	
P3	Equivalent Elastic Strain Maximum
P4	Equivalent Stress Maximum

图 3-40　约束条件输出参数设置示意图

(4) 目标函数参数的设定

将泡沫铝夹芯结构立柱模型的动态仿真数据(前三阶固有频率加权值)最大,以及泡沫铝夹芯结构立柱质量最小作为求解目标函数,同样将求解目标函数作为 Output Parameters 选项进行设置,如图 3-41 所示。

P5	Geometry Mass
⊟ Modal (B1)	
P6	Total Deformation Reported Frequency
P7	Total Deformation 2 Reported Frequency
P8	Total Deformation 3 Reported Frequency

图 3-41　目标函数输出参数设置示意图

在优化设置中,可将泡沫铝夹芯结构立柱质量和第 1 阶固有频率重要性设置为"High",将第 2 阶和第 3 阶固有频率重要性设置为"Lower",两个约束条件重要性为默认中等设置。完成所有约束条件和目标函数设置,如图 3-42 所示。

Name	Parameter	Objective		Constraint		
		Type	Target	Type	Lower Bound	Upper Bound
P3 <= 2.16E-05 mm mm^-1	P3 - Equivalent Elastic Strain Maximum	No Objective		Values <= Upper Bound		2.16E-05
P4 <= 2.8528 MPa	P4 - Equivalent Stress Maximum	No Objective		Values <= Upper Bound		2.8528
Minimize P5	P5 - Geometry Mass	Minimize		No Constraint		
Maximize P6	P6 - Total Deformation Reported Frequency	Maximize		No Constraint		
Maximize P7	P7 - Total Deformation 2 Reported Frequency	Maximize		No Constraint		
Maximize P8	P8 - Total Deformation 3 Reported Frequency	Maximize		No Constraint		

图 3-42　约束条件和目标函数设置

(5) 多目标优化仿真数学模型

完成上述设置后,可确定泡沫铝夹芯结构立柱多目标优化仿真的数学模型如下:

$$\min F(p)=[f_5(p)-f_9(p)]^{\mathrm{T}}$$

$$\text{s.t.}\begin{cases}g_3(p)\leqslant 2.160\,0\times 10^{-5}, \quad g_4(p)\leqslant 2.852\,8\\ p=[p_1,p_2]^{\mathrm{T}}\\ p_1\in[5.5,14], \quad p_2\in[10,70]\end{cases} \tag{3-30}$$

式中 p_1——设计变量，泡沫铝夹芯结构立柱内外壁厚度(图 3-8 中变量 t)，mm；

p_2——设计变量，泡沫铝夹芯结构立柱泡沫铝夹芯层厚度[根据图 3-8 有 $(B_1-b)/2-2t$]，mm；

g_3——泡沫铝夹芯结构立柱最大等效应变；

g_4——泡沫铝夹芯结构立柱最大等效应力，MPa；

$f_5(p)$——泡沫铝夹芯结构立柱质量，kg；

$f_9(p)$——泡沫铝夹芯结构立柱前三阶固有频率加权值，Hz；

$F(p)$——多目标优化目标函数。

3.5.1.2 Screening 算法生成计算

ANSYS Workbench 软件的参数化优化分析模块有各种优化算法，其中 Screening(筛查)算法能简单高效地解决各种优化问题，在工程实践中应用较为广泛[18]，本书利用 Screening 算法进行优化计算，在给定的设计变量区间内设置 50 个设计计算点，设定最优预选点 2 个进行优化分析。

3.5.1.3 结果响应曲面的分析

为直观了解 4 个输出变量随两个输入变量变化的趋势，可利用 ANSYS Workbench 软件进行曲面拟合，根据多目标优化的数学模型和数据，利用响应曲面法的原理，首先拟合得出曲面拟合预测的 4 个输出变量的可靠性分析图，如图 3-43 所示。图 3-43 中的斜线为预测值与实际值相等的情况，方块为实验获取的实际值。由此可知，曲面的预测值与实验获取的实际值基本在预测值与实际值相等的斜线上下波动，说明曲面拟合的 4 个输出变量足够可靠。

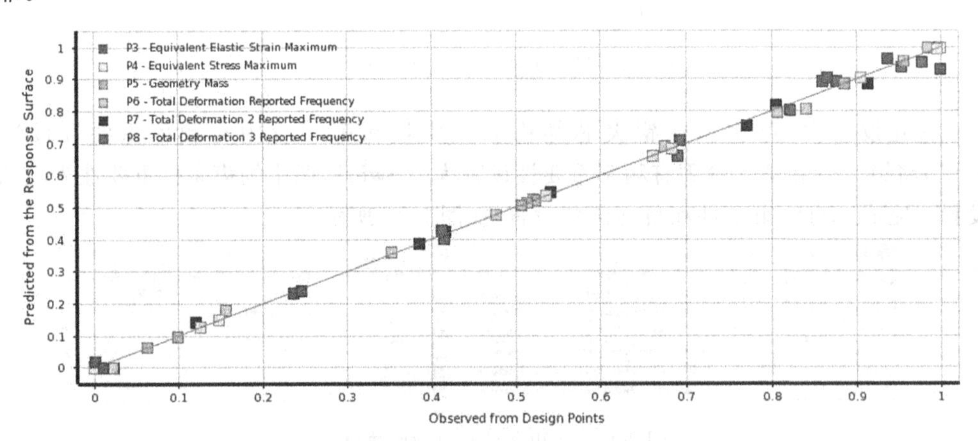

图 3-43 输出变量与目标函数拟合曲线

最终拟合得出对应的响应曲面及分析如下。

(1) 质量响应曲面分析

通过软件分析计算，最后可拟合得出泡沫铝夹芯结构立柱总质量随两个输入变量改变的变化如图 3-44 所示。

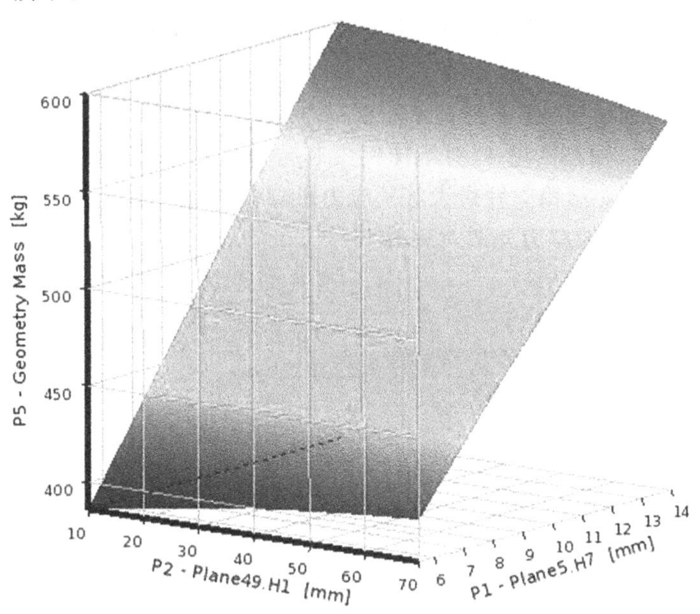

图 3-44　质量与设计变量之间的响应曲面

从图中可以看出,泡沫铝夹芯结构立柱的总质量随着量输入变量不断增大而增大,而且增长率较为稳定。

(2) 最大等效应变响应曲面分析

同样通过软件分析计算,拟合得出泡沫铝夹芯结构立柱最大等效应变随两个输入变量改变的变化关系如图 3-45 所示。

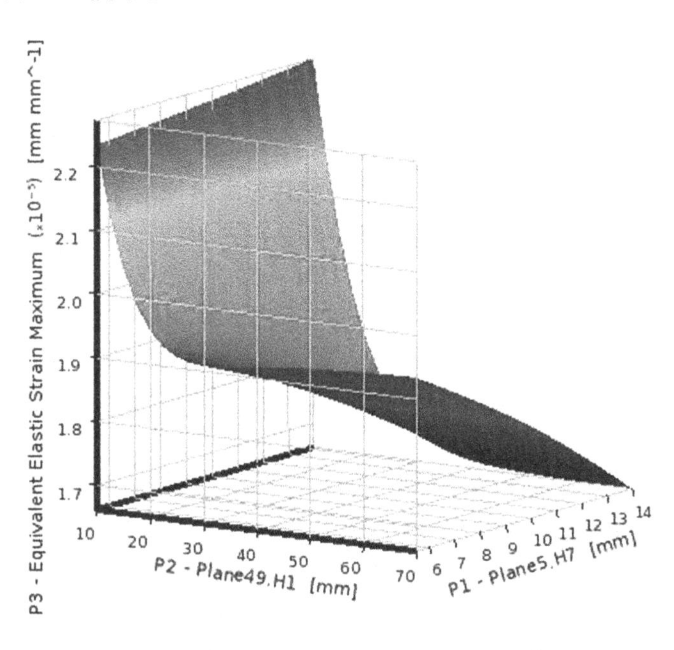

图 3-45　最大等效应变与设计变量之间的响应曲面

从图中可以看出，随着两个输入变量的不断增加，泡沫铝夹芯结构立柱的最大等效应变首先出现较大幅度的下降趋势，最后逐渐增大，且增大幅度较为缓慢。

(3) 最大等效应力曲面响应分析

拟合得出泡沫铝夹芯结构立柱最大等效应力随两个输入变量改变的变化如图 3-46 所示。从图中可以看出，输入变量 P_2 对泡沫铝夹芯结构立柱最大等效应力影响不大，而输入变量 P_1 则对泡沫铝夹芯结构立柱最大等效应力影响较大，且随着输入变量 P_1 的增加，泡沫铝夹芯结构立柱最大等效应力先增大后减小。

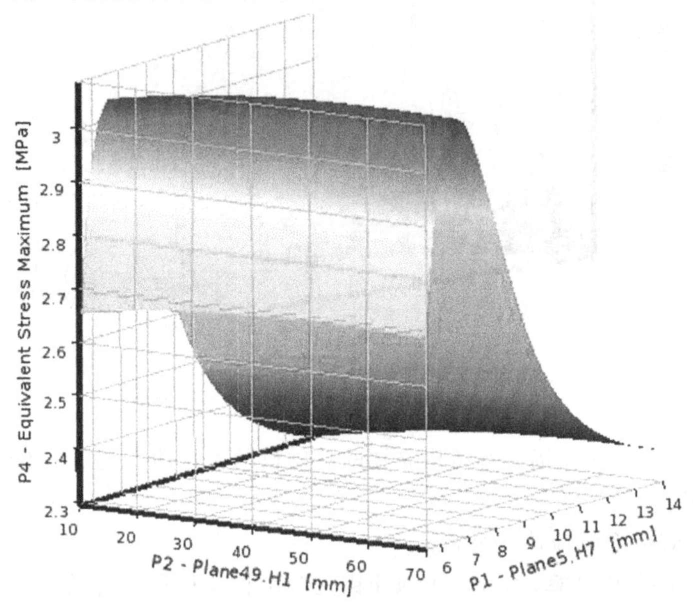

图 3-46 最大等效应力与设计变量之间的响应曲面

(4) 前三阶固有频率曲面响应分析

拟合得出泡沫铝夹芯结构立柱前三阶固有频率随两个输入变量改变的变化如图 3-47 所示。由图(a)可以看出，随着两个输入变量的不断增大，泡沫铝夹芯结构立柱的第 1 阶固有频率先有短暂的上升阶段，然后直线下降，而且下降幅度基本不变；由图(b)可以看出，泡沫铝夹芯结构立柱第 2 阶固有频率变化趋势与第 1 阶大致相同；由图(c)可以看出，随着两输入变量的不断增大，泡沫铝夹芯结构立柱的第 3 阶固有频率值不断增加，且增加趋势由快到慢。

(5) 灵敏度分析

为较为直观地看出两个输入设计变量对输出变量的影响程度，可在优化软件中查看输入设计变量对输出变量灵敏度图形，如图 3-48 所示。

由图 3-48 可见，内外壁铸铁层厚度 P_1 对泡沫铝夹芯结构立柱的最大等效应变、最大等效应力、第 1 阶固有频率以及第 2 阶固有频率灵敏度都为负值，对泡沫铝夹芯结构立柱质量和第 3 阶固有频率灵敏度为正值，且对泡沫铝夹芯结构立柱质量影响最为明显；泡沫铝夹芯层厚度 P_2 对泡沫铝夹芯结构立柱的最大等效应变、质量、第 1 阶固有频率以及第 2 阶固有频率灵敏度都为负值，对泡沫铝夹芯结构立柱的最大等效应力和第 3 阶固有频率灵敏度为正值，且对泡沫铝夹芯结构立柱最大等效应变影响最为明显。

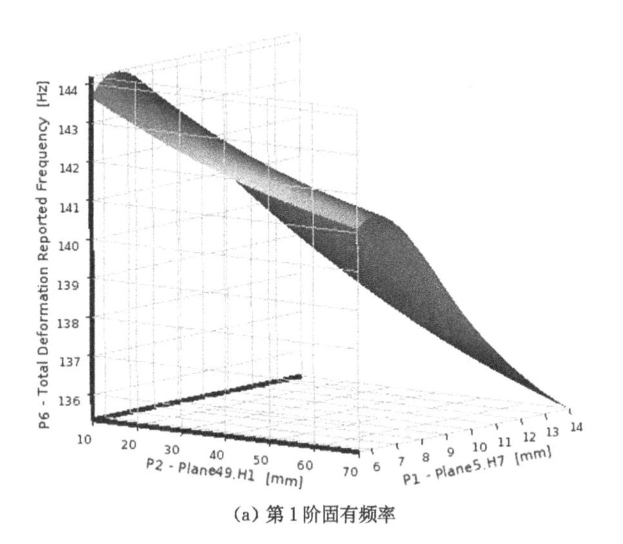

(a) 第 1 阶固有频率

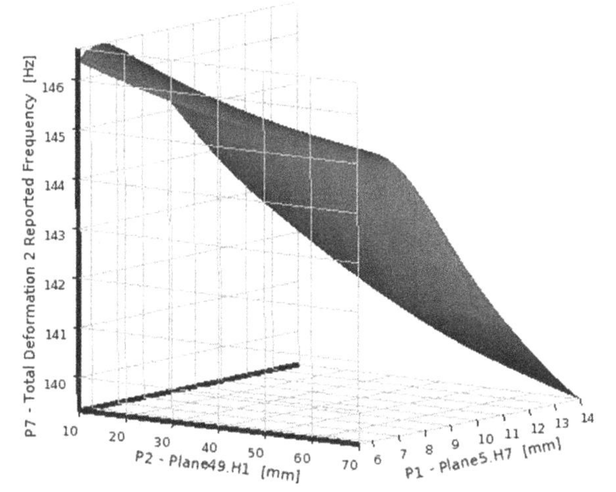

(b) 第 2 阶固有频率

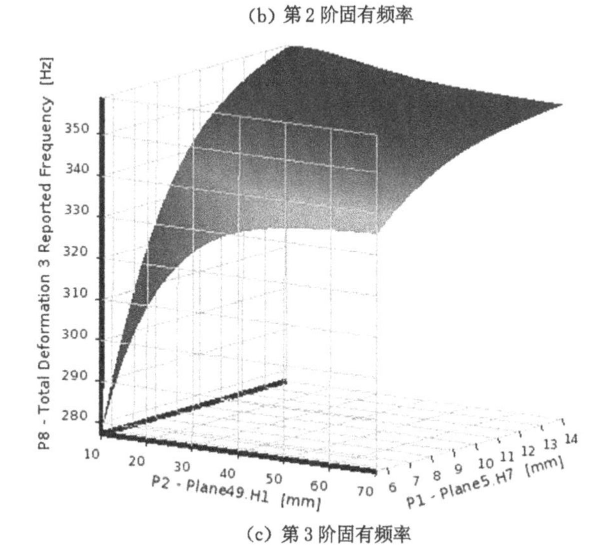

(c) 第 3 阶固有频率

图 3-47　前三阶固有频率与设计变量之间的响应曲面

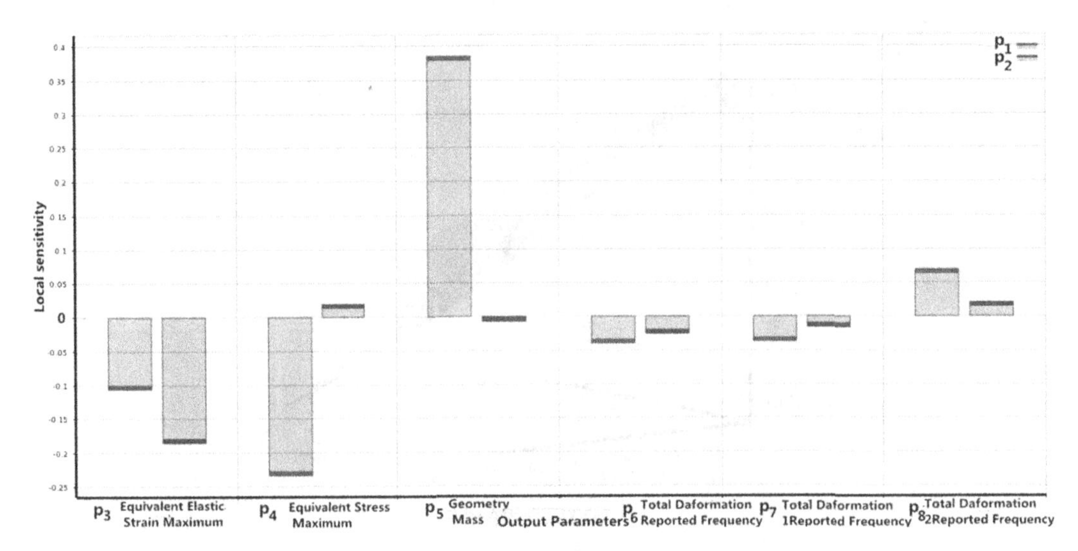

图 3-48　输入变量对输出变量灵敏度柱形图

3.5.2　泡沫铝夹芯结构立柱多目标优化设计结果与分析

通过 ANSYS Workbench 软件参数化分析模块对泡沫铝夹芯结构立柱进行多目优化仿真分析，最终得出了两个最优预选设计计算点，如图 3-49 所示，虽然两个最优预选设计计算点的静动态性能星值相同，但是最优预选设计计算点 1 的静、动态性能稍优于最优预选设计计算点 2，但质量稍劣于最优预选设计计算点 2。通过分析比较，考虑泡沫铝夹芯结构立柱静、动态性能，以及泡沫铝材料的节省性，最终选择预选设计计算点 1(Candidate Point 1)作为最优设计计算点。

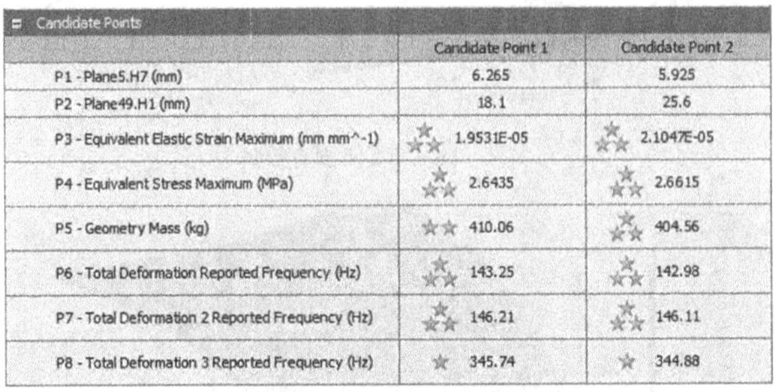

Candidate Points

	Candidate Point 1	Candidate Point 2
P1 - Plane5.H7 (mm)	6.265	5.925
P2 - Plane49.H1 (mm)	18.1	25.6
P3 - Equivalent Elastic Strain Maximum (mm mm^-1)	1.9531E-05	2.1047E-05
P4 - Equivalent Stress Maximum (MPa)	2.6435	2.6615
P5 - Geometry Mass (kg)	410.06	404.56
P6 - Total Deformation Reported Frequency (Hz)	143.25	142.98
P7 - Total Deformation 2 Reported Frequency (Hz)	146.21	146.11
P8 - Total Deformation 3 Reported Frequency (Hz)	345.74	344.88

图 3-49　最优预选点

考虑泡沫铝夹芯结构立柱的制造工艺性能，将最优尺寸进行圆整处理，最终得出优化后泡沫铝夹芯结构立柱尺寸如表 3-14 所示。

表 3-14　优化后圆整结果

设计变量	内外壁铸铁层厚度 P_1/mm	泡沫铝夹芯层厚度 P_2/mm
最优结构	6.265	18.1
圆整结果	6	18

由此可得出优化后的泡沫铝夹芯结构立柱内外壁铸铁层厚度为 6 mm，泡沫铝夹芯层厚度为 18 mm。

3.5.3　优化后泡沫铝夹芯结构立柱质量与静态性能仿真分析

将优化后的泡沫铝夹芯结构立柱导入 ANSYS Workbench 软件进行静态仿真分析，其中前处理步骤和第 3.3 部分的一样，最终得出优化后泡沫铝夹芯结构立柱的最大等效应变和最大等效应力分别如图 3-50 和图 3-51 所示。

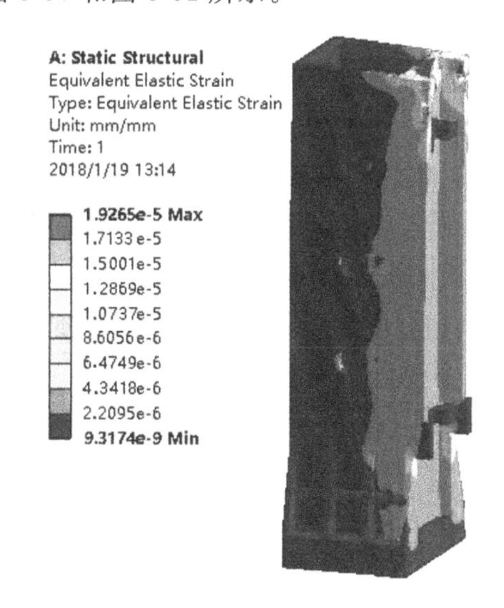

图 3-50　优化后泡沫铝夹芯结构立柱最大等效应变

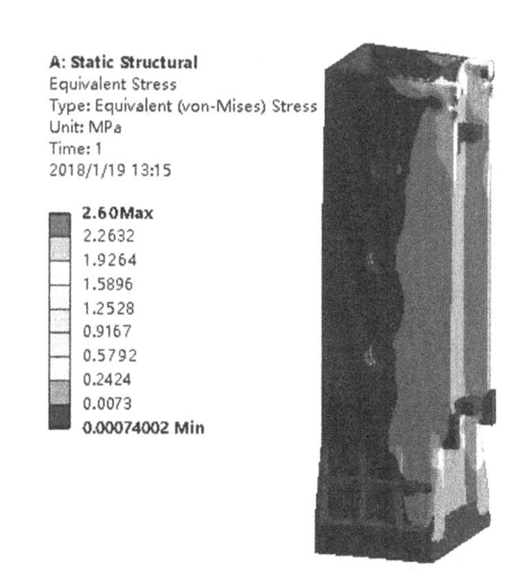

图 3-51　优化后泡沫铝夹芯结构立柱最大等效应力

为方便分析比较，将图中优化后泡沫铝夹芯结构立柱静态仿真结果和质量归纳在一个表中，并与优化前的泡沫铝夹芯结构立柱和原型立柱进行对比，如表 3-15 所示。

表 3-15　优化后泡沫铝夹芯结构立柱静态仿真结果对比

对比性能	最大等效应变	最大等效应力/MPa	质量/kg
原型立柱	2.160 0E−5	2.852 8	582.32
优化前	1.979 0E−5	2.645 7	492.43
优化后	1.926 5E−5	2.600 0	407.62
优化前后变化率	−2.65%	−1.73%	−17.22%

从表 3-15 中可以看出，优化后的泡沫铝夹芯结构立柱最大等效应变、最大等效应力和质量分别为 $1.926\ 5\times10^{-5}$、2.600 0 MPa、407.62 kg，其中最大等效应变比优化前减少 2.65%，最大等效应力比优化前减少 1.73%，质量比优化前减少 17.22%，由此证明了优化设计对于进一步提升泡沫铝夹芯结构立柱的静态性能和轻质性的有效性。

3.5.4　优化后泡沫铝夹芯结构立柱前三阶模态仿真分析

将优化后的泡沫铝夹芯结构立柱进行动态仿真分析，前处理步骤和静态仿真的一样，得出泡沫铝夹芯结构立柱前三阶模态如图 3-52 所示。

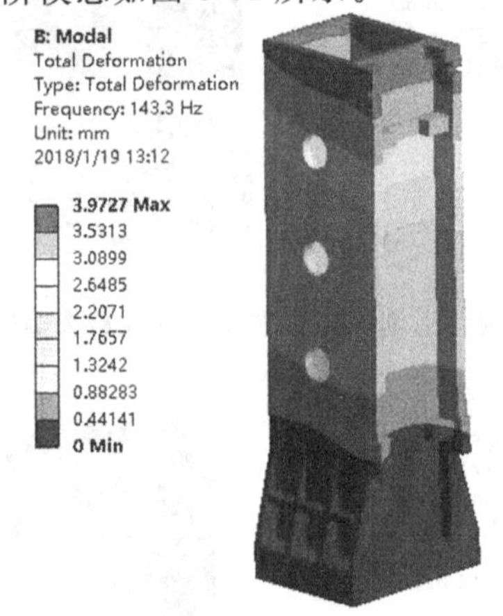

(a) 第 1 阶模态

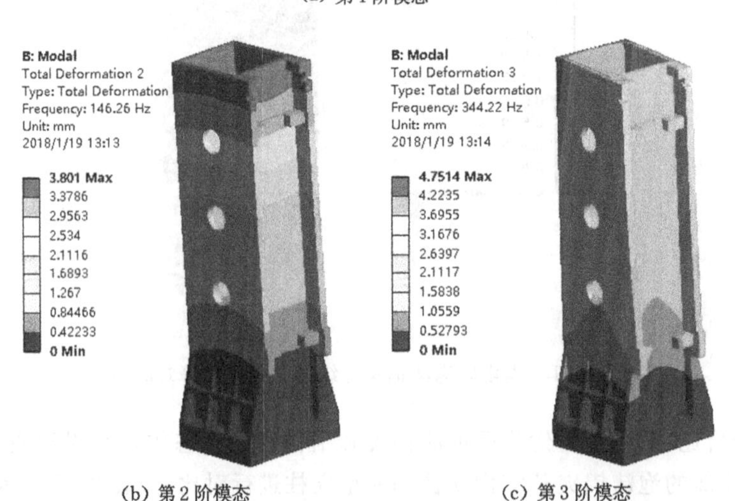

(b) 第 2 阶模态　　(c) 第 3 阶模态

图 3-52　优化后泡沫铝夹芯结构立柱前三阶模态

将图 3-52 中数据归纳整理，与优化前泡沫铝立柱和原型立柱做比较，并计算出前三阶固有频率加权值，其中权重系数依次为 0.5、0.3、0.2，如表 3-16 所示。

表 3-16　优化后泡沫铝夹芯结构立柱前三阶固有频率对比

阶数	原型立柱固有频率/Hz	优化前固有频率/Hz	优化后固有频率/Hz	优化前后的变化率
1	136.15	140.24	143.30	2.18%
2	138.43	143.44	146.26	1.97%
3	344.30	349.29	344.22	−1.45%
前三阶加权固有频率	178.46	183.01	184.37	0.74%

从表 3-16 中可以看出，优化后的泡沫铝夹芯结构立柱前两阶固有频率分别比优化前提高了 2.18% 和 1.97%，第 3 阶固有频率比原型立柱略有减少，前三阶加权固有频率值比优化前提高了 0.74%，且考虑到前两阶固有频率对机械系统动态性能影响较大，可以认为，优化后的泡沫铝夹芯结构立柱在动态性能上比优化前的泡沫铝夹芯结构立柱更优越。

3.6　立柱热态性能仿真分析

机床优良的热态性能对提高机床加工精度起着至关重要的作用[19]，而泡沫铝材料内部是孔状结构，隔热性能良好，具备优良的热态性能，因此，将泡沫铝材料应用于机床立柱，有望提升机床立柱的热态性能。本节将对 XK714 型数控铣床立柱进行热源分析和热量计算，并在此基础上运用 ANSYS 软件的热力学分析模块对原型立柱和优化后泡沫铝夹芯结构立柱进行热态性能仿真分析，对比仿真分析结果，以证明泡沫铝夹芯结构机床立柱对于提高立柱乃至整机热态性能进而提高加工精度的有效性。

3.6.1　机床热变形及热源分类

3.6.1.1　机床热变形

机床在正常工作时，由于各个部件的温升值不同，加上各个部件的组成材料不尽相同，而使机床的各个部件热膨胀量不同，最终导致机床个部件间产生相对位移，从而形成了机床的热变形；机床热变形不仅影响机床的加工精度，而且能加速机床各个运动件间的磨损，减少机床的使用寿命[20]，因此，机床热态性能的提高对机床整体性能的提升显得尤为重要。

3.6.1.2　机床热源分类

机床热源一般来说可分为四大类：第一类是机床正常工作时刀具加工工件的切削热，第二类是机床正常工作时各运动件间的摩擦热，第三类是机床正常工作时动力源工作发热，第四类是外界辐射和环境温度变化[21]。

（1）切削热

机床在对工件进行加工时，刀具对工件进行切削会产生热量，其中大部分热量被切屑带走，少部分热量传递给工件，极少部分热量传递给刀具。

（2）摩擦热

机床在正常加工时，各个运动件的移动，在接触部位会因摩擦而产生热量。

(3) 动力源发热

机床在正常工作时需要多处动力源,例如电机驱动,而动力源的工作会产生热量,传递给机床的各个部件。

(4) 外界辐射和环境温度变化

无论机床是否工作,外界辐射(日光、灯光等)以及机床周围环境的温度变化都是存在的,也是机床热源的一部分。

3.6.1.3 XK714 型数控铣床立柱热源分析

通过上述对机床热源的分析,应用到本书研究对象 XK714 型数控铣床上,分析 XK714 型数控铣床立柱的热源种类和分布,如图 3-53 所示。

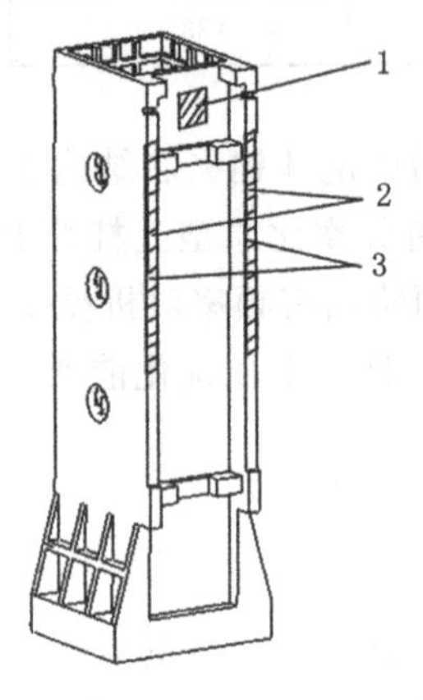

图 3-53 XK714 型铣床立柱热源分布

图 3-53 中,区域 1 为驱动 Z 方向运动电机工作发热区域;区域 2 为主轴箱部分发热,包括主运动电机发热、主轴轴承发热和主轴箱下部的刀具加工时的切削热,最后都通过连接导轨传递给立柱;区域 3 为主轴箱与导轨相对运动的摩擦发热,并传递给立柱。从图中可以看出,立柱热源分布在正面,后面和两侧面没有分布,因此产生了一个正面与其他面的温度差,导致立柱发生热变形。

3.6.2 立柱热源发热量分析和计算

3.6.2.1 驱动 Z 方向运动电机发热功率

驱动 Z 方向运动电机在正常运作时,发热功率可以由经验公式计算:

$$P_1 = P_a(1-\eta) \tag{3-31}$$

式中 P_1——驱动 Z 方向运动电机发热功率,W;

P_a——驱动 Z 方向运动电机功率,W;

η——驱动 Z 方向运动电机工作效率。

由表 3-1 中 XK714 型数控铣床基本技术参数可知,驱动 Z 方向运动电机的驱动电机功率 $P_a = 6.5$ kW,工作效率 $\eta = 0.85$,代入式(3-31)计算得出驱动 Z 方向运动电机的发热功率 $P_1 = 975$ W。

3.6.2.2 主轴箱部分发热功率

主轴箱部分热源由三部分组成,第一部分为主运动电机发热,第二部分为主轴轴承发热,第三部分为主轴箱下部的刀具加工时的切削热,最终都通过导轨传递给立柱,下面对这三部分分别进行热源发热功率计算。

(1) 主运动电机发热功率

由 XK714 型数控铣床基本技术参数可知主轴功率为 5.5 kW，查得主运动电机工作效率 $\eta=0.85$，将数据代入式(3-31)，同样求得主运动电机发热功率为 825 W，查阅相关资料可知[19]主运动电机发热量通过导轨传递给立柱的只剩 10%左右，由此立柱受到主运动电机的发热功率 $P_2=82.5$ W。

(2) 主轴轴承发热功率

主轴在正常工作时，滚动轴承的滚动体与内外圈套的相互摩擦产生热量，其发热功率可以如下计算[22]：

$$P_3=1.05\times10^{-4}Mn \tag{3-32}$$

式中　P_3——主轴轴承发热功率，W；

M——摩擦力矩，N·mm；

n——轴承转速，r/min。

查阅 XK714 型数控铣床基本技术参数可知，主轴一般转速为 5 000 r/min，由此要计算出主轴轴承发热功率，需计算出主轴轴承的摩擦力矩 M 的大小，而根据 Palmgren(帕尔姆格伦)实验结果[23]，摩擦力矩公式可表示为：

$$M=M_0+M_1 \tag{3-33}$$

式中　M_0——与轴承转速、类型和润滑油性质有关的力矩，N·mm；

M_1——与轴承工作时所受载荷有关的力矩，N·mm。

M_0 可按如下公式进行计算[24]：

当 $\nu n\geqslant2\ 000$ 时：

$$M_0=10^{-7}f_0\ (\nu n)^{2/3}D^3 \tag{3-34}$$

当 $\nu n<2\ 000$ 时：

$$M_0=160\times10^{-7}f_0D^3 \tag{3-35}$$

式中　f_0——与轴承类型和润滑方式有关的系数，角接触球轴承中单列取 2，双列取 4[22]；

ν——正常工作温度下润滑剂的运动黏度，mm^2/s；

n——轴承转速，r/min；

D——轴承节圆直径，mm。

M_1 可按如下公式进行计算：

$$M_1=f_1P_1'D \tag{3-36}$$

式中　f_1——与轴承类型和所受载荷有关的系数；

P_1'——确定轴承摩擦力矩的计算负荷，N。

查阅 XK714 型数控铣床主轴轴承资料可知，轴承为单列角接触球轴承，f_0 取 2，f_1 取 0.01，正常工作温度下润滑剂的运动黏度为 10 mm^2/s，轴承节圆直径为 50 mm，轴承的设计预紧力约为 1 500 N，由此可计算出 $\nu n\geqslant2\ 000$，代入式(3-34)和式(3-36)计算得 $M_0=33.9$ N·mm，$M_1=750$ N·mm，将两者代入式(3-33)求得摩擦力矩 $M=783.9$ N·mm，最后代入式(3-32)求得主轴轴承发热功率 $P_3\approx411.5$ W，查阅相关资料可知，主轴轴承发热量的 10%左右传递给立柱，因而立柱受到主轴轴承发热功率约为 41.2 W。

(3) 切削热

刀具加工工件时的切削热通过主轴箱传递给立柱，根据切削热计算公式有：

$$P_4 = F_c v \tag{3-37}$$

式中 P_4——切削热功率，W；

F_c——铣削力，N；

v——切削速度，m/s。

由本书 3.3 部分铣削力计算可得 $F_c = 253.24$ N，由 XK714 型数控铣床基本技术参数可知典型工况下刀具的切削速度 $v = 0.05$ m/s，由此计算得出切削热热功率：$P_4 \approx 12.7$ W。而最终通过主轴箱传递给立柱的较少，查阅资料可知[22]，根据经验一般在 5%左右，所以立柱受到切削热的发热功率为 0.6 W。

3.6.2.3 导轨摩擦发热功率

立柱正面装有导轨，而主轴箱上的滑块与导轨连接，从而实现主轴箱在 Z 方向上的运动，进而加工工件。此过程中会因导轨与滑块移动的摩擦力而产生热量，其发热功率可如下计算：

$$P_5 = \mu F v \tag{3-38}$$

式中 P_5——摩擦发热功率，W；

μ——动摩擦系数，取 0.25；

F——正压力，N；

v——滑动速度，取 0.05 m/s。

正压力在前述对立柱受力分析时已经计算得出：$F = F_f' = 101.3$ N，代入求得摩擦发热功率 $P_5 \approx 1.3$ W。

3.6.2.4 对流换热分析

机床立柱在正常工作时，与其周围空气发生热量交换，称之为对流换热。根据努塞尔准则，换热系数 a 的计算公式为：

$$a = Nu\lambda / L \tag{3-39}$$

式中 Nu——努塞尔数；

λ——流体热传导系数，W/(m² · ℃)；

L——对换热起主要影响的几何尺寸，m。

其中，查阅资料[25]得空气热传导系数 $\lambda = 0.023$ W/(m² · ℃)，L 可选为立柱整体高度 1 550 mm，因此，要计算出换热系数，需求出努塞尔数。

由于立柱在正常工作时，与空气为自然对流放热，可由如下公式计算努塞尔数：

$$Nu = C\,(GrPr)_{\mathrm{m}}^{n} \tag{3-40}$$

式中 C、n——常数，由表 3-17 取值；

Gr——格拉晓夫准数；

Pr——普朗特数，查阅资料可知，常温下取 0.7[26]。

其中格拉晓夫准数 Gr 可如下计算[24]：

$$Gr = \frac{g\beta L^3 \Delta t}{\nu} \tag{3-41}$$

式中 g——重力加速度，取 10 m/s²；

β——流体膨胀系数，/℃；

Δt——流体与壁面温差,℃;

ν——流体运动黏度,mm^2/s。

查阅资料可知[27],空气膨胀系数为 1.88×10^{-2}/℃,运动黏度为 0.148 mm^2/s,查阅相关文献可知,一般情况下 $\Delta t=5$ ℃[28],代入式(3-41)得:$Gr=2.37\times10^{12}$。为进一步计算出努塞尔数 Nu,需对常数 C、n 确定[24]。

表 3-17　C、n 常数取值

C	n	适用范围	流态	换热面朝向及位置
0.59	1/4	$10^4\leqslant(GrPr)_m\leqslant10^9$	层流	竖平壁
0.12	1/3	$10^9\leqslant(GrPr)_m\leqslant10^{12}$	紊流	竖平壁
0.54	1/4	$10^5\leqslant(GrPr)_m\leqslant2\times10^7$	层流	水平壁热面朝上
0.14	1/3	$2\times10^7\leqslant(GrPr)_m\leqslant3\times10^{10}$	紊流	水平壁热面朝上
0.27	1/4	$3\times10^5\leqslant(GrPr)_m\leqslant3\times10^{10}$	层流	水平壁热面朝下

本书研究的 XK714 型数控铣床立柱四周为竖平壁,由表 3-17 可知,需确定流态类型,流态类型可由雷诺数确定,公式如下[29]:

$$Re=\frac{\omega L}{\nu} \tag{3-42}$$

式中　ω——空气流速,mm/s。

$L=1\ 550$ mm 和 $\nu=0.148$ mm^2/s,上文中已经给出。查阅相关资料可知[30],机床工作时空气流速在 2 mm/s 左右,代入式(3-42)求得雷诺数 $Re\approx20\ 946$,远大于层流的范围,故确定流态为紊流,因此取表 3-17 中 $C=0.12$、$n=1/3$,代入式(3-40)求得努塞尔数 $Nu=1\ 420$,最后代入式(3-39)求得换热系数 $a=2.1$ W/(m^2·℃)。

3.6.3　立柱热态性能仿真分析

3.6.3.1　立柱热态性能仿真分析基本步骤

运用 ANSYS 软件的热力学分析模块对原型立柱和优化后泡沫铝夹芯结构立柱进行热态性能仿真分析,其中前处理中的模型导入、简化处理、网格划分与本书第 3.3 部分静态性能仿真分析一样,不再赘述,而材料属性添加、热载荷和换热系数的添加有所不同,具体按如下进行添加。

(1) 材料属性添加

打开 ANSYS Workbench 15.0 软件,双击热态分析模块,导入两种立柱模型后,在材料属性添加界面按表 3-18 中属性分别对 HT200 材料和泡沫铝材料进行添加。

表 3-18　两种材料的主要性能参数

材料	密度 g/mm³	弹性模量 /Pa	泊松比	热传导系数 /[W/(m²·℃)]	比热容 /[J/(kg·℃)]	热膨胀系数 /℃⁻¹
HT200	7.2E−3	1.44E+11	0.3	39.2	480	1.0E−5
泡沫铝	5.4E−4	1.2E+10	0.33	10	1100	1.9E−5

(2) 热载荷和换热系数的添加

考虑到热源通过接触面将热量传递给立柱,在对两种立柱进行热载荷添加时,选择对传递面进行热通量(又称为热流,是指单位时间通过某一面积的热能)的施加,热通量的计算只需将前述各热源发热功率除以对应传递面的面积即可。由此,驱动电机部分传递面面积为1 350 mm^2,总热发热功率为 975 W,热通量为 7 222 W/m^2;主轴箱部分传递面面积为 27 200 mm^2,总热发热功率为 124.3 W,热通量为 45.7 W/m^2;导轨摩擦部分传递面面积为 27 200 mm^2,总热发热功率为 1.3 W,热通量为 0.5 W/m^2。最后对立柱四周外壁面进行对流换热系数的添加,完成热载荷和换热系数添加后的两种立柱模型如图 3-54 所示。

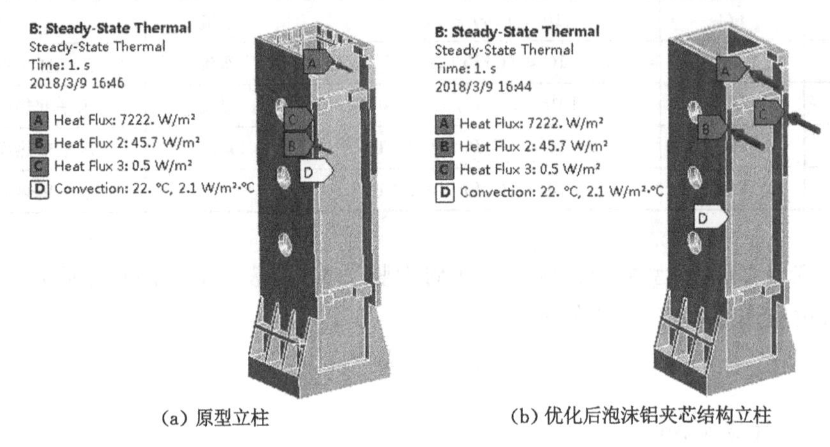

(a) 原型立柱　　(b) 优化后泡沫铝夹芯结构立柱

图 3-54　立柱热载荷施加模型

3.6.3.2　立柱热态性能仿真结果与分析

完成上述操作后,将求解结果设定为温度场分布图和热变形图,原型立柱和优化后泡沫铝夹芯结构立柱的温度场分布云图和热变形云图分别如图 3-55 和图 3-56 所示。

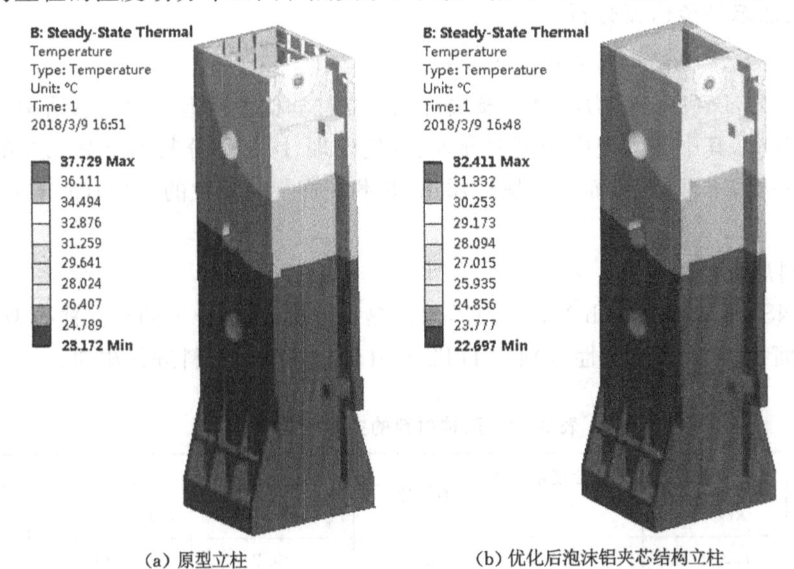

(a) 原型立柱　　(b) 优化后泡沫铝夹芯结构立柱

图 3-55　立柱温度场云图

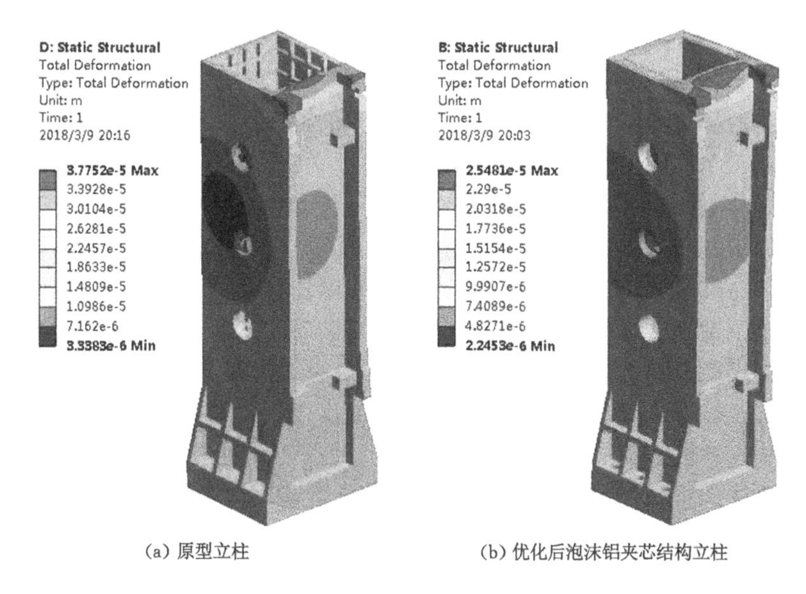

(a) 原型立柱　　(b) 优化后泡沫铝夹芯结构立柱

图 3-56　立柱热变形云图

由图 3-55 可知，两种立柱温度场最高温度都分布在立柱正面上部，因为此处为驱动电机传热部位。由图 3-56 可知，两种立柱最大热变形也分布在立柱正面上部，因为立柱受热部位都分布在立柱正面上部位置。

为直观了解图中信息，汇总如表 3-19 所示。

表 3-19　两种立柱热态性能对比

立柱种类	性能	
	温度场最高温度/℃	最大热变形值/m
原型立柱	37.729	3.775 2E−5
优化后泡沫铝夹芯结构立柱	32.411	2.548 1E−5
变化率	−14.1%	−32.5%

由表 3-19 可知，优化后泡沫铝夹芯结构立柱的温度场最高温度和最大热变形值都低于原型立柱，其中温度场最高温度比原型立柱降低 14.1%，最大热变形值比原型立柱降低 32.5%，因此，优化后泡沫铝夹芯结构立柱比原型立柱更难发生热变形，热态性能更优，从而证明了将泡沫铝材料用于机床立柱能提升立柱乃至整个机床的热态性能。

3.7　本章小结

本章以 XK714 型数控铣床立柱为原型，初步设计了泡沫铝夹芯结构立柱，并对泡沫铝夹芯结构机床立柱进行了多目标优化设计和静动态及热态性能研究，得出结论如下：

(1) 以 XK714 型数控铣床立柱为原型，依据等刚度理论和轻质性原则设计泡沫铝夹芯结构机床立柱，在对原型立柱典型工况进行受力分析的条件下，运用 ANSYS Workbench 15.0 软件对原型立柱和泡沫铝夹芯结构立柱进行静态性能仿真分析，结果表明：泡沫铝夹芯结构立柱最大总变形、最大等效应变、最大等效应力以及总质量分别比原型立柱低22.15%、8.38%、7.26%和15.44%，由此证明将泡沫铝材料应用于机床立柱对于提高机床基础件乃至整机的静态性能和轻质性具有可行性和优越性。

(2) 运用ANSYS Workbench 15.0软件对原型立柱和泡沫铝夹芯结构立柱进行了动态性能仿真分析，其中包括前六阶固有模态仿真分析和谐响应仿真分析，仿真分析结果表明：泡沫铝夹芯结构立柱的前六阶固有模态比原型立柱分别提升了3.00%、3.62%、1.45%、52.45%、13.64%、9.53%，泡沫铝夹芯结构立柱在X、Y、Z三个方向上的最大频率响应幅值分别比原型立柱降低了30.37%、7.80%和12.23%。由此证明，泡沫铝夹芯结构立柱可以在满足轻质性并提升其静态特性的前提下，有效提高立柱乃至整机动态性能。

(3) 以泡沫铝夹芯结构立柱的泡沫铝夹心层厚度以及内外壁铸铁厚度为设计变量，以泡沫铝夹芯结构立柱的最大等效应变和最大等效应力不大于原型立柱的最大等效应变和最大等效应力为设计约束条件，以泡沫铝夹芯结构立柱的前三阶加权固有频率值最大，以及泡沫铝夹芯结构立柱质量最小为目标函数，运用ANSYS Workbench 15.0软件对泡沫铝夹芯结构立柱进行多目标优化设计。优化结果表明：优化后泡沫铝夹芯结构立柱比优化前泡沫铝夹芯结构立柱最大等效应变、最大等效应力分别降低2.65%和1.73%；优化后泡沫铝夹芯结构立柱比优化前泡沫铝夹芯结构立柱前两阶固有频率分别增大2.18%、1.97%，第3阶固有频率略有减少，前三阶固有频率加权值增大0.74%；优化后的泡沫铝夹芯结构立柱比优化前泡沫铝夹芯结构立柱质量减轻17.22%。由此可知，优化后的泡沫铝夹芯结构立柱在静动态性能和轻质性能方面有进一步提升。

(4) 在对原型立柱进行热源和对流换热分析和计算的前提下，运用ANSYS Workbench 15.0软件对原型立柱和优化后泡沫铝夹芯结构立柱进行热态性能仿真分析，仿真分析结果表明：优化后泡沫铝夹芯结构立柱温度场最高温度比原型立柱温度场最高温度降低14.1%，优化后泡沫铝夹芯结构立柱最大热变形值比原型立柱最大热变形值降低32.5%。由此证明，将泡沫铝材料用于机床立柱能有效提升机床立柱乃至整个机床的热态性能和加工精度。

参考文献

[1] 李宇鹏，巴春来，刘来超．采用结构仿生的重型机床立柱的综合优化[J]．中国机械工程，2019，30(13)：1621-1625.

[2] 鞠家全，邱自学，任东，等．采用灰色理论和组合赋权法的机床立柱设计与研究[J]．机械科学与技术，2017，36(9)：1388-1395.

[3] MÖHRING H C，BRECHER C，ABELE E，et al. Materials in machine tool structures [J]. CIRP annals，2015，64(2)：725-748.

[4] AGGOGERI F，MERLO A，MAZZOLA M. Multifunctional structure solutions for Ultra High Precision (UHP) machine tools[J]. International journal of machine tools and manufacture，2010，50(4)：366-373.

[5] 于英华，孙苗苗，徐平，等．BFPC数控车床斜床身拓扑优化设计及其性能分析[J]．机械科学与技术，2018，37(7)：1034-1040.

[6] 何改云，李素乾，郭龙真，等. 机床基础大件支撑预变形设计方法研究[J]. 机械科学与技术，2018，37(1)：70-75.
[7] 于英华，高级，王烨，等. BFPC填充结构机床立柱设计及其性能分析[J]. 机械设计与研究，2018，34(2)：100-102.
[8] YUY H，GAO J，XU P，et al. Multi-objective optimization design and performance analysis of machine tool worktable filled with BFPC [J]. IOP conference series：materials science and engineering，2018，439：042005.
[9] 赵家黎，黄利康，吴丽媛，等. 复合机床动态耦合特性分析及优化[J]. 机械科学与技术，2019，38(7)：1067-1073.
[10] 范钦珊. 材料力学[M]. 2版. 北京：高等教育出版社，2005.
[11] 孙晓辉，丁晓红，王师镭，等. 高刚度轻质量的机床床身优化设计方法研究[J]. 机械科学与技术，2013，32(10)：1461-1465.
[12] 姜志宏，张晓莉. XK714G数控铣床经济切削状态下零件尺寸精度试验研究[J]. 机械设计与制造，2010(8)：157-158.
[13] 肖振. 泡沫铝填充结构机床工作台结构设计与性能研究[D]. 阜新：辽宁工程技术大学，2013.
[14] 陈勇，王青春，徐伟. XK714/1数控铣床螺距误差补偿[J]. 机床与液压，2012，40(8)：24-26.
[15] 涂志标，赵晓运. XK714数控铣床轴向反向误差故障排除[J]. 机床与液压，2013，41(16)：199-200.
[16] 陈金英，史利娟. 基于球杆仪检测与分析XK714数控铣床的精度[J]. 煤矿机械，2013，34(4)：99-100.
[17] 曹妍妍，赵登峰. 有限元模态分析理论及其应用[J]. 机械工程与自动化，2007(1)：73-74.
[18] 杜官将，李东波. 基于ANSYS的机床主轴结构优化设计[J]. 组合机床与自动化加工技术，2011(12)：22-24.
[19] ANDREA G. Steel having excellent properties of workability by machine tools and, after a hardening thermal treatment, excellent mechanical：EP1283277 [P]. 2007-06-20.
[20] 陈明亮. 机床热变形与结构热对称设计[J]. 现代制造技术与装备，2017(3)：31-33.
[21] JIN W D，TANG G X. Study on influence of machine tool thermal deformation during ELID super-precision grinding [J]. Key engineering materials，2010，426/427：545-549.
[22] 祁起世. 大型电机轴承发热故障诊断与处理[J]. 山西焦煤科技，2016，40(10)：23-25.
[23] 邓四二，李兴林，汪久根，等. 角接触球轴承摩擦力矩特性研究[J]. 机械工程学报，2011，47(5)：114-120.
[24] 王金生. XK717数控铣床热特性研究[D]. 杭州：浙江工业大学，2004.
[25] 常锐，史彭，张瑜，等. 空气传热系数对Nd：YAG微片激光器热形变的影响[J]. 中国激光，2010，37(7)：1708-1712.

[26] 赵金虎. 分数阶黏弹性流体非稳态对流传热传质数值研究[D]. 北京:北京科技大学,2017.

[27] 曾嵘,耿屹楠,牛犇,等. 空气间隙放电物理参数测量研究进展[J]. 高电压技术,2011,37(3):523-536.

[28] 时华栋. 环境温度对床身热态性能影响分析[D]. 济南:山东大学,2012.

[29] 魏凯丰,姚传荣,吕克桥. 天然气气体黏度和雷诺数计算[J]. 哈尔滨理工大学学报,2006,11(3):65-67.

[30] 杨庆东. 机床动态热性能研究和误差补偿[J]. 重庆工业高等专科学校学报,1999(S1):232-234.

第 4 章　泡沫铝夹芯结构矿用救生舱舱体优化设计及性能分析

4.1　引言

4.1.1　研究泡沫铝夹芯结构矿用救生舱舱体的意义

我国是世界上煤炭生产和消费大国，且煤矿生产主要是地下开采，相当数量的矿井开采已达 600 m 以下的高瓦斯和瓦斯突出区，瓦斯突出、瓦斯爆炸、火灾、坍塌等灾害性事故频发。频繁的矿难不仅给许多家庭带来灾难，同时也严重影响了中国的国际形象。在人本理念成为世界发展潮流的大环境下，积极开展矿山安全保障技术的研究与开发，不仅是我国建设和谐社会的必然要求，更是时刻遭受矿井灾害威胁的煤矿工人的迫切愿望[1-11]。

矿用救生舱是当矿难发生时可为井下遇险矿工提供避难、等待救援的一种重要装备，可有效减少矿难发生时的人员伤亡。其中矿用救生舱壳体是救生舱中承载的重要部件，也是整个救生舱各项性能的基本保障。在保证救生舱安全性的同时尽量提升其减振降噪的舒适性及易于移动的轻质性，矿用救生舱壳体本身主要应具备如下基本性能：足够的抗爆炸冲击性、足够的隔热保温性、良好的减振降噪性、轻质性等[1-5]。

迄今为止，国内外研制出来的硬体式救生舱均为密封且坚固可靠的长筒形金属壳体，其截面形状主要有圆形、方形、拱形（巷道）、导斜角矩形、导圆弧角矩形[7-12]。舱体主要由三层结构组成，由外向里依次为外覆盖板（也称壳体）、隔热层和内覆盖板。其中外覆盖板为舱体主要承压件，内部为不锈钢内饰板，不能承压。为提高救生舱的承压性能，现有救生舱壳体多采用加筋板壳与波纹板板壳结构。其中，加筋板壳壳体更常见[13-22]。尽管近几年国内有很多研究人员对矿用救生舱壳体的结构优化设计进行了大量的研究，但由于矿用救生舱壳体的材料和结构变化不大，因此对矿用救生舱主要性能仍然难以带来突破性提高。我国煤矿井下开采环境恶劣，特别是现代化矿井的生产方式和结构都发生了巨大的变化，大幅度提高的生产机械化和集中化程度又对安全保障提出了更高更新的要求。为此研究新型结构材料的矿用救生舱壳体，从而在尽可能提高其抗爆冲击性、隔热保温性等安全性能的同时提高其减振降噪的舒适性和易于移动的轻质性成为亟待解决的重要课题。

泡沫铝是近些年来发展起来的一种具有轻质、高比强度、高比刚度、高吸收冲击能、减振、隔音、保温隔热、抗腐蚀等优异性能的多孔金属[23-31]。栅格夹芯板（也可称为正交加筋夹层板）是近些年才出现一种强度和刚度较高[28]且较易于填充泡沫铝的二维周期点阵夹芯板，其本身也具有轻质、高比强度、高比刚度、减振等优异性能[32-42]。若将泡沫铝填充在栅格夹芯板的层芯空腔中形成新型的结构复合材料——泡沫铝填充栅格夹芯板，将会在抗爆炸冲击性、隔热保温性、减振降噪性和轻质性等方面优势更显突出。而这些性能正是矿用救生舱壳体所需要的主要性能。为此研究泡沫铝夹芯结构矿用救生舱壳体具有重要的理论意义和现实意义。

4.1.2 本章的主要内容

本章主要研究如下内容：

(1) 选取某型号的矿用救生舱为设计原型，设计泡沫铝夹芯结构舱体，并以泡沫铝夹芯结构舱体的静刚度、静强度及质量为优化目标对该新型泡沫铝夹芯结构舱体进行多目标参数优化设计；对两种舱体分别进行静态特性仿真分析，并将结果进行对比，证明泡沫铝夹芯结构舱体在静态特性方面的优越性。

(2) 运用有限元仿真分析方法对两种结构舱体进行模态和谐响应分析，并将结果进行对比分析，以证明泡沫铝夹芯结构舱体在提高矿用救生舱抗振性方面的优越性。

(3) 采用有限元仿真的方法对两种舱体的进行抗爆炸冲击分析，并将结果进行对比分析，以证明泡沫铝夹芯结构舱体在提高矿用救生舱抗冲击方面的优越性，进而证明泡沫铝夹芯结构舱体具有更高的安全性。

(4) 综合运用理论分析和有限元模拟仿真的方法对两种舱体的保温隔热性进行分析，并将结果进行对比分析，以证明泡沫铝夹芯结构舱体在提高矿用救生舱保温隔热性进而提高其安全性和舒适性方面的可行性和优越性。

(5) 采用有限元仿真的方法对两种舱体进行抗热-压力耦合冲击分析，并将结果进行对比分析，进一步证明泡沫铝夹芯结构舱体具有更高的安全性。

4.2 原型矿用救生舱选取及其静态特性有限元仿真分析

4.2.1 原型矿用救生舱的选取

本章选取型号为 KJYF-96/12 的矿用可移动式硬体救生舱为研究原型，其简化结构如图 4-1 所示。这种救生舱是分体组装结构，舱体一共包含有 9 节基本单元舱体，其中第 1 节为过滤舱部分，中间四节为生存舱部分，最后四节为设备舱部分。救生舱舱体整体外部的尺寸为 10 800 mm×1 670 mm×1 860 mm(长×宽×高)，内部的截面尺寸为 1 454 mm×1 694 mm(宽×高)。其中，过滤舱尺寸为 1 200 mm×1 670 mm×1 860 mm(长×宽×高)，生存舱和设备舱尺寸为 4 800 mm×1 670 mm×1 860 mm(长×宽×高)。救生舱的基本单元舱体为整体钢板-加强筋结构，其内、外加强筋为 10# 槽钢，钢板蒙皮的厚度为 8 mm，法兰的厚度为 20 mm，钢板蒙皮，加强筋和法兰都采用 Q345R 钢。每节舱体单元通过两端的法兰结构与其余舱体单元连接，基本舱体的具体结构如图 4-2 所示。

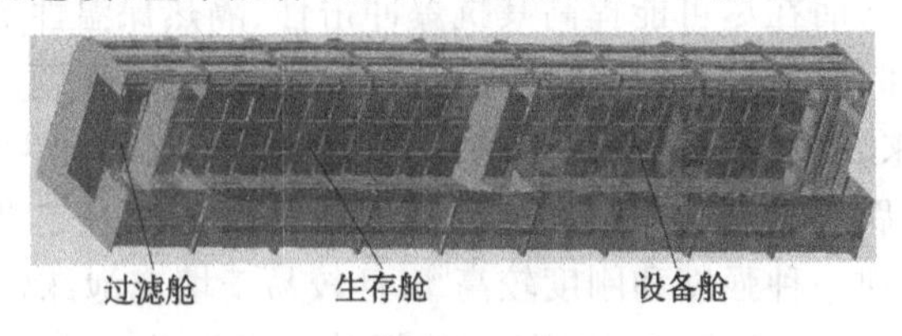

图 4-1 原型矿用救生舱舱体简化结构

由于整个矿用救生舱是由 9 节结构相似的基本舱体组合而成的，故选取其中一节为研究对象，其尺寸为 1 200 mm×1 670 mm×1 860 mm，如图 4-2 所示。

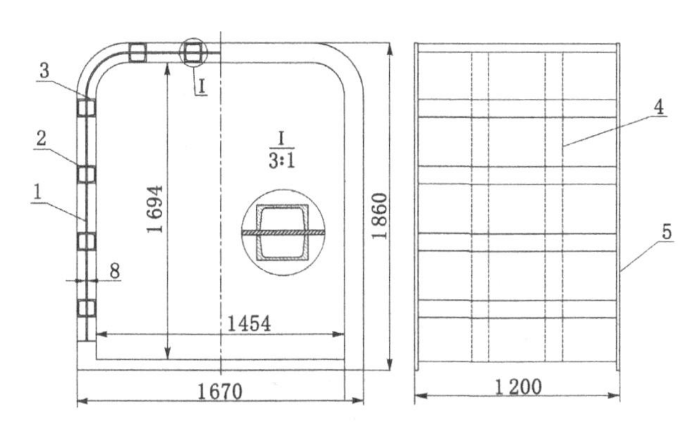

1—蒙皮；2—外加强筋；3—纵向内加强筋；4—横向内加强筋；5—法兰。

图 4-2 原型矿用救生舱舱体结构的二维图

4.2.2 原型矿用救生舱舱体结构静态特性分析

4.2.2.1 三维模型的建立

利用 Inventor 软件建立原型舱体的三维模型，如图 4-3 所示。为提高计算效率，建立三维模型时忽略一些较小的非必要结构。

图 4-3 原型矿用救生舱舱体结构三维模型

4.2.2.2 定义材料属性与网格划分

原型舱体材料为 Q345R，其性能参数如表 4-1 所示，照此在 ANSYS Workbench 软件中 Engineering Data 模块下定义材料属性。

表 4-1 原型矿用救生舱舱体结构的材料性能参数

名称	弹性模量/GPa	密度/(kg/m^3)	泊松比	屈服强度/MPa	抗拉强度/MPa
Q345R	206	7 860	0.3	345	630

网格划分时网格边长为 40 mm，采用四面体网格，模型包含有 31 497 单元、56 031 个节点，如图 4-4 所示。

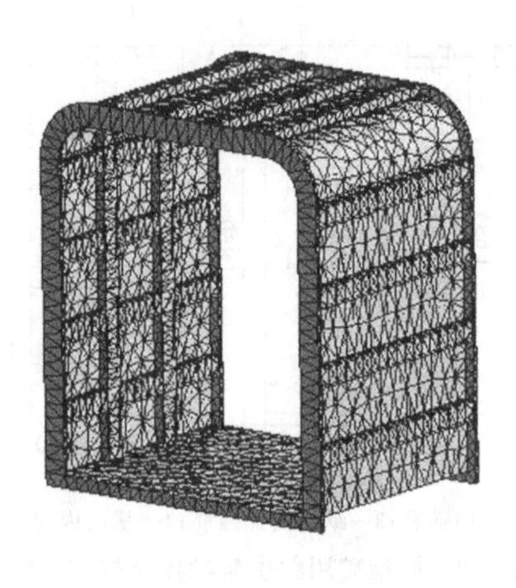

图 4-4　原型舱体限元网格划分

4.2.2.3　约束条件及载荷的施加

由于救生舱舱体在工作时其底面固定于地面，因此在舱体底面施加完全约束；由于实际救生舱是由多段舱体拼接而成的，因此在两个法兰连接端面添加沿舱体轴线方向的对称约束载荷。

依据《井下煤矿用可移动式硬体救生舱》(JB/T 12437—2015)的规定，救生舱舱体的抗压能力不低于 0.3 MPa，考虑到实际工况的复杂性及设备为安全保障设备，所以分析时取舱体受到的静压力大小为 0.3 MPa×2＝0.6 MPa(2 为安全系数[43])。在舱体的侧板、顶板所有裸露部分施加最大压力 0.6 MPa 静压力载荷。原型矿用救生舱舱体施加的载荷和约束如图 4-5 所示，其中 A 为静压载荷，B 为完全约束，C 为轴向对称约束。

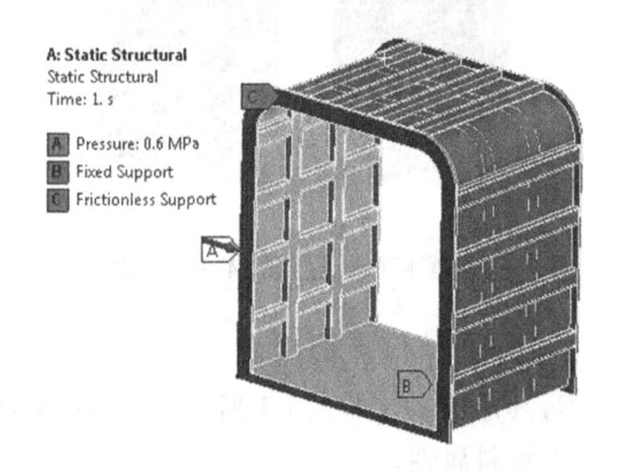

图 4-5　原型舱体载荷施加

4.2.2.4　仿真结果与分析

仿真分析得到的原型舱体的等效应力和等效变形云图分别如图 4-6 和 4-7 所示。由图 4-6 可知，原型矿用救生舱舱体的加强筋上具有较大的应力载荷，其中位于矿用救生舱舱体两侧壁上的第 2 条和第 3 条纵向加强筋上有最大等效应力 242.32 MPa。而蒙皮上的应力相对较小，且应力均是围绕着各加强筋分布，蒙皮应力约为 80 MPa。舱体各个部分均未超过材料的屈服应力，结构安全稳定。

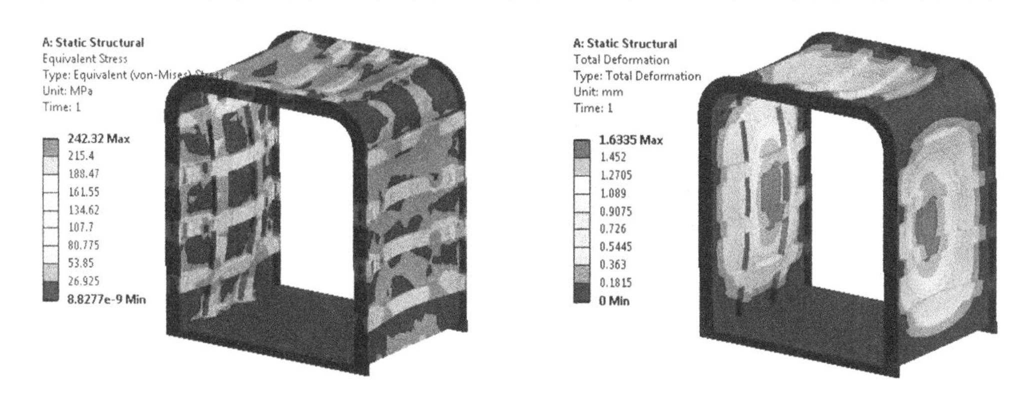

图 4-6　原型舱体等效应力云图　　　　图 4-7　原型舱体等效变形云图

由图 4-7 可知，原型矿用救生舱舱体的最大变形出现在侧板和顶板的中心位置，最大变形为 1.633 5 mm。各面的变形云图形状近似呈圆矩形并逐渐减小直到舱体的法兰附近，这是由于法兰上有施加的对称约束，所以法兰附近的变形较小。

4.3　泡沫铝夹芯结构矿用救生舱舱体多目标优化设计

4.3.1　泡沫铝夹芯结构矿用救生舱舱体结构初步设计

参照原型结构矿用救生舱舱体的相关尺寸对泡沫铝夹芯结构舱体进行设计，设计时保证矿用舱体的内部尺寸大小不变。设计时取消原型舱体的内外加强筋，同时将原型舱体的单层钢板变为双层钢板结构并在其内部填充泡沫铝材料，且在泡沫铝填充体四周布置横向和纵向加强筋构成泡沫铝夹芯结构。泡沫铝夹芯结构舱体的具体结构如图 4-8 和图 4-9 所示，取外板的厚度为 P_1，内板的厚度为 P_2，泡沫铝的厚度为 P_5，纵向加强筋宽度一半的大小为 P_4（取其一半厚度是为了方便建立参数化三维模型，且这种取法对计算结果的精确度无影响），横向加强筋的宽度为 P_9。各结构参数的代号是由软件系统自动生成，不能人为修改，因此，参数标号会出现跳跃现象如 1，2，5，4，9。以上各主要结果尺寸参数的具体数值将通过后续的优化设计确定。

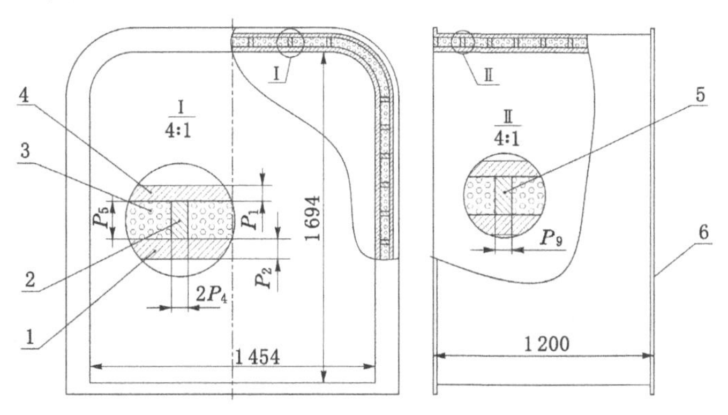

1—内板；2—纵向加强筋；3—泡沫铝；4—外板；5—横向加强筋；6—法兰。

图 4-8　泡沫铝夹芯结构舱体的二维模型

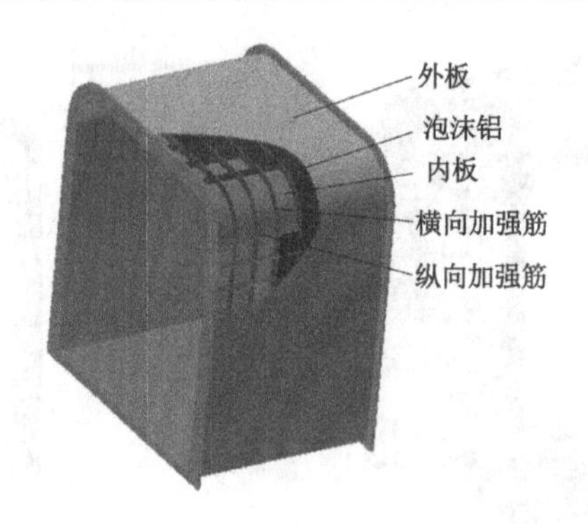

图 4-9 泡沫铝夹芯结构舱体的三维模型

4.3.2 泡沫铝夹芯结构矿用救生舱舱体多目标优化预处理

4.3.2.1 泡沫铝夹芯结构矿用舱体参数化模型的建立

采用 ANSYS Workbench 软件自带的 DM 模块中建立泡沫铝夹芯结构矿用救生舱舱体的参数化模型,并将其中的各结构尺寸标记为输入设计参数以备下文多目标优化设计使用。

4.3.2.2 泡沫铝夹芯结构舱体静态特性分析

(1) 定义材料参数:泡沫铝夹芯结构舱体的内板、外板、横向和纵向加强筋为 Q345R 材料,填充体为闭孔泡沫铝材料。泡沫铝材料的性能参数如表 4-2 所示。

表 4-2 泡沫铝材料性能参数

名称	弹性模量/GPa	密度/(kg/m³)	泊松比	屈服强度/MPa	抗拉强度/MPa
泡沫铝	12.0	540.0	0.33	8.1	14.0

(2) 网格划分、定义约束和载荷:泡沫铝夹芯体采用六面体网格,其余采用四面体网格,整体模型包含有 79 468 个单元,208 812 个节点,如图 4-10 所示。约束条件和载荷形式与原型矿用救生舱舱体完全相同,如图 4-11 所示。

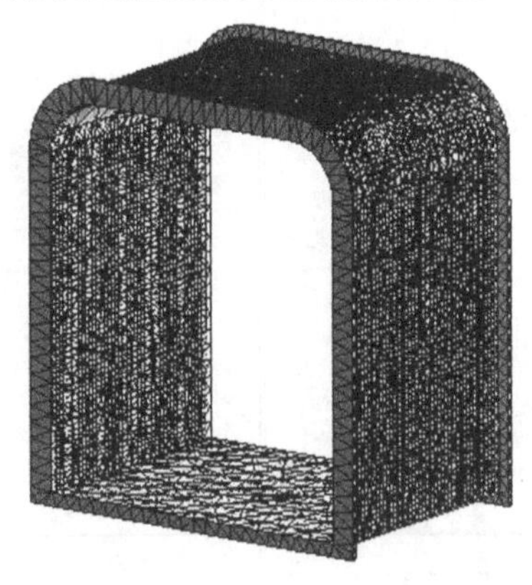

图 4-10 泡沫铝夹芯结构舱体网格划分

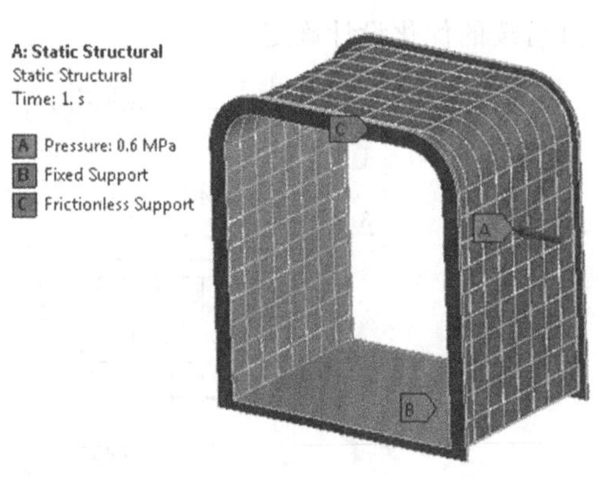

图 4-11 泡沫铝夹芯结构舱体的约束和载荷

(3) 计算求解:在后处理器中添加最大等效应力和整体变形及模型整体质量计算选项。

计算结束后将上述三个选项的最大值标记为输出设计参数以备下文多目标优化设计使用。

4.3.3 泡沫铝夹芯结构矿用救生舱舱体多目标优化设计

4.3.3.1 设计变量、约束条件及目标函数的确定

优化时以泡沫铝夹芯结构舱体的最大等效应力 P_7、最大变形 P_8 及质量 P_6 最小为目标，以外板厚度 P_1、内板厚度 P_2，纵向加强筋的一半宽度 P_4、泡沫铝厚度 P_5 以及横向加强筋宽度 P_9 为设计参数。所以优化设计中各参数设置如表 4-3 所示。

表 4-3 参数设置

设计变量	设计范围	目标函数	设计范围
外板厚度 P_1	1～8 mm	质量目标 P_6	≤1 014.2 kg
内板厚度 P_2	1～8 mm	最大等效应力目标 P_7	<242.32 MPa
泡沫铝厚度 P_5	20～50 mm	最大变形目标 P_8	<1.633 5 mm
纵向加强筋的一半宽度 P_4	1～8 mm	横向加强筋宽度 P_9	1～8 mm

多目标优化问题的数学模型为：

$$\min F(P)=[f_1(P),f_2(P),f_3(P)]^{\mathrm{T}}$$
$$\text{s.t.}\begin{cases}f_1\leqslant 1\,014.2;f_2(P)<242.32;f_3(P)<1.633\,5\\P=[P_1,P_2,P_4,P_5,P_9]^{\mathrm{T}}\\1\leqslant P_1\leqslant 8;1\leqslant P_2\leqslant 8;1\leqslant P_4\leqslant 8;20\leqslant P_5\leqslant 50;1\leqslant P_9\leqslant 8\end{cases}\tag{4-1}$$

式中，$f_1(P)$为质量目标函数，$f_2(P)$为最大等效应力目标函数，$f_3(P)$为最大变形目标函数；P_1,P_2,P_4,P_5,P_9 为设计变量。

4.3.3.2 利用 DOE 方法生成设计点

按照各参数的设计范围利用 ANSYS Workbench 优化设计模块中的 DOE 中心组合法生成 300 个设计计算点。矿用救生舱是一种安全保障设备，因此其安全性尤为重要，质量次之，所以设置最大等效应力目标和最大变形目标的重要性为 Higher，以质量目标为 Lower 自适应多目标优化方法求解。

各设计计算点和模型的最大质量、最大等效应力和最大变形之间的关系如图 4-12 所示，各个图中的虚线为设置的约束条件。由图可见泡沫铝夹芯结构救生舱舱体的质量、最大等效应力和最大变形与这 300 个设计计算点的关系。由图可知三个设计目标函数的绝大部分数据点均位于限制条件的下侧，说明三个目标函数的绝大部分计算点是满足设计要求的，因此该优化设计能够取得最优解。

设计点与外板的厚度 P_1、内板的厚度 P_2、纵向加强筋的一半宽度 P_4、泡沫铝夹芯板的厚度 P_5 和横向加强筋的宽度 P_9 之间的关系如图 4-13 所示。在 5 个图中可以很清楚地看出泡沫铝夹芯结构救生舱舱体的 5 个设计变量与 300 个设计点的关系曲线，为下一步的优化分析提供了直观的参考。

4.3.3.3 响应曲面分析

泡沫铝夹芯结构矿用型救生舱舱体的 3 个目标函数响应曲面拟合结果如图 4-14 所示。

由图 4-14 可见，三个目标函数的所有计算点均位于拟合曲线上或是周围，而没有出现偏离现象，同时拟合曲线位于图像的正对角线上，这说明拟合的结果总体精度已经非常好，并且

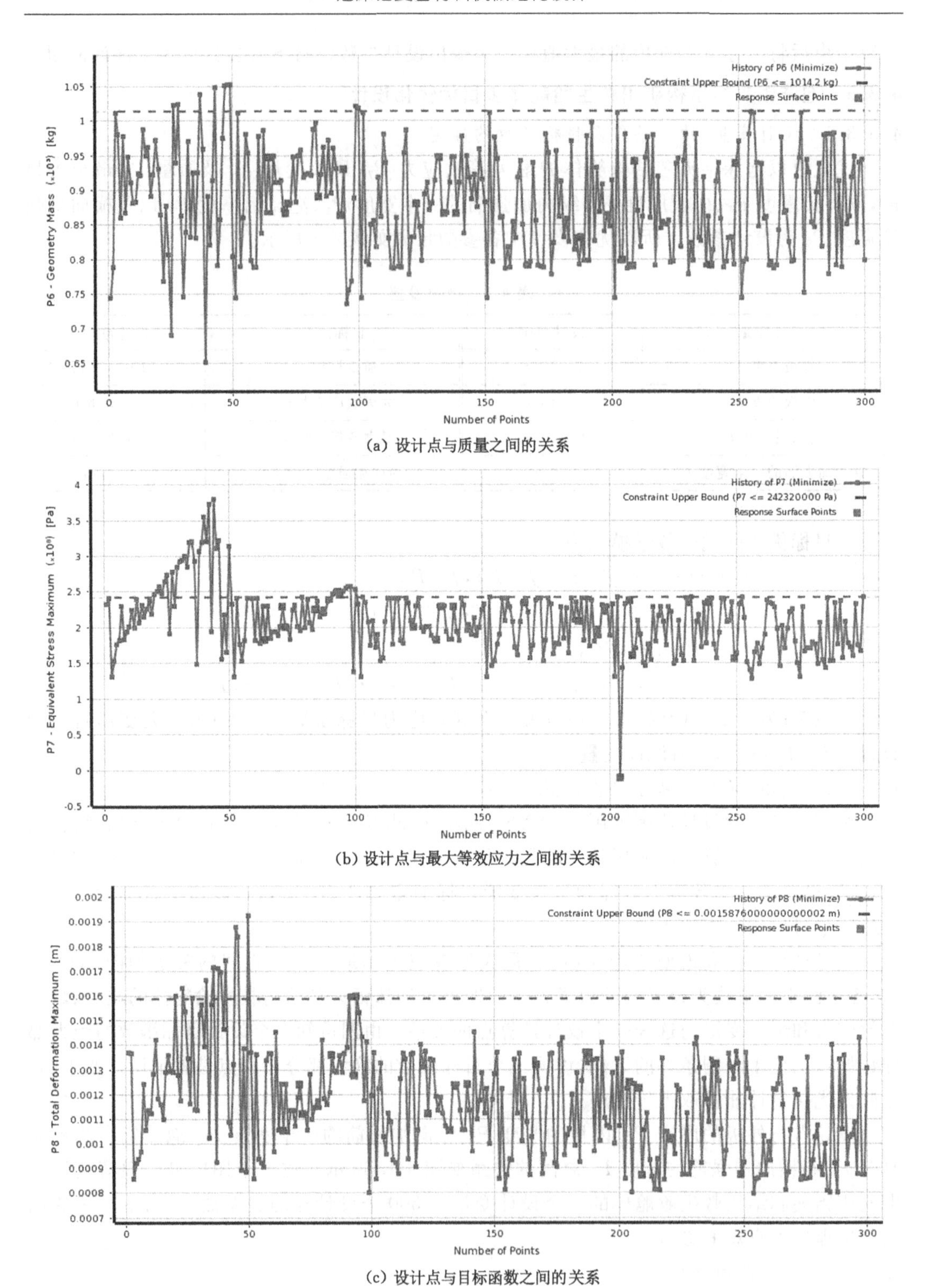

(a) 设计点与质量之间的关系

(b) 设计点与最大等效应力之间的关系

(c) 设计点与目标函数之间的关系

图 4-12 设计点与目标函数之间的关系

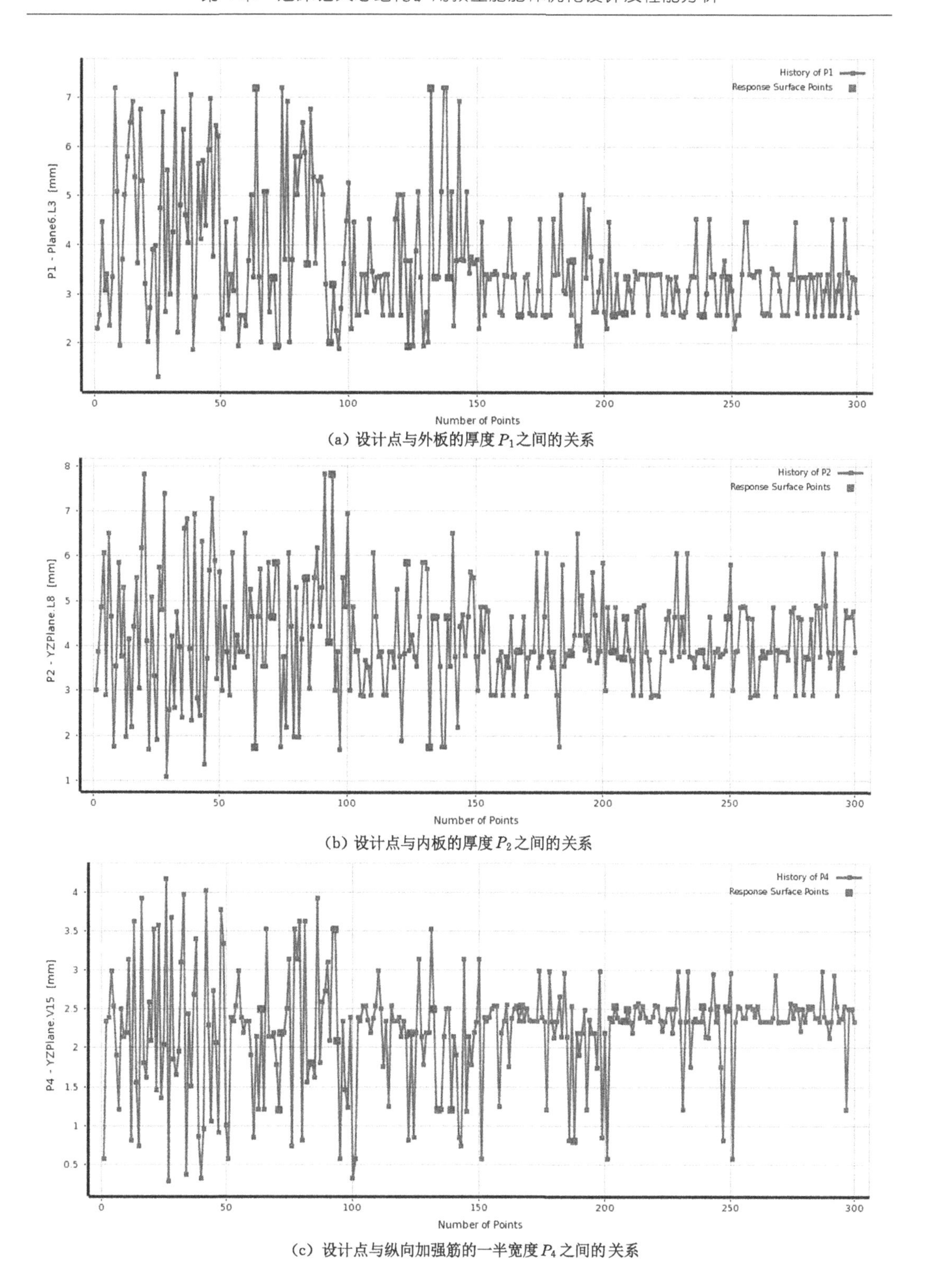

(a) 设计点与外板的厚度 P_1 之间的关系

(b) 设计点与内板的厚度 P_2 之间的关系

(c) 设计点与纵向加强筋的一半宽度 P_4 之间的关系

图 4-13　设计点与设计变量之间的关系

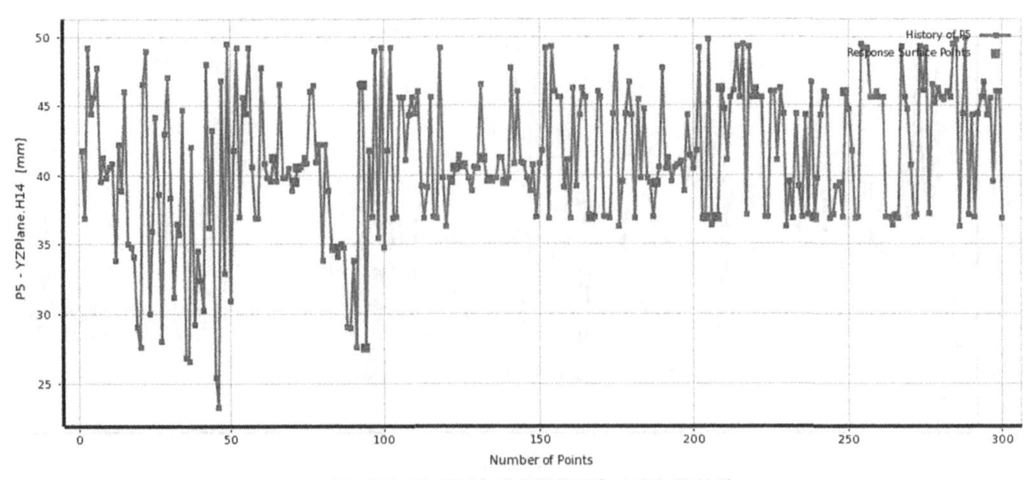

(d) 设计点与泡沫铝夹芯板的厚度P_5之间的关系

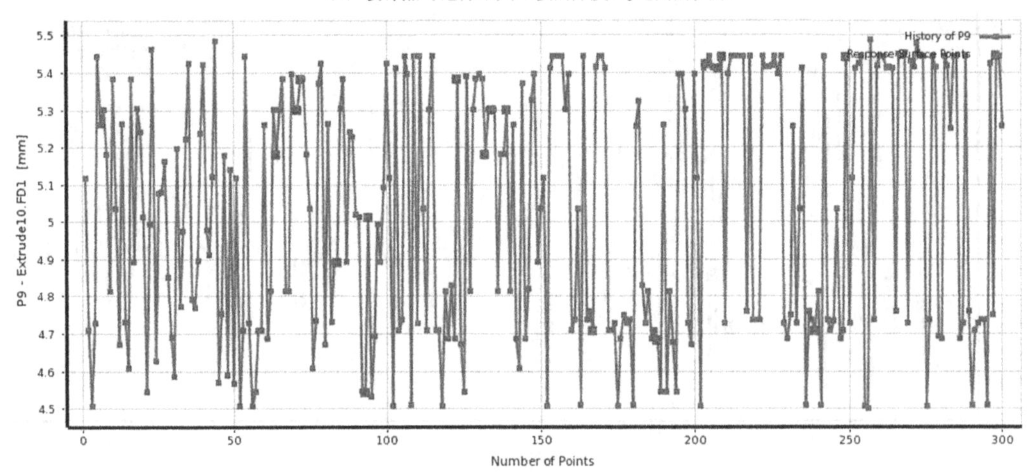

(e) 设计点与横向加强筋的宽度P_9之间的关系

图 4-13(续)

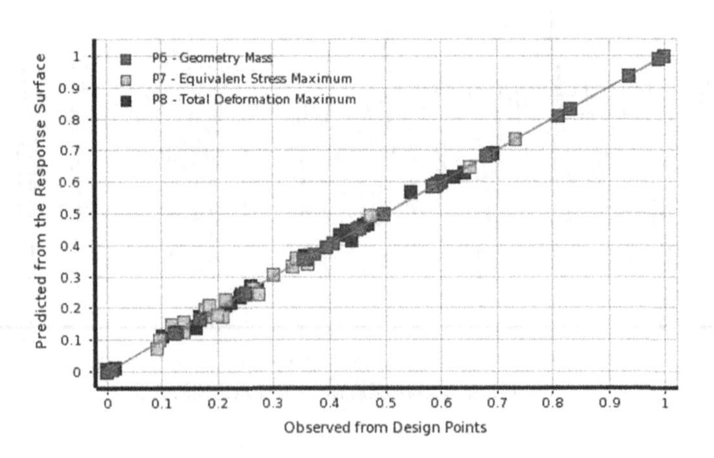

图 4-14 3 个目标函数拟合图

没有出现过拟合现象，证明拟合的结果能够真实有效地反映出各个设计变量与目标函数的关系。利用软件自带的拟合评估功能提取出拟合结果的具体参数，如表 4-4 所示。由表 4-4 可知，3 个目标函数的确定系数大小均为 1，调整确定系数大小均为 0，而均方差分别为 8.4976×10^{-4}、6.5855×10^{-6}、2.0206×10^{-5}，这也从评估数据方面证明拟合结果准确有效。

表 4-4　拟合量值表

目标函数	确定系数 $R^2/\%$	调整确定系数 $R_a^2/\%$	均方差 σ_{RMSE}
质量	1	0	8.497 6E−04
最大等效应力	1	0	6.585 5E−06
最大变形量	1	0	2.020 6E−05

图 4-15 至图 4-17 为利用克里格方法获得的设计变量与目标函数的 3D 响应面，其中 Z 轴为 3 个目标函数中其中一个目标函数，X 和 Y 轴为 5 个设计变量的任意两个组合。

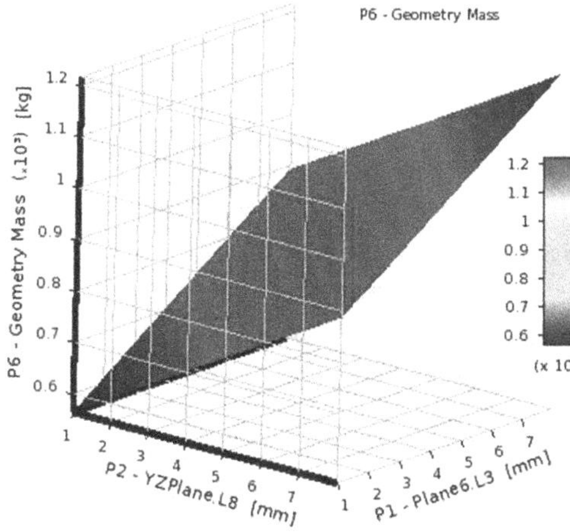

(a) 质量与 P_1 和 P_2 之间的 3D 响应面

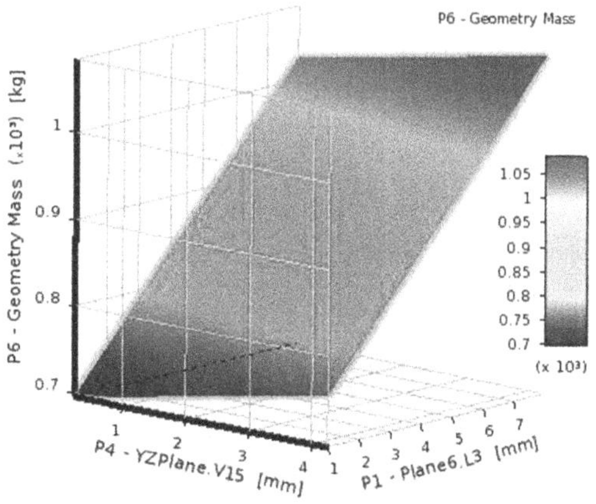

(b) 质量与 P_1 和 P_4 之间的 3D 响应面

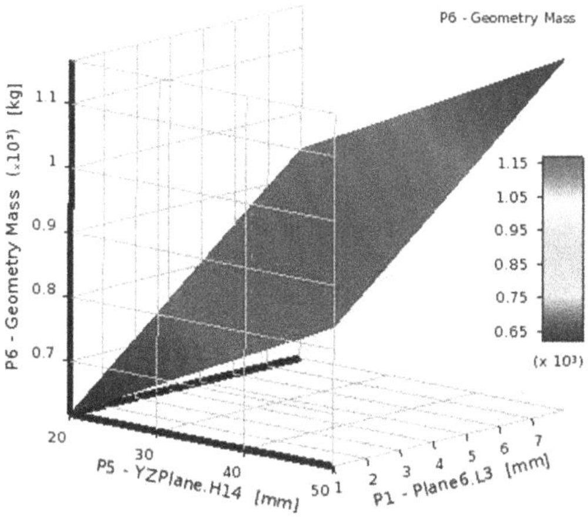

(c) 质量与 P_1 和 P_5 之间的 3D 响应面

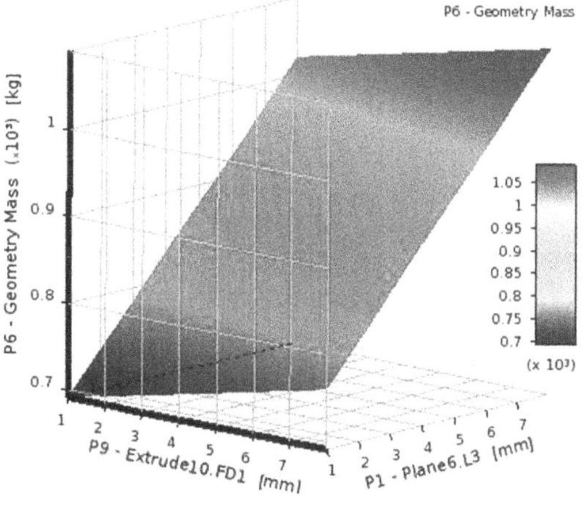

(d) 质量与 P_1 和 P_9 之间的 3D 响应面

图 4-15　质量与两个变量之间的 3D 响应面

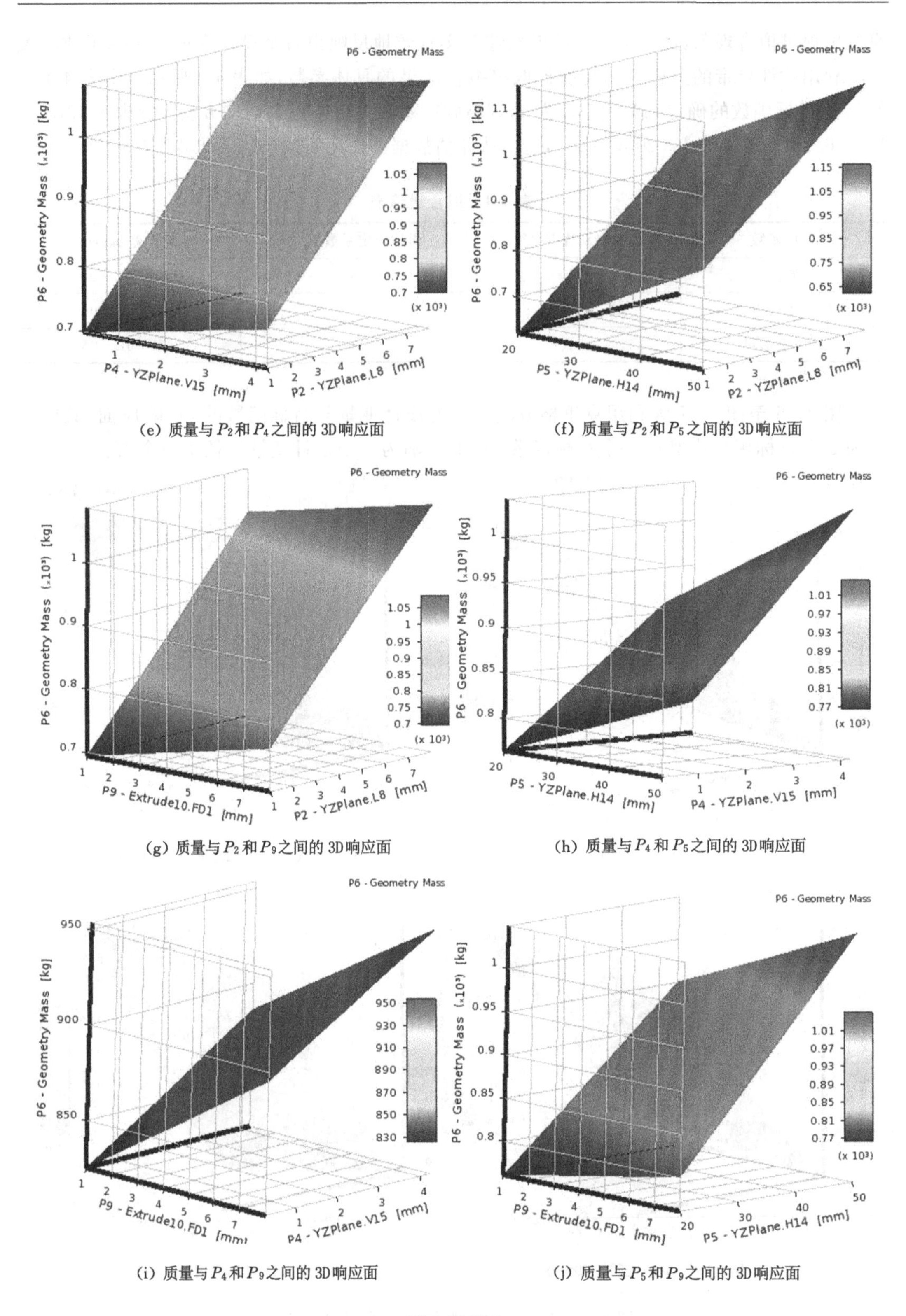

(e) 质量与P_2和P_4之间的 3D 响应面

(f) 质量与P_2和P_5之间的 3D 响应面

(g) 质量与P_2和P_9之间的 3D 响应面

(h) 质量与P_4和P_5之间的 3D 响应面

(i) 质量与P_4和P_9之间的 3D 响应面

(j) 质量与P_5和P_9之间的 3D 响应面

图 4-15(续)

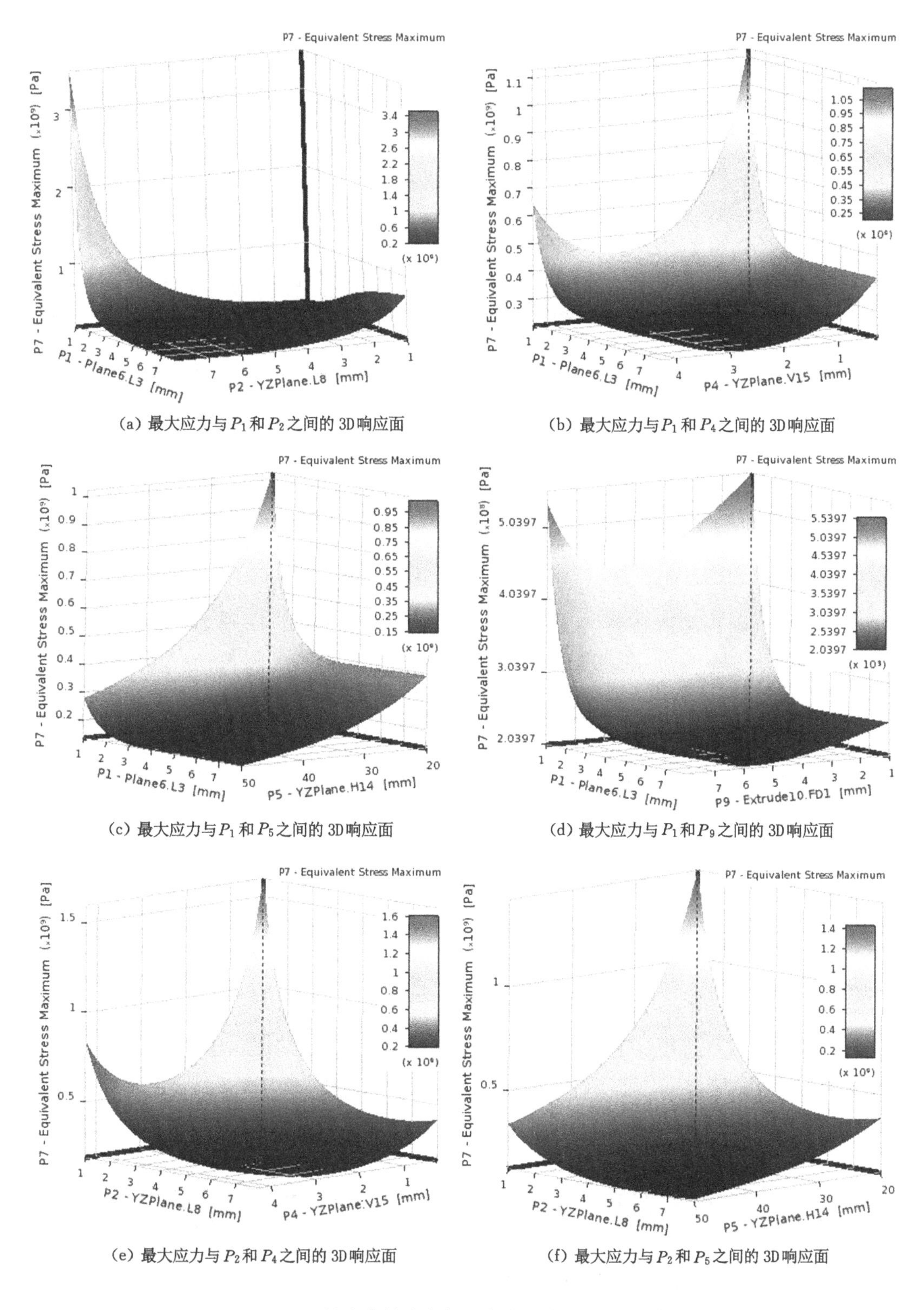

(a) 最大应力与 P_1 和 P_2 之间的 3D 响应面

(b) 最大应力与 P_1 和 P_4 之间的 3D 响应面

(c) 最大应力与 P_1 和 P_5 之间的 3D 响应面

(d) 最大应力与 P_1 和 P_9 之间的 3D 响应面

(e) 最大应力与 P_2 和 P_4 之间的 3D 响应面

(f) 最大应力与 P_2 和 P_5 之间的 3D 响应面

图 4-16　最大等效应力与两个变量之间的 3D 响应面

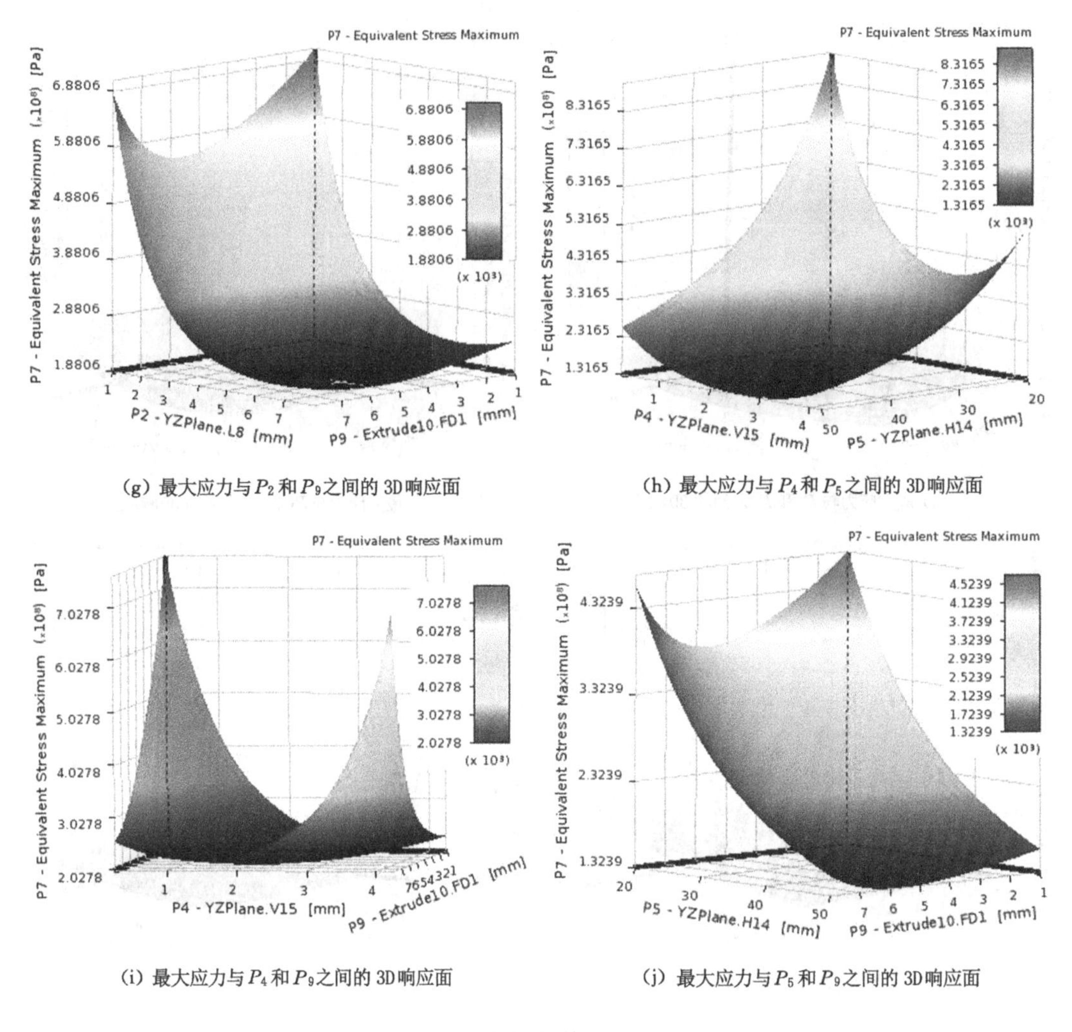

(g) 最大应力与P_2和P_9之间的3D响应面

(h) 最大应力与P_4和P_5之间的3D响应面

(i) 最大应力与P_4和P_9之间的3D响应面

(j) 最大应力与P_5和P_9之间的3D响应面

图 4-16(续)

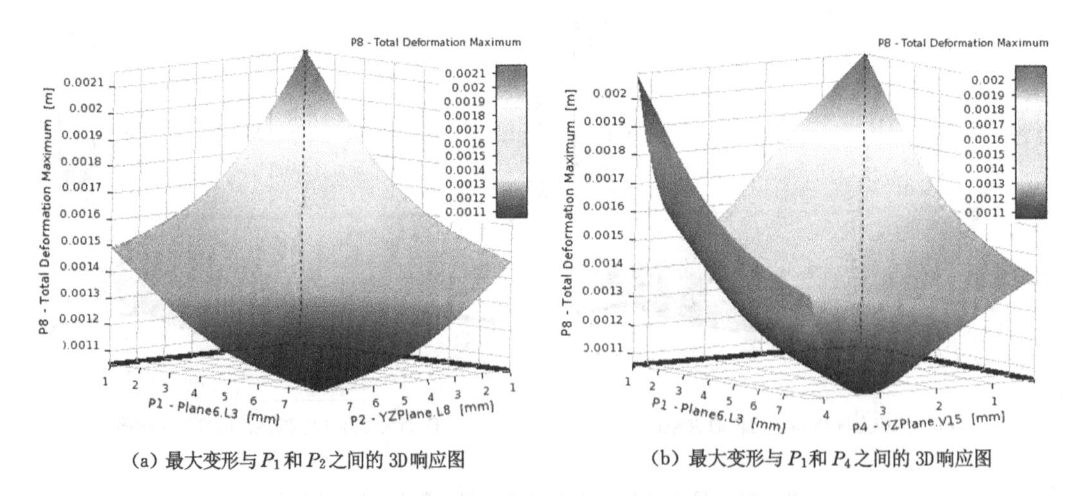

(a) 最大变形与P_1和P_2之间的3D响应图

(b) 最大变形与P_1和P_4之间的3D响应图

图 4-17　最大变形与两个设计变量之间的 3D 响应面

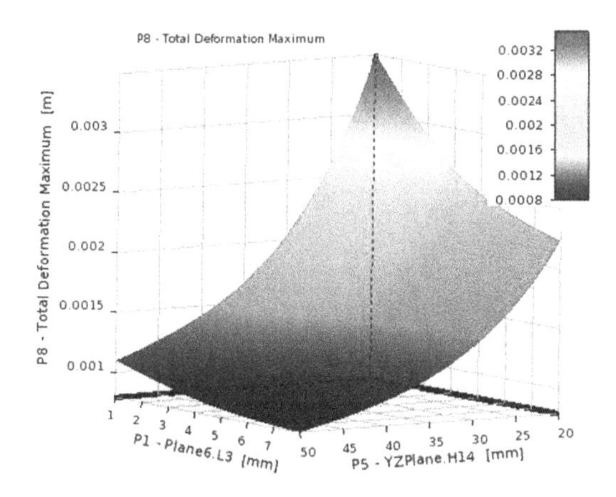

(c) 最大变形与 P_1 和 P_5 之间的 3D 响应图

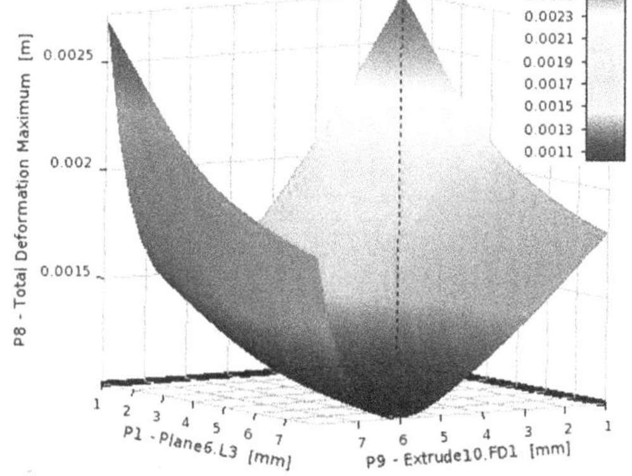

(d) 最大变形与 P_1 和 P_9 之间的 3D 响应图

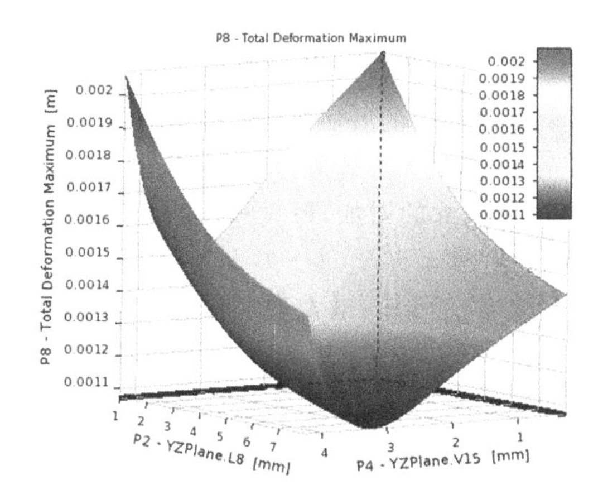

(e) 最大变形与 P_2 和 P_4 之间的 3D 响应图

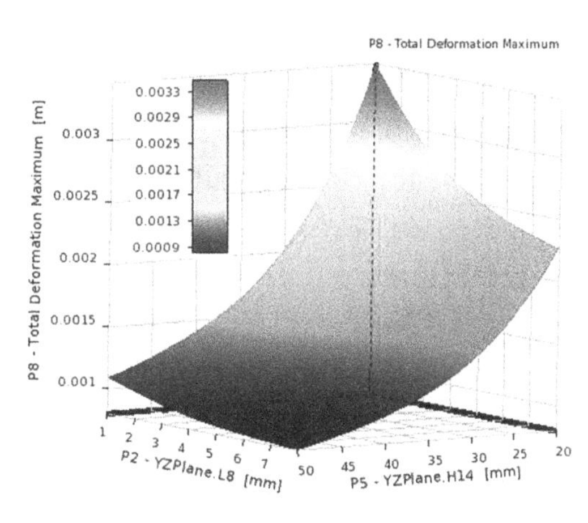

(f) 最大变形与 P_2 和 P_5 之间的 3D 响应图

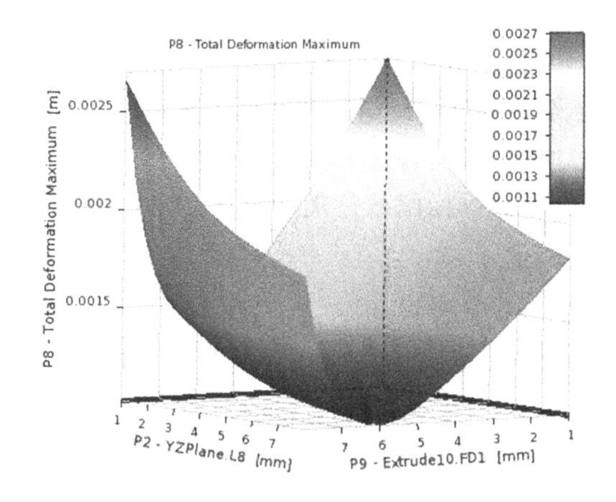

(g) 最大变形与 P_2 和 P_9 之间的 3D 响应图

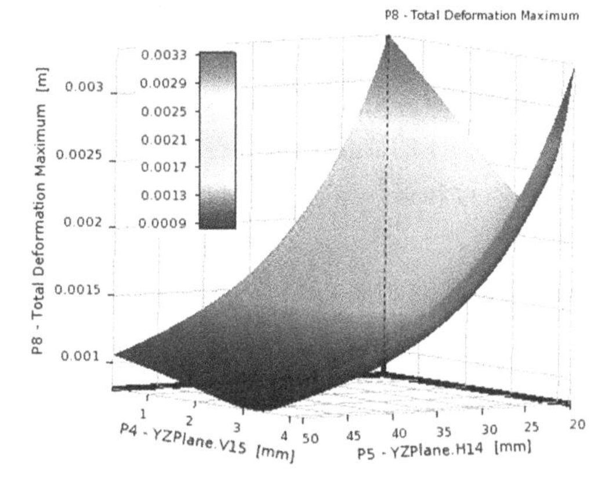

(h) 最大变形与 P_4 和 P_5 之间的 3D 响应图

图 4-17(续)

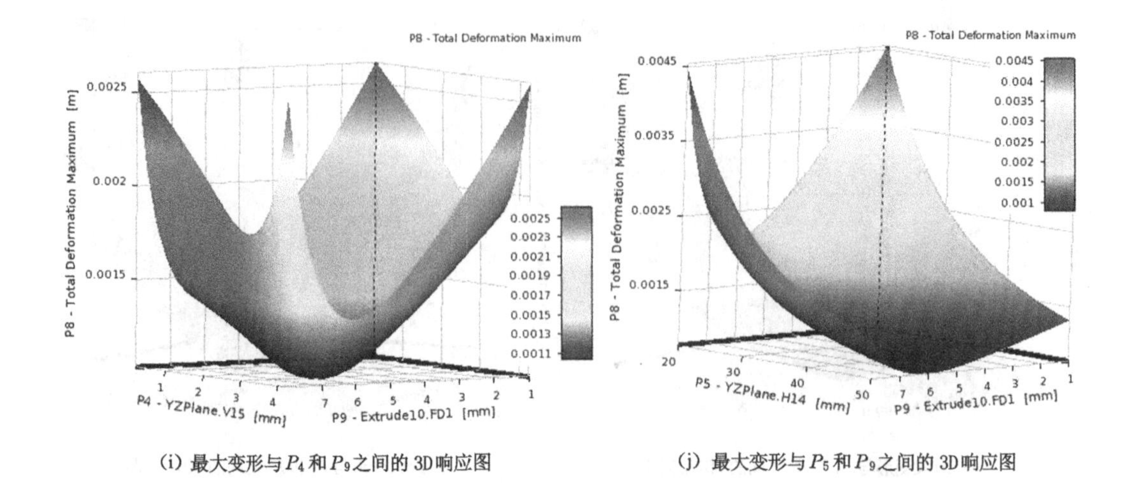

(i) 最大变形与P_4和P_9之间的3D响应图

(j) 最大变形与P_5和P_9之间的3D响应图

图 4-17(续)

由图 4-15 可知,质量目标函数是伴随着各设计变量大小的增加而线性增大的。

由图 4-16(a)(c)(f)可知,随着两个变量尺寸的增加,最大等效应力值呈持续减少趋势。由图 4-16(b)(d)(e)(g)(h)(i)(k)可知,随着两个变量尺寸的增加,最大等效应力值减少到一定的数值后增加。

由图 4-17(a)(c)(f)可知,随着两个设计变量大小的增加,最大变形量持续减小。由图 4-17(b)(d)(e)(g)(h)(i)和(k)可知,随着两个设计变量大小的增加,最大变形值减少到一定的数值后开始增加。

4.3.3.4　灵敏度分析

利用软件进行整体灵敏度分析得出P_1、P_2、P_4、P_5、P_9对 3 个目标函数的灵敏度如图 4-18 所示。由图可知,外板的厚度P_1、内板的厚度P_2和泡沫铝夹芯板的厚度P_5对质量目标函数的影响相对较大,而两个加强筋的宽度P_4和P_9对质量目标函数的影响程度相对较小。内板的厚度P_2为影响舱体最大等效应力大小的关键因素。泡沫铝夹芯板的厚度P_5是影响舱体最大等效变形量大小的关键因素。各设计变量对质量目标函数的灵敏度均为正值说明各舱体的质量是随着各设计变量的变大而增加的,而各设计变量对舱体最大等效应力目标函数和最大等效变形目标函数是负值,说明两个目标函数是随着设计变量的增加而减小的。

4.3.3.5　优化结果与分析

优化计算后得到 3 个候选样本点如图 4-19 所示,结合常用钢板标准对各变量进行圆整后各方案中参数具体数值如表 4-5 所示。

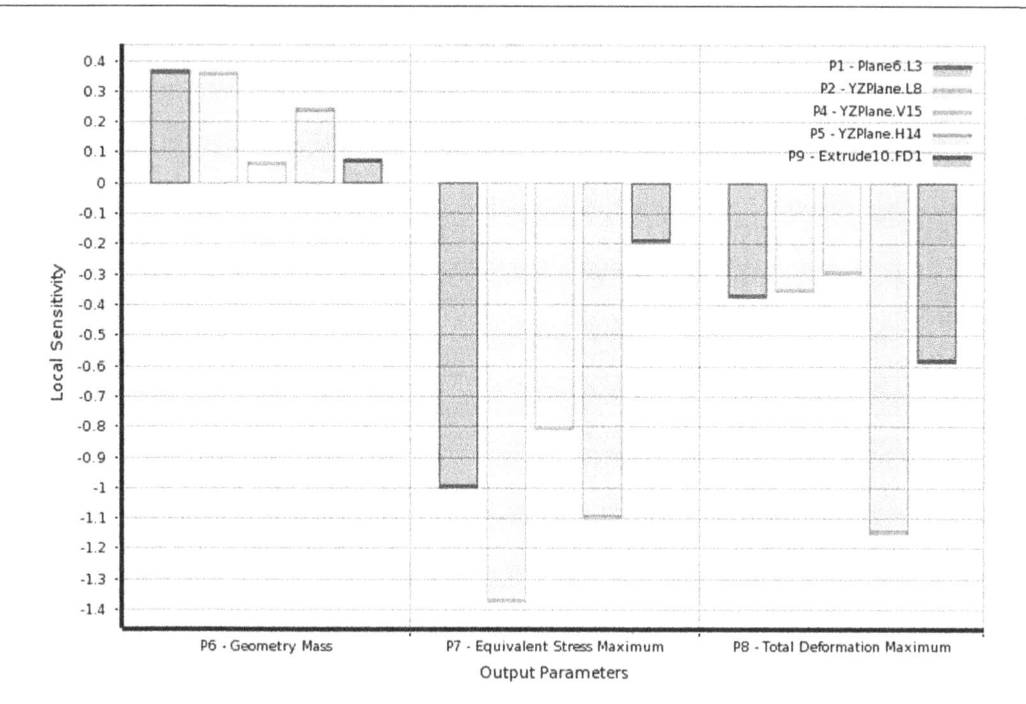

图 4-18　整体灵敏度图

10		Candidate Point 1	Candidate Point 2	Candidate Point 3
11	P1 - Plane6.L3 (mm)	3.415	4.465	3.345
12	P2 - YZPlane.L8 (mm)	4.8683	4.8631	4.6048
13	P4 - YZPlane.V15 (mm)	2.3952	2.3935	2.5091
14	P5 - YZPlane.H14 (mm)	49.826	49.19	46.076
15	P9 - Extrude10.FD1 (mm)	5.4456	4.5011	5.4203
16	P6 - Geometry Mass (kg)	980.43	1012.1	938.21
17	P7 - Equivalent Stress Maximum (Pa)	1.4302E+08	1.2872E+08	1.4956E+08
18	P8 - Total Deformation Maximum (m)	0.00080166	0.00085923	0.00087478

图 4-19　候选方案图

表 4-5　优化结果

变量		P_1/mm	P_2/mm	P_4/mm	P_5/mm	P_9/mm
候选方案 1	优化结果	3.415	4.868	2.395 2	49.826	5.446
	圆整结果	3.5	5	2.5	50	5.5
候选方案 2	优化结果	4.465	4.863 1	2.393 5	49.19	4.501 1
	圆整结果	4.5	5	2.5	50	4.5
候选方案 3	优化结果	3.345	4.604 8	2.509 1	46.076	5.420 3
	圆整结果	3.5	4.6	2.5	46	5.5

利用表 4-5 中数据重新建立各候选方案的舱体模型并进行静态特性分析，结果如表 4-6 所示。由于矿用救生舱是生命安全保障设备，其安全性是最重要的性能指标，为此选取最大等效应力和最大变形减小量最大的方案 1 为最优方案。

表 4-6 结果对比

目标		质量/kg	最大等效应力/MPa	最大变形/mm
原型救生舱舱体		1 014.2	242.32	1.633 5
候选方案 1	优化后	984.87	139.62	0.777 1
	变化量	−29.33	−102.7	−0.856 4
	变化率	−2.89%	−42.38%	−52.42%
候选方案 2	优化后	1 028.3	141.19	0.856 7
	变化量	14.1	−101.13	−0.776 8
	变化率	1.39%	−41.73%	−47.55%
候选方案 3	优化后	953.28	165.62	0.888 4
	变化量	−60.92	−76.7	−0.745 1
	变化率	−6%	−31.65%	−45.61%

最优参数舱体的等效应力云图和等效变形云图分别如图 4-20 和图 4-21 所示。由图 4-20 可知,泡沫铝夹芯结构舱体的最大等效应力为 139.62 MPa,出现位置为舱体侧板与法兰连接处。从整体上来看,泡沫铝夹芯结构矿用救生舱舱体的应力分布较均匀,没有出现局部应力激增的情况。模型中的泡沫铝夹芯板的应力大小为 5 MPa 左右,两种材料均超过材料的许用强度,因此结构安全。由图 4-21 可知,舱体的最大等效变形为 0.777 1 mm,出现位置位于各个面的中心,其舱体侧壁和顶板变形形式均是圆矩形辐射状,这与原型舱体的形式相同。

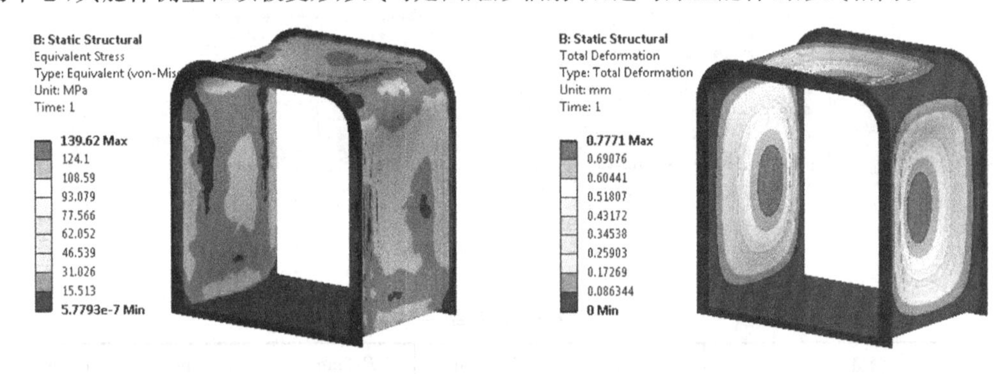

图 4-20 优化后的等效应力云图　　　图 4-21 优化后的变形云图

由表 4-6 可知,相较于原型舱体,最优参数的泡沫铝夹芯结构舱体的质量减小了 2.89%,最大等效应力减小了 42.38%,最大变形减小了 52.42%。这说明泡沫铝夹芯结构舱体的静态特性得到了大幅度提高,进而提高了其安全性;此外,泡沫铝夹芯结构舱体的质量小于原型,这对于降低矿用救生舱的运输成本和提高其救援时的移动便捷性和快速性具有重要意义。

4.4 矿用救生舱舱体动态特性有限元仿真分析

4.4.1 矿用救生舱舱体有限元模态分析

4.4.1.1 矿用救生舱舱体模态分析主要步骤

模态分析时采用前述舱体静态特性分析时的三维模型,且两种舱体的材料属性和网格划分也同静态特性分析。利用 Block Lanczos(分块兰乔斯)法求解得到两种舱体的前四阶模态固有频率和振型,求解类型均为整体变形量。

4.4.1.2　仿真结果与分析

得到的两种舱体的前四阶模态分别如图 4-22 和图 4-23 所示,其中的主要数据如表 4-7 所示。

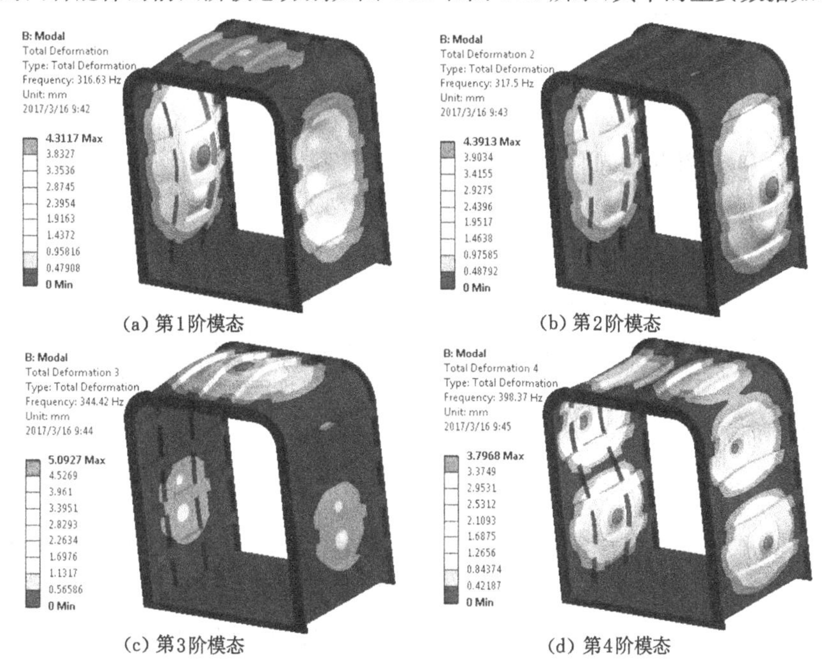

(a) 第1阶模态　(b) 第2阶模态

(c) 第3阶模态　(d) 第4阶模态

图 4-22　原型矿用救生舱舱体的前四阶振型

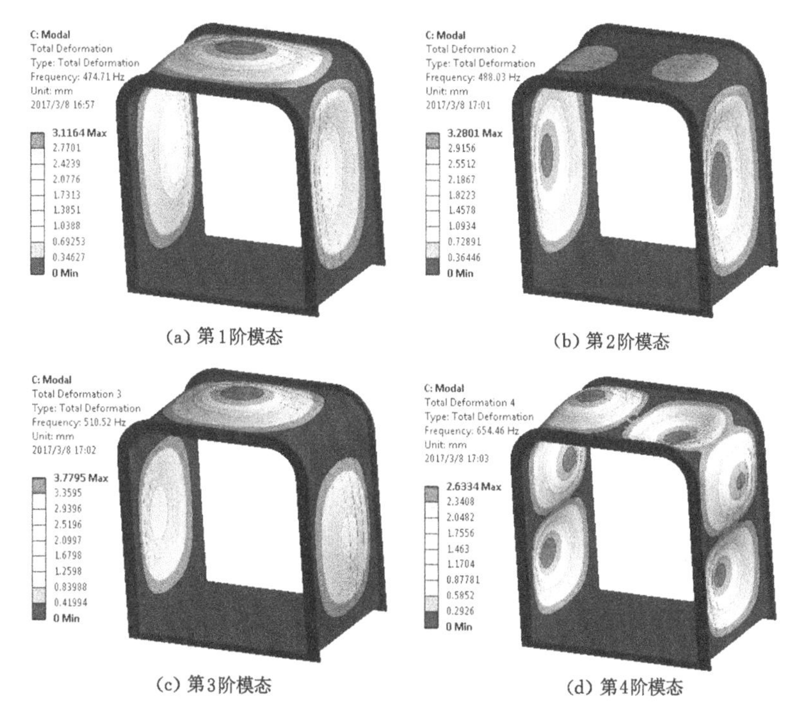

(a) 第1阶模态　(b) 第2阶模态

(c) 第3阶模态　(d) 第4阶模态

图 4-23　泡沫铝夹芯结构舱体的前四阶振型

表 4-7　两种舱体各阶模态固有频率对比

阶数	原型矿用救生舱舱体/Hz	泡沫铝夹芯结构矿用救生舱舱体/Hz	变化率/%
1	316.63	474.71	+49.93
2	317.50	488.03	+53.71
3	344.42	510.52	+48.23
4	398.37	654.46	+64.28

由表 4-7 可知，泡沫铝夹芯结构舱体的前四阶模态的固有频率均较原型舱体有较大的提高，其中最小提高幅度为 48.23%，最大提高幅度为 64.28%。可见泡沫铝夹芯结构舱体具有更好的动态特性。

4.4.2　矿用救生舱舱体有限元谐响应分析

谐响应分析的建模过程以及材料赋予及网格划分同模态分析。在进行谐响应分析之前，必须首先确定随时间按正弦规律变化的载荷情况，也就是确定激振力。一个完整的激振力由幅值、相位角和强迫振动频率组成，即

$$p(t)=p\cos(wt+\varphi) \tag{4-2}$$

式中，p 为激振力幅值；w 为强迫振动频率；φ 为相位角。

对两种结构矿用救生舱舱体作用的激振力来自瓦斯爆炸的压力冲击。在矿用救生舱工作时，瓦斯爆炸的压力冲击大小为 0.6 MPa，相位角近似取为 0，激振力分别施加在舱体的侧面、顶面等裸露部分。结合模态分析时得到的两种舱体的固有频率，设定求解激振力频率变化范围为 0～1 000 Hz，同时设定载荷步为 500。以 ANSYS Workbench 软件中的 Harmonic 模块为分析类型，采用 Full 方法（完全法）进行求解，加载方式为阶跃式。

通过求解得到两种舱体谐振幅值与频率之间的变化关系及其在 X、Y、Z 方向上的幅频曲线分别如图 4-24 至图 4-26 所示。

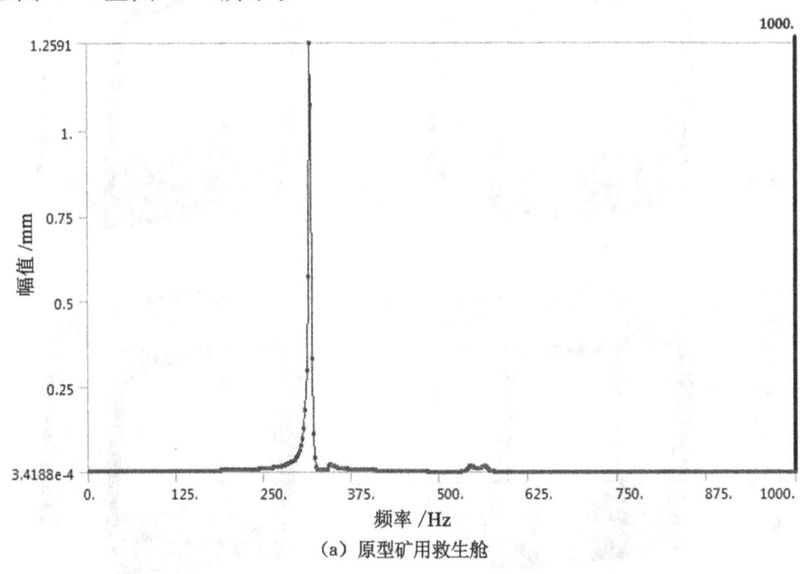

(a) 原型矿用救生舱

图 4-24　两种结构矿用救生舱舱体 X 轴方向频率幅值响应图

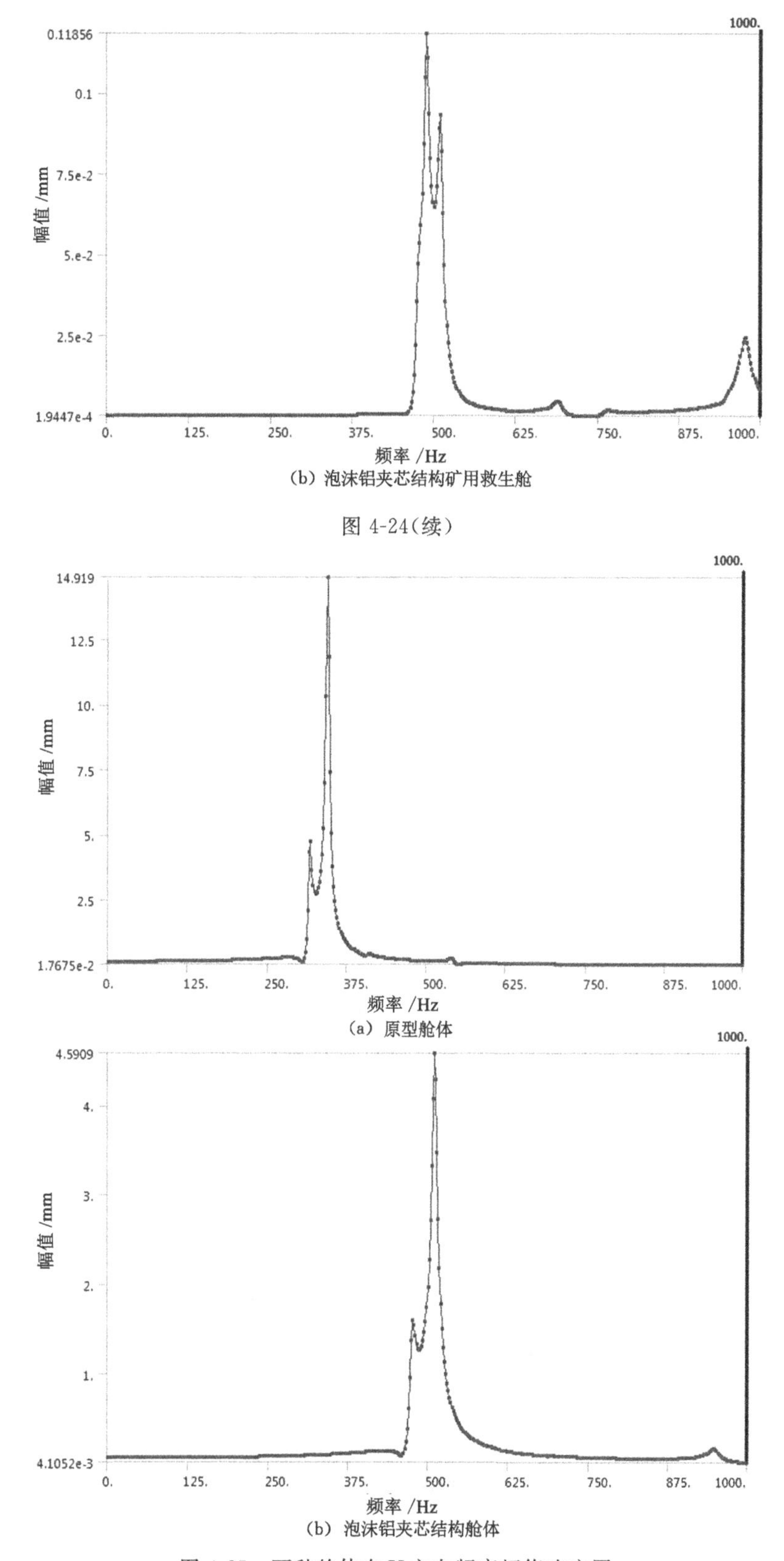

图 4-25　两种舱体在 Y 方向频率幅值响应图

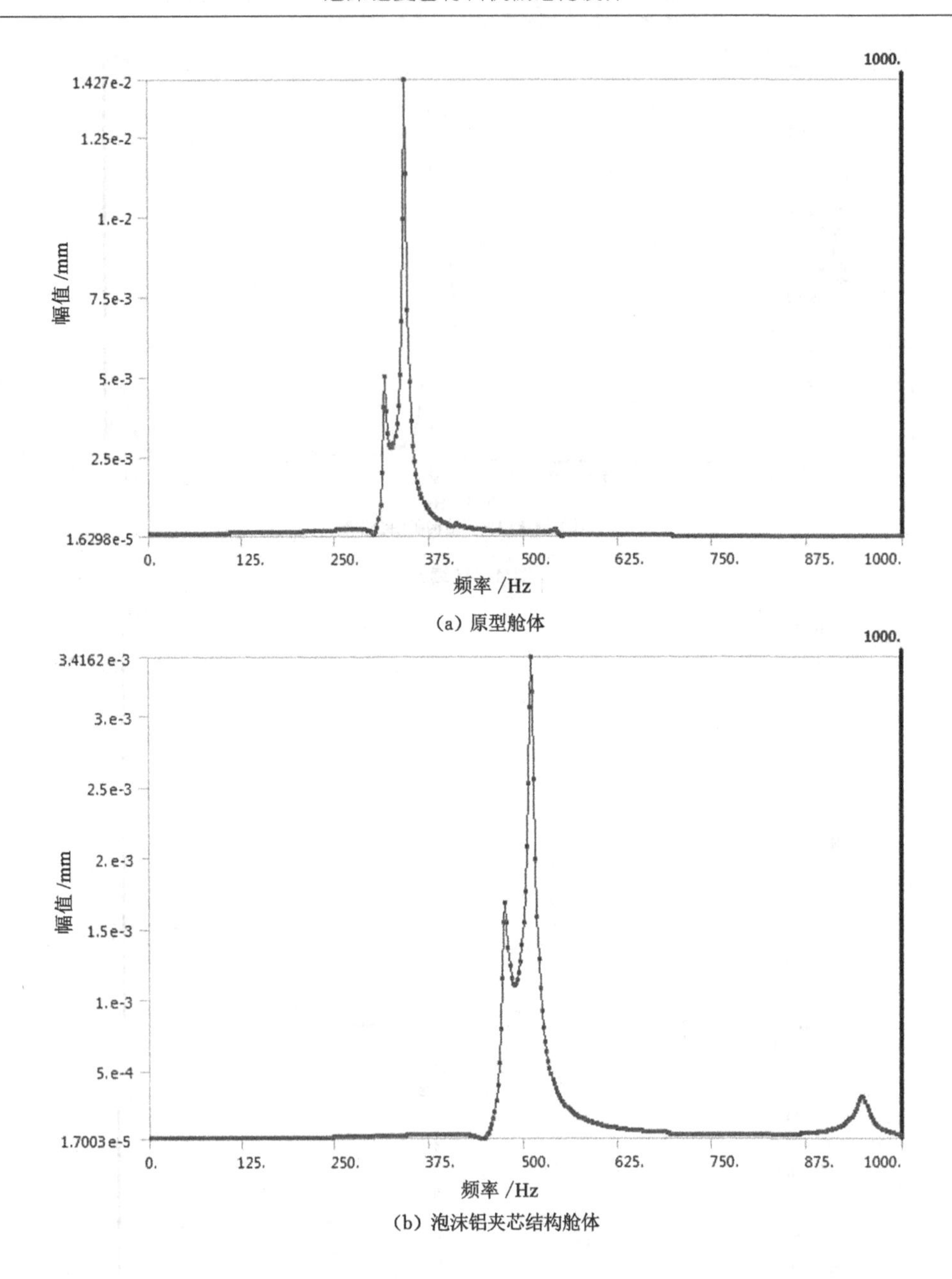

(a) 原型舱体

(b) 泡沫铝夹芯结构舱体

图 4-26 两种结构舱体在 Z 方向频率幅值响应图

为比较分析，将两种舱体在 X、Y 和 Z 轴方向上的最大响应幅值列入表 4-8。

表 4-8 两种舱体最大谐响应幅值比较

对比量数值	X 轴/mm	Y 轴/mm	Z 轴/mm
原型救生舱	1.259 1	14.919	1.427×10^{-2}
泡沫铝夹芯结构救生舱	0.118 56	4.590 9	0.3416×10^{-2}
变化率	−90.58%	−69.23%	−76.06%

由表4-8可知，与原型舱体相比泡沫铝夹芯结构舱体在X、Y、Z三个方向的最大谐响应最大幅值分别降低了90.58%、69.23%和76.06%，证明了泡沫铝夹芯结构舱体对于提升矿用救生舱抗振性的有效性。

4.5　矿用救生舱舱体抗爆炸压力冲击有限元仿真分析

4.5.1　瓦斯爆炸相关理论

4.5.1.1　瓦斯爆炸的冲击波及传播形式

瓦斯爆炸过程具有高放热性、快速性，而且伴随着爆炸进行会生成大量气体产物。瓦斯爆炸的瞬间，形成的高压气体向外扩散，与四周环境有很大的压力差，形成传播面的强间断。瓦斯发生爆炸时，在中心区快速生成高温压力气体并急速向周围膨胀扩散，从而形成剧烈的压力冲击波。爆炸压力冲击波的压力衰减过程如图4-27所示。其主要包括压力激增阶段t_1：环境压力将由标准大气压P_0迅速上升到超压峰值ΔP_1，该时间非常短通常为几毫秒；正压阶段t_2：环境压力由ΔP_1经时间t_2衰减到P_0；负压阶段t_3：环境压力继续衰减到ΔP_2。爆炸冲击破坏主要由正压阶段引起。瓦斯爆炸形成的压力冲击波衰减过程可以利用Baker（贝克）提出的指数函数形式来表达[44]。

$$\Delta P(t)=\Delta P_1\left(1-\frac{t}{t_2}\right)e^{\frac{\alpha t}{t_2}} \tag{4-3}$$

式中，α为衰减函数。

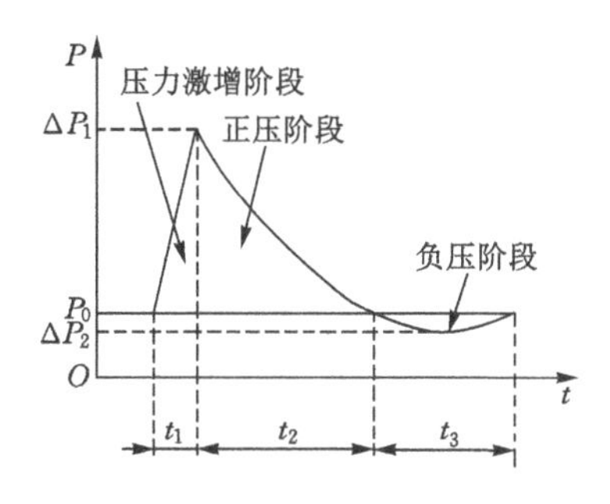

图4-27　爆炸冲击波衰减曲线

超压峰值ΔP_1和正压阶段t_2可按照如下公式计算

$$\Delta P_1=1.316\left(\frac{\sqrt[3]{W}}{R}\right)^3+0.369\left(\frac{\sqrt[3]{W}}{R}\right)^{1.5} \tag{4-4}$$

$$t_2=4\times10^{-4}\Delta P_1^{-0.5}\sqrt{W} \tag{4-5}$$

式中，W为等效TNT（梯恩梯）装药当量；R为爆心到定点的距离。

4.5.1.2　压力冲击波的传播理论

瓦斯爆炸时所形成的压力冲击波在传播途中经常会受到物体或者巷道壁面的阻碍，其就会在障碍物的表面发生反射[45-46]。通常情况下反射压力波的压力大小与入射波的压力大小是不相等，它是与入射压力波的入射角及其压力峰值大小有关的，并且其也与障碍物的表面状态和刚度有关。当爆炸形成的压力冲击波发生反射，且其入射角为直角时，这种反射称为正反射。当发生正反射时，反射冲击波的压力与入射波的压力具有下列关系：

$$\Delta P_{反}=\Delta P_{入}+\frac{6\Delta P_{入}^{2}}{\Delta P_{入}+7P_{0}} \tag{4-6}$$

其中，$\Delta P_{入}$ 为入射超压峰值；$\Delta P_{反}$ 为反射超压峰值；P_0 为标准大气压力值。当入射的冲击压力波较弱时，即 $\Delta P_{入}$ 远小于 P_0 时，则 $\Delta P_{反}$ 近似等于 $2\Delta P_{入}$。可是当入射的冲击压力波比较强时，即 $\Delta P_{入}$ 远大于 P_0 时，则 $\Delta P_{反}$ 近似等于 $8\Delta P_{入}$[46]。上述情况只是基于理论来计算，且认为压力冲击波的压力大小为常值，障碍物的表面是平面。在现实的传播过程中，当入射压力波的压力比较高的时候，反射压力波的压力通常会在入射压力波压力的 8 倍以上，有的时候能达到 10 倍乃至更大。根据上面的分析可知要想依据理论计算得到巷道中压力冲击波的实际压力是比较困难的。

4.5.1.3　瓦斯爆炸压力冲击波的简化模型

通过前述分析可知井下瓦斯爆炸形成的冲击波超压峰值经过反射后的超压峰值大小计算较为困难，但是由相关参考文献[45-46]以及国家相关规定可知，煤矿井下瓦斯爆炸压力冲击波的衰减曲线可以简化成按照线性下降规律的等效三角形压力冲击波衰减曲线，如图 4-28 所示。图中 t_4 为等效超压作用时间。根据国家安全生产相关行业标准的规定，矿用救生舱的抗冲击压力不应低于 0.3 MPa，考虑到矿用救生舱为安全设备应具有较高的安全性，因此其受到的超压峰值大小设为 0.3 MPa×2=0.6 MPa(2 为安全系数[47-50])，同时 t_1 取 2 ms；t_4 应不小于 300 ms，取 300 ms。

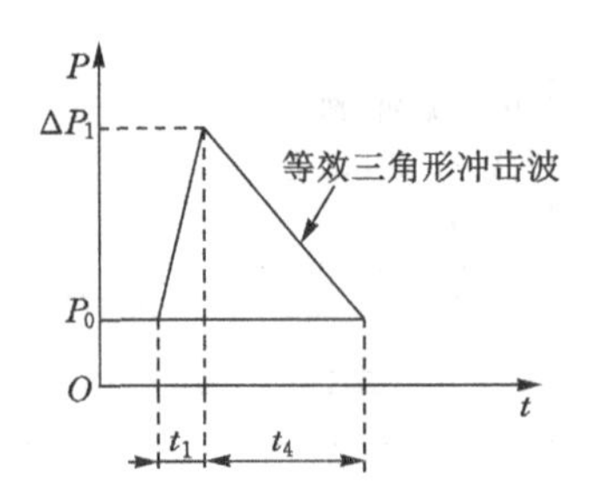

图 4-28　等效三角形冲击波

4.5.2　矿用救生舱舱体瞬态动力学分析

利用 ANSYS Workbench 软件中自带的 DM 模块建立两种舱体的模型，该模块可以避免使用其他 CAD 建模软件建模后导入 ANSYS Workbench 发生模型不完整或者部分失真情况。

由于瞬态分析时包含有非线性因素，即舱体在爆炸冲击载荷下涉及材料的非线性及结构的大变形等因素，因此材料设置时不仅需要定义材料的线性属性，还需要定义材料的非线性属性。网格划分时将 Relevance Center 设置为 Medium，Smoothing 设置为 High；Ttansition 设置为 Slow；Span Angle Center 设置为 Fine。

两种舱体的约束条件同静静态特性分析，载荷设置为前述简化的等效三角形压力波载荷，其中，三角形的最高压力为 0.6 MPa，上升时间为 2 ms，三角形的等效衰减时间为 300 ms。为了能完全反应舱体的整个响应过程，设置 4 ms 的后续计算时间，设置迭代步长为 0.5 ms。

（1）两种结构矿用救生舱舱体的变形仿真分析结果

提取两种舱体在 0.5 ms、1.5 ms、2.5 ms、50 ms、150 ms 及 300 ms 时刻的变形云图及其变形的时间历程曲线如图 4-29 至图 4-32，并将两种舱体的最大变形列入表 4-9。

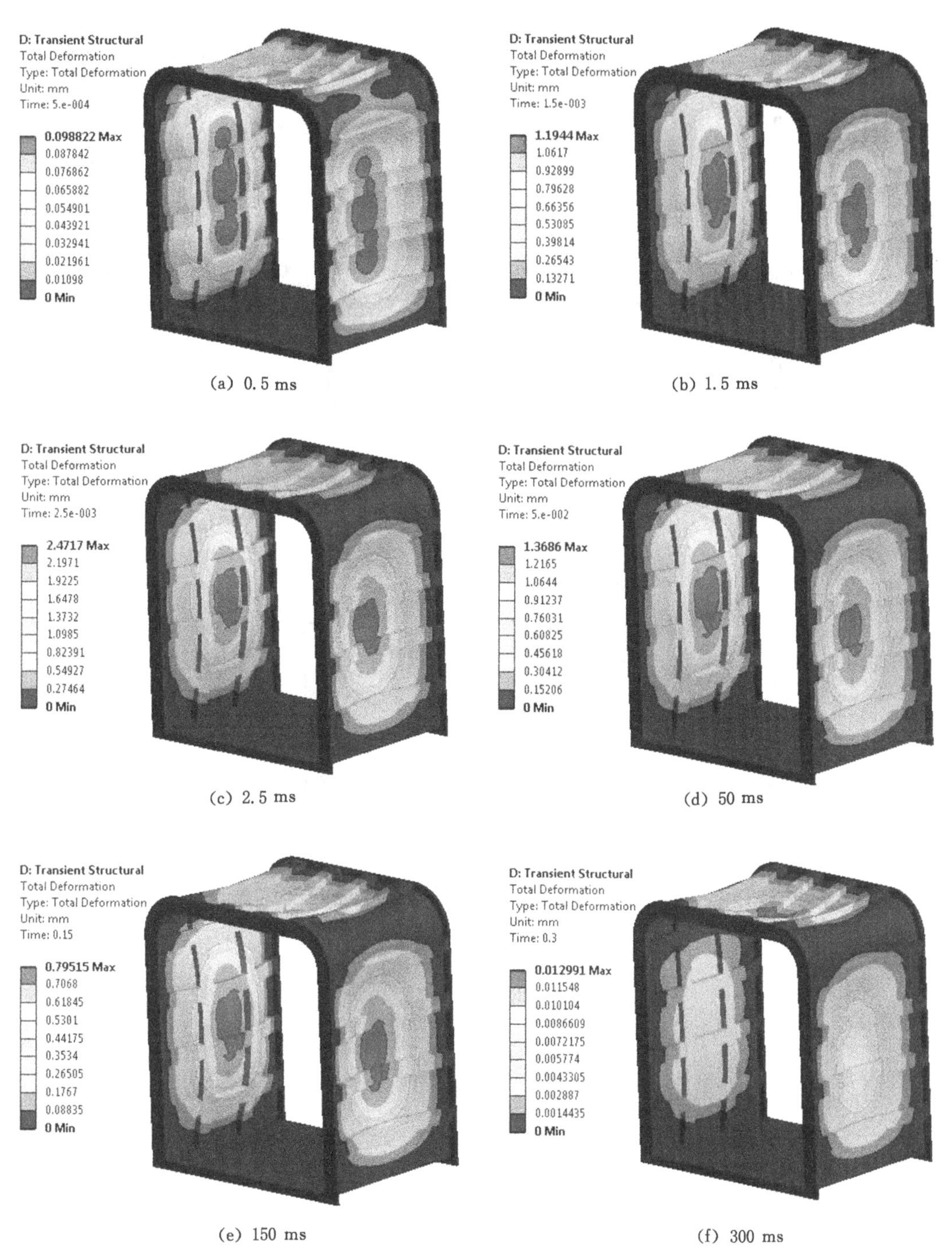

(a) 0.5 ms　(b) 1.5 ms　(c) 2.5 ms　(d) 50 ms　(e) 150 ms　(f) 300 ms

图 4-29　原型矿用救生舱舱体的变形云图

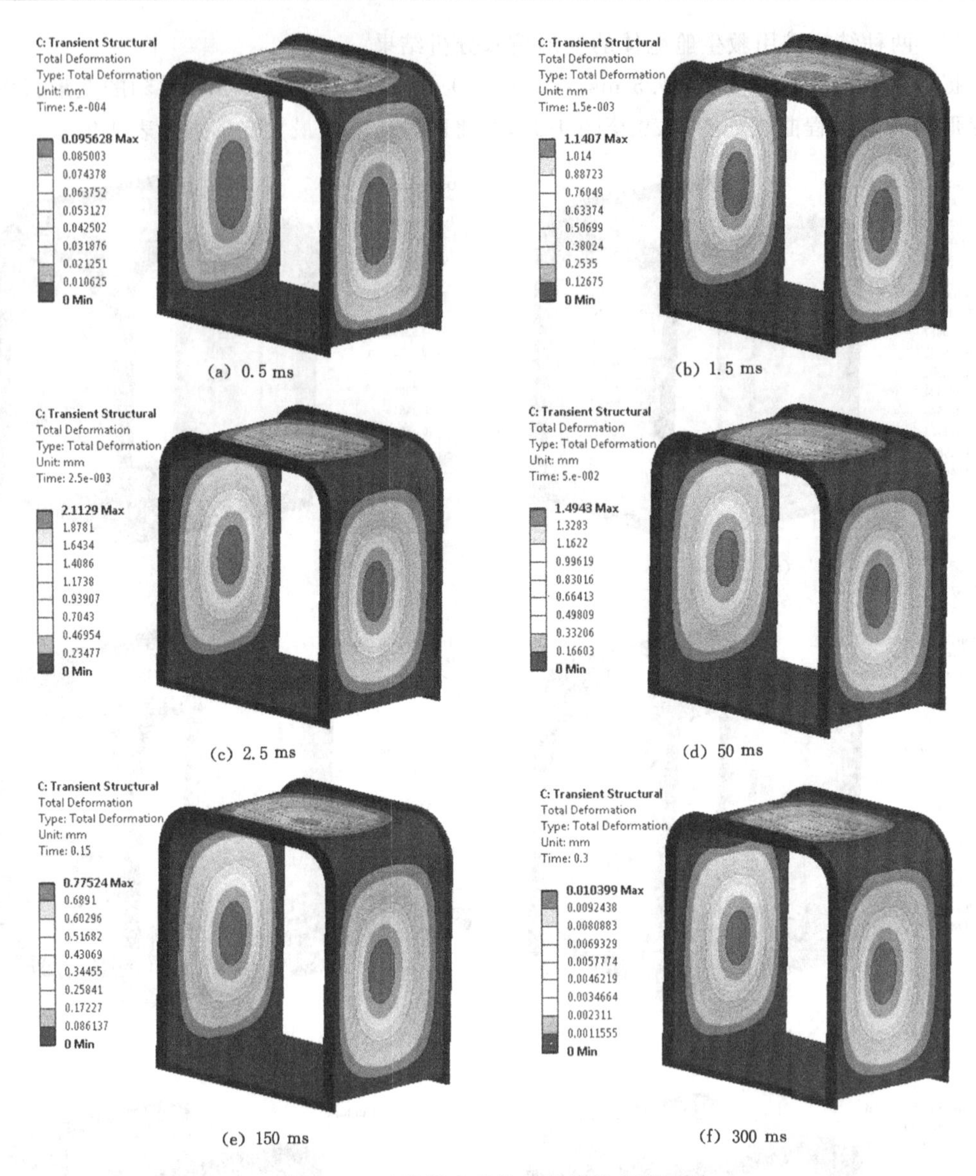

(a) 0.5 ms (b) 1.5 ms

(c) 2.5 ms (d) 50 ms

(e) 150 ms (f) 300 ms

图 4-30 泡沫铝夹芯结构舱体的变形云图

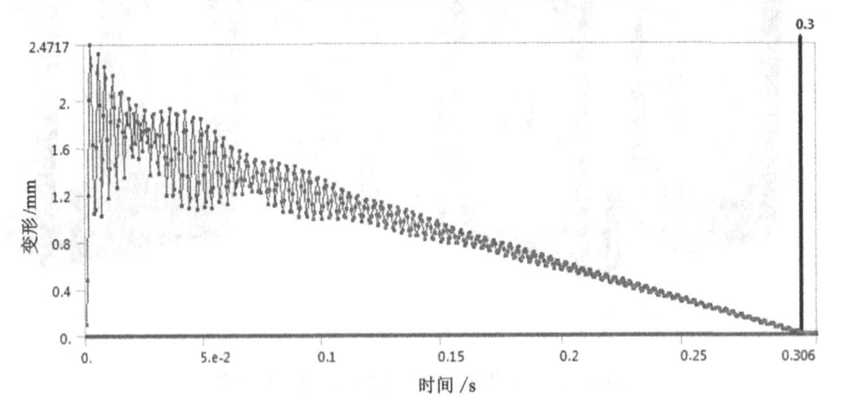

图 4-31 原型舱体的变形历程曲线

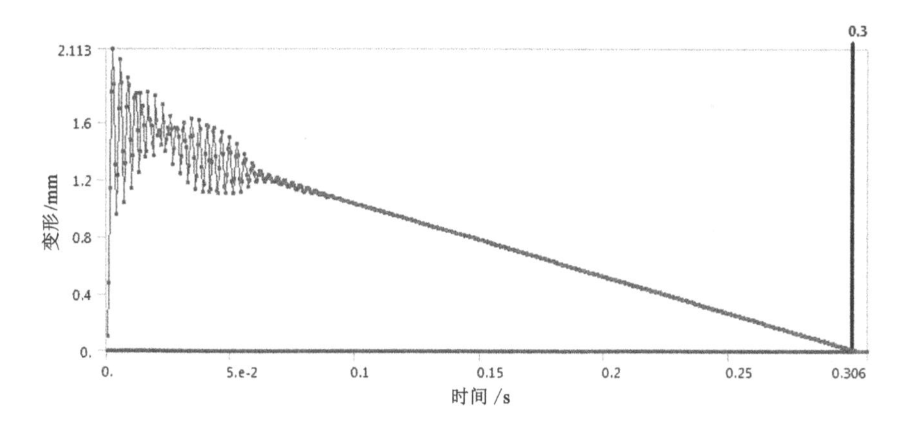

图 4-32　泡沫铝夹芯结构舱体的变形历程曲线

表 4-9　两种舱体在各时刻的最大变形对比

名称	0.5 ms	1.5 ms	2.5 ms	50 ms	150 ms	300 ms
原型舱体最大变形/mm	0.098 8	1.194 4	2.471 7	1.368 6	0.795 1	0.012 9
泡沫铝夹芯结构舱体最大变形/mm	0.095 6	1.140 7	2.112 9	1.494 3	0.775 2	0.010 3

由图 4-29 至图 4-32 和表 4-9 可见：两种结构体舱的最大变形均出现在 2.5 ms，但泡沫铝夹芯结构舱体的最大变形为 2.112 9 mm，比原型的 2.471 7 mm 减小了 14.53%；泡沫铝夹芯结构舱体变形衰减为 0 的时间约为 70 ms，比原型舱体的 200 ms 降低了 65%。可见，沫铝夹芯结构舱体具有更好的抗爆炸冲击的安全性。

(2) 两种结构矿用救生舱舱体的应力仿真分析

提取两种舱体在 0.5 ms、1.5 ms、2.5 ms、50 ms、150 ms 及 300 ms 时刻的等效应力云图及其时间历程曲线如图 4-33 至图 4-36，并将两种舱体的最大等效应力列入表 4-10。

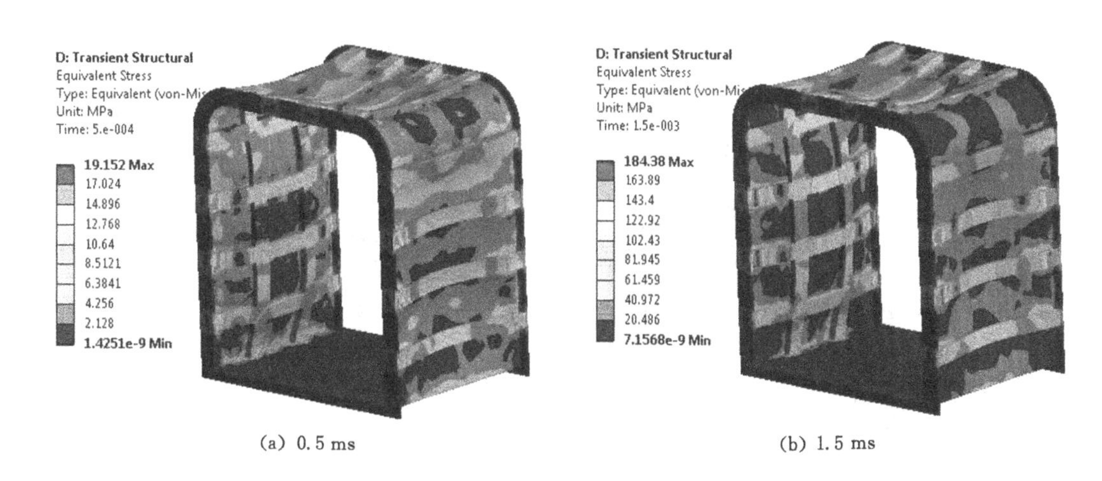

(a) 0.5 ms　　(b) 1.5 ms

图 4-33　原型矿用救生舱舱体的等效应力云图

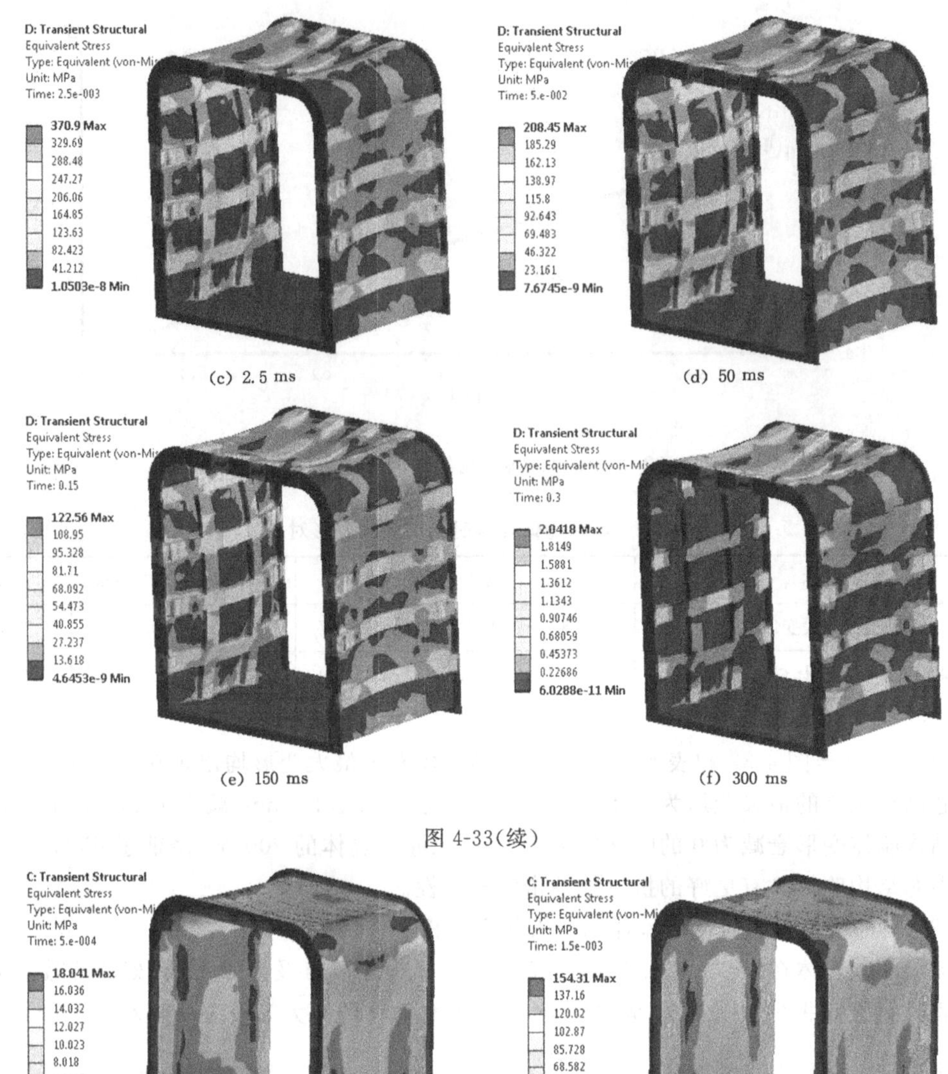

(c) 2.5 ms　　(d) 50 ms

(e) 150 ms　　(f) 300 ms

图 4-33(续)

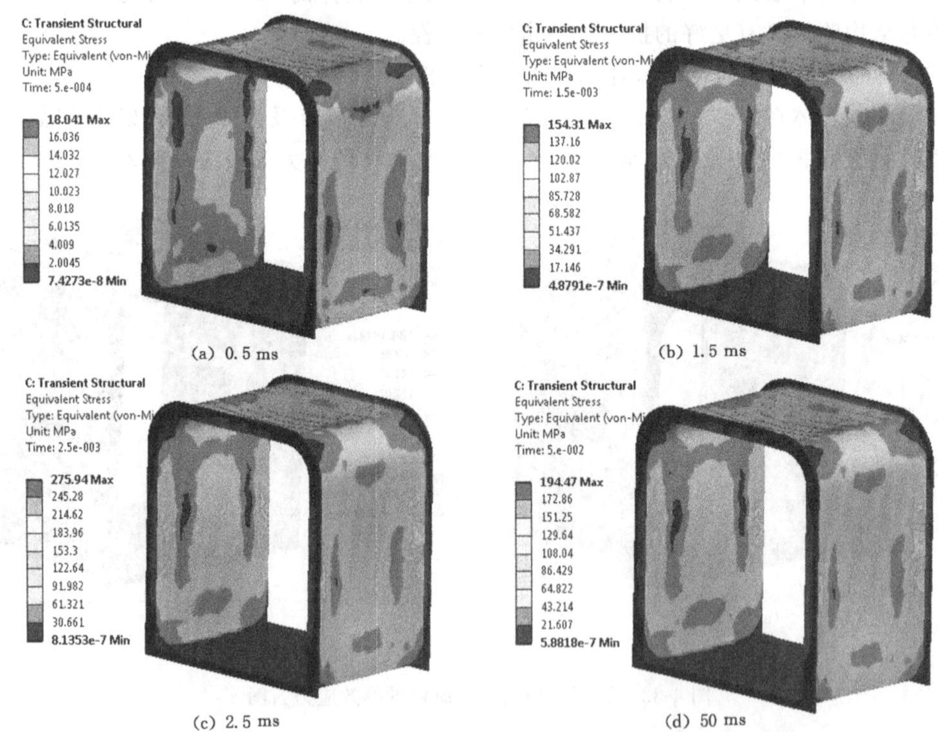

(a) 0.5 ms　　(b) 1.5 ms

(c) 2.5 ms　　(d) 50 ms

图 4-34　泡沫铝夹芯结构矿用救生舱舱体的等效应力云图

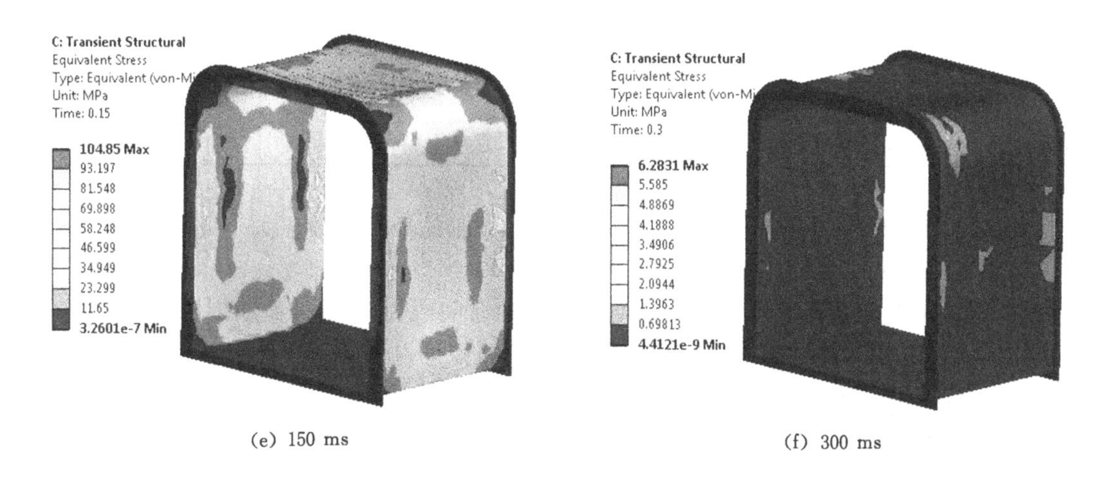

(e) 150 ms　　(f) 300 ms

图 4-34(续)

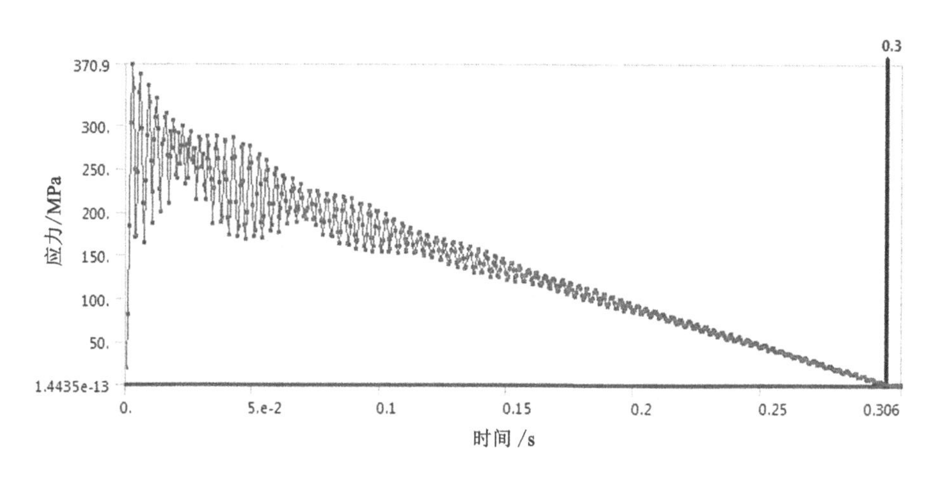

图 4-35　原型舱体的等效应力历程曲线

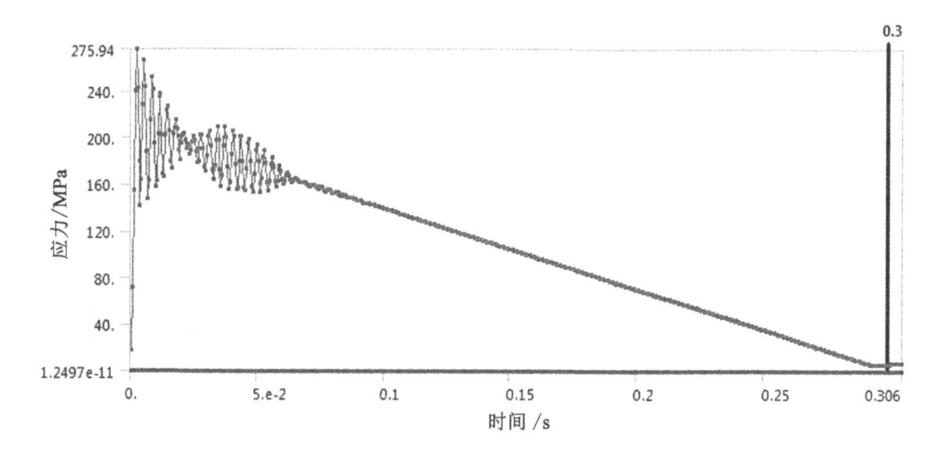

图 4-36　泡沫铝夹芯结构矿用舱体的等效应力历程曲线

表 4-10　随时矿用救生舱舱体的最大等效应力对比

名称	0.5 ms	1.5 ms	2.5 ms	50 ms	150 ms	300 ms
原型舱体最大等效应力/MPa	19.152	184.38	370.9	208.45	122.56	2.004 8
泡沫铝夹芯结构舱体最大等效应力/MPa	18.041	154.31	275.94	194.47	104.85	6.283 1

由图 4-33 至图 4-36 和表 4-10 可见：两种结构体舱的最大等效应力均出现在 2.5 ms，但泡沫铝夹芯结构舱体的最大等效应力为 275.94 MPa，比原型的 370.9 MPa 降低了 25.6%；泡沫铝夹芯结构舱体等效应力衰减为零的时间约为 70 ms，比原型舱体的 200 ms 降低了 65%。可见，沫铝夹芯结构舱体具有更好的抗爆炸冲击的安全性。

（3）两种结构矿用救生舱舱体的最大变形速度仿真分析

提取两种舱体在 0.5 ms、1.5 ms、2.5 ms、50 ms、150 ms 及 300 ms 时刻的变形速度云图及其最大变形速度变化的时间历程曲线，分别如图 4-37 至图 4-40 所示，并将两种舱体的最大变形速度列入表 4-11。

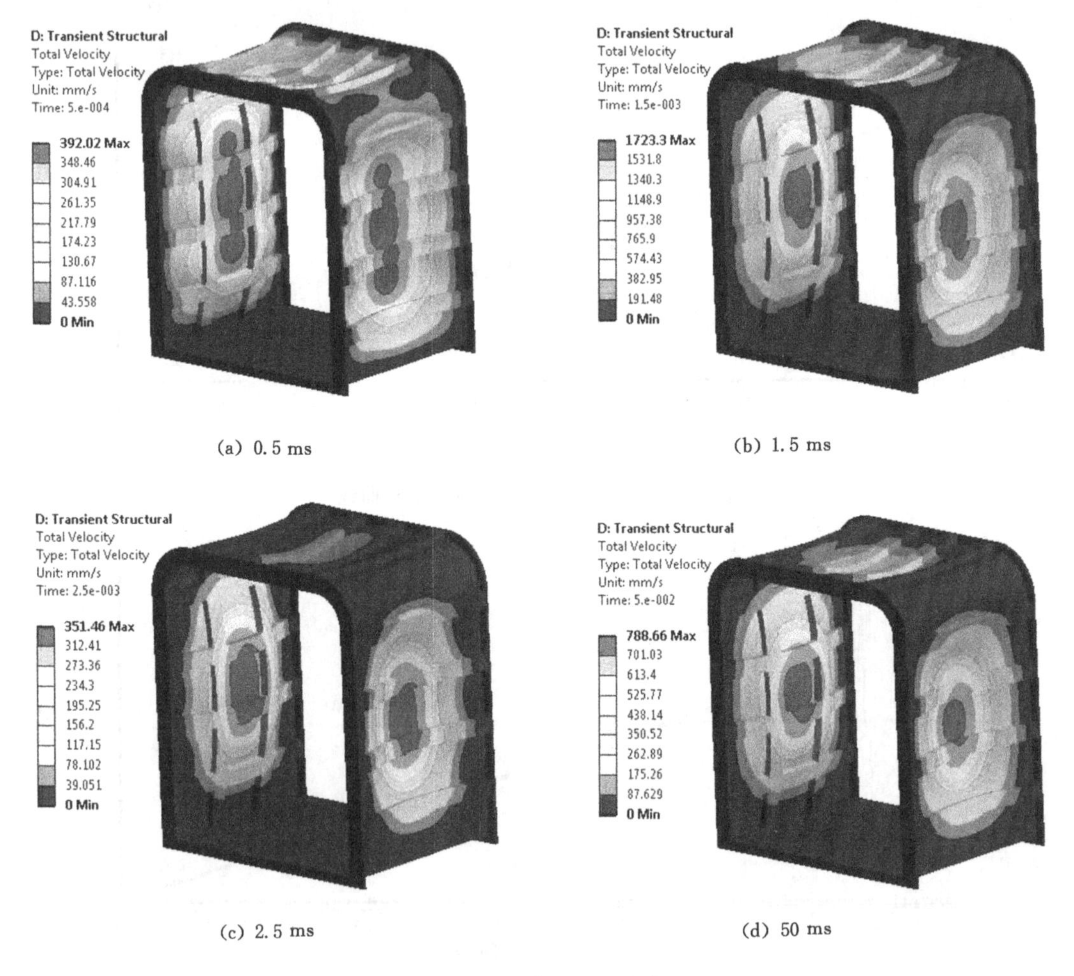

(a) 0.5 ms　(b) 1.5 ms

(c) 2.5 ms　(d) 50 ms

图 4-37　原型舱体的变形速度云图

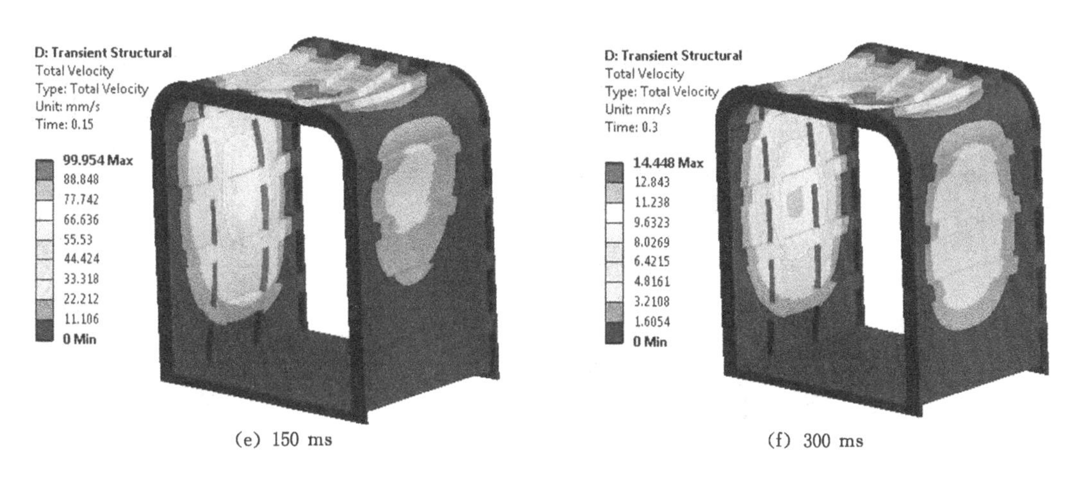

(e) 150 ms　　(f) 300 ms

图 4-37(续)

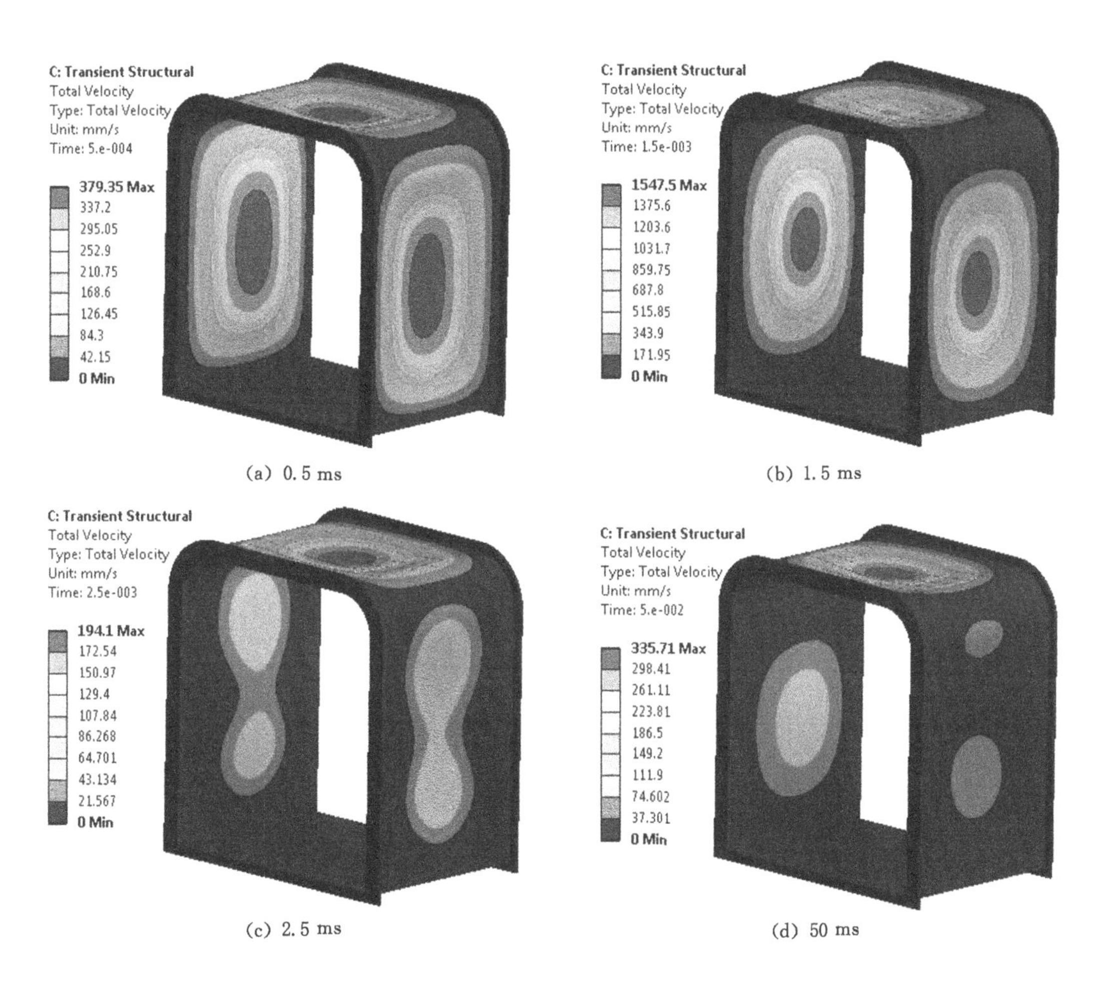

(a) 0.5 ms　　(b) 1.5 ms

(c) 2.5 ms　　(d) 50 ms

图 4-38　泡沫铝夹芯结构舱体的变形速度云图

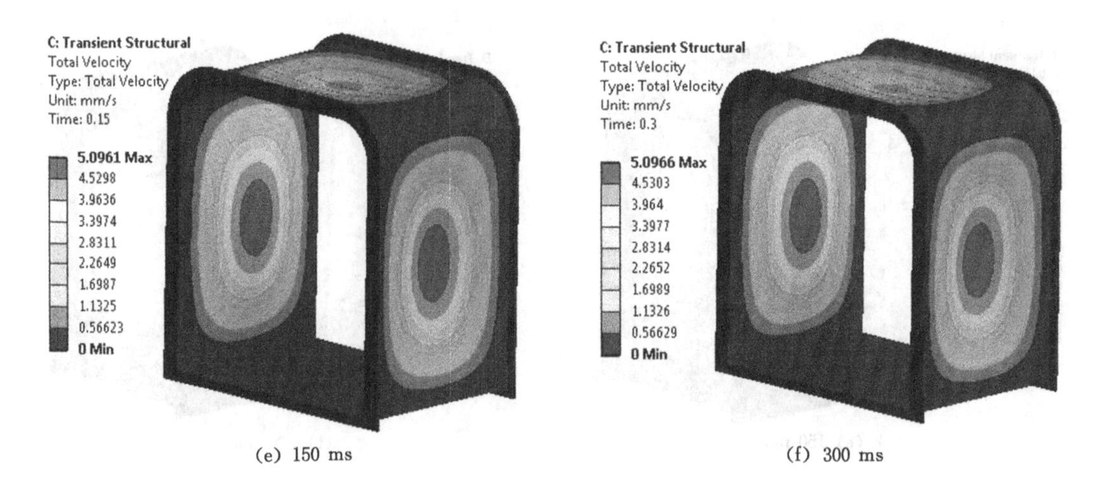

(e) 150 ms　　(f) 300 ms

图 4-38(续)

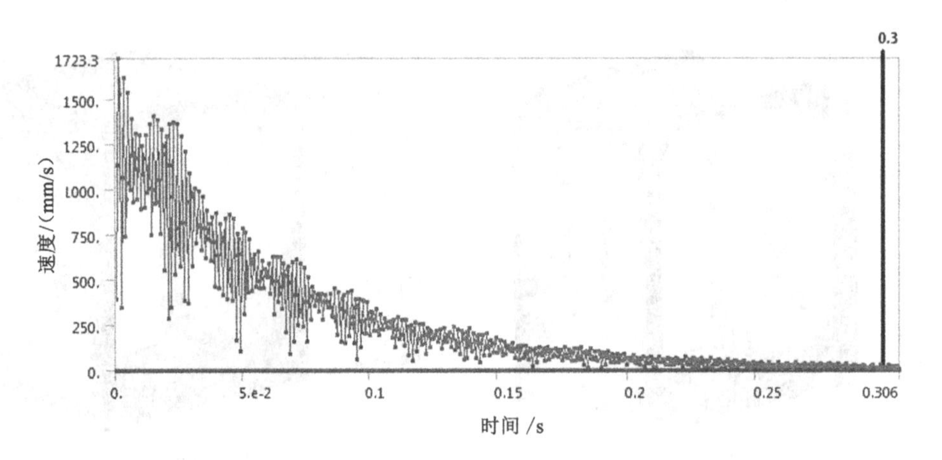

图 4-39　原型矿用救生舱舱体的变形速度变化历程曲线

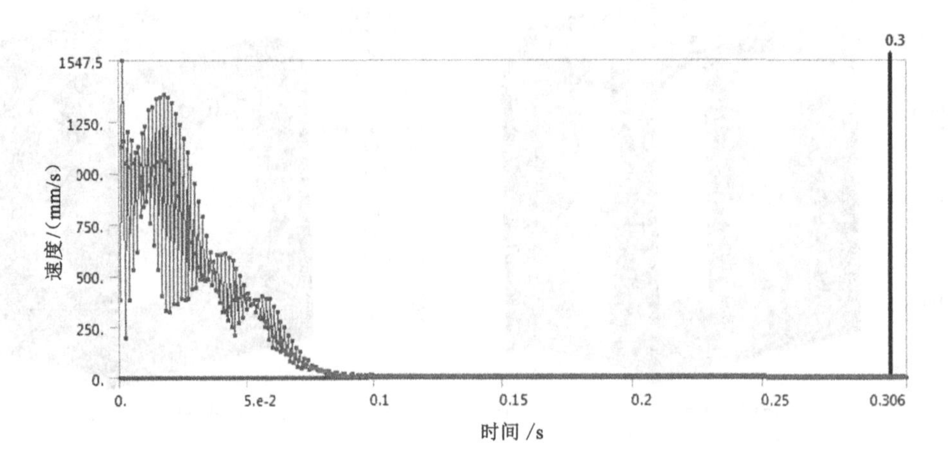

图 4-40　泡沫铝夹芯结构矿用救生舱舱体的变形速度变化历程曲线

表 4-11　两种舱体的最大变形速度

名称	0.5 ms	1.5 ms	2.5 ms	50 ms	150 ms	300 ms
原型舱体最大变形速度/(mm/s)	392.02	1 723.3	351.46	788.66	99.954	14.448
泡沫铝夹芯结构舱体最大变形速度/(mm/s)	379.35	1 547.5	194.1	335.71	5.096 1	5.099 6

由图 4-37 至图 4-40 和表 4-11 可见：两种结构体舱的最大变形速度均出现在 1.5 ms，但泡沫铝夹芯结构舱体的最大变形速度为 1 547.5 mm/s，比原型的 1 723.3 mm/s 降低了 10.2%；泡沫铝夹芯结构舱体变形速度衰减为零的时间约为 70 ms，比原型舱体的 200 ms 降低了 65%。可见泡沫铝夹芯结构舱体具有更好的抗爆炸冲击的安全性。

(4) 两种舱体的应变能仿真分析

提取两种舱体在 0.5 ms、1.5 ms、2.5 ms、50 ms、150 ms 及 300 ms 时刻的应变能云图及其时间历程曲线，分别如图 4-41 至图 4-44 所示，并将两种舱体的最大应变能列入表 4-12。

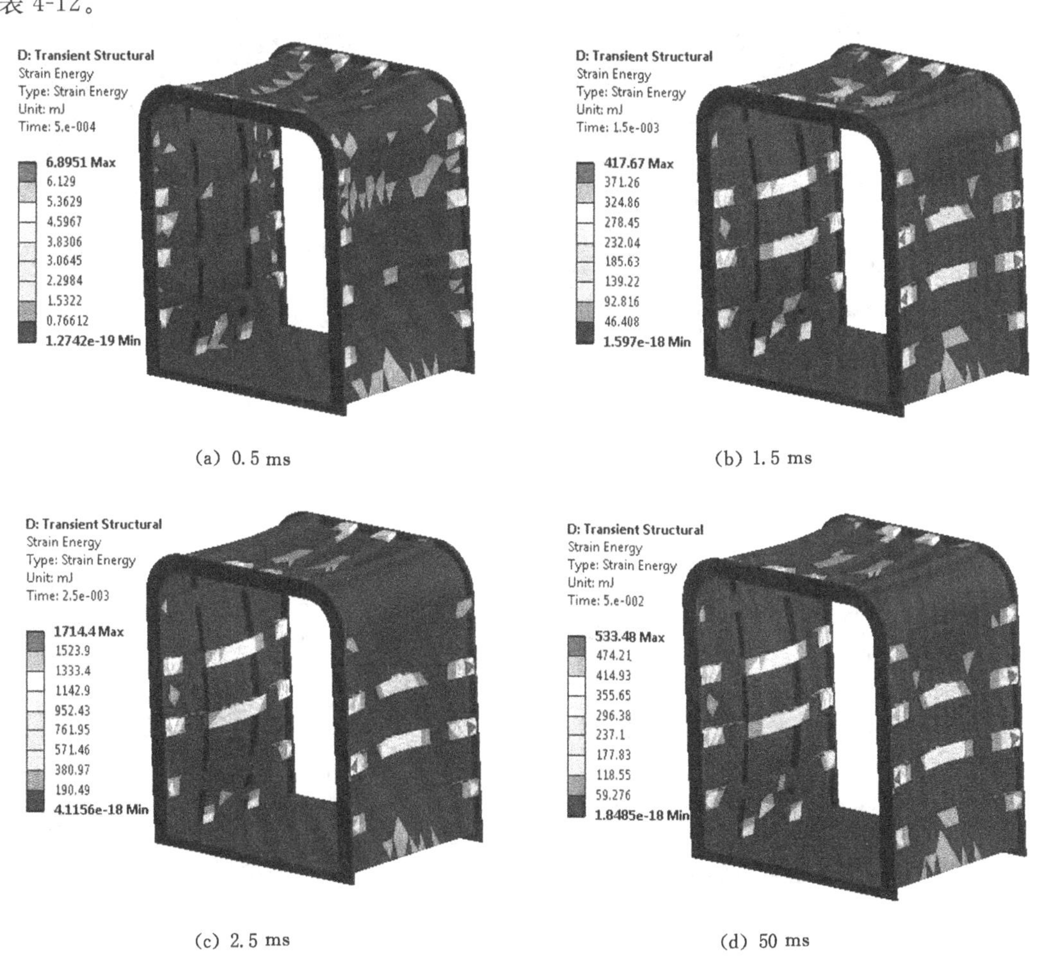

(a) 0.5 ms　(b) 1.5 ms　(c) 2.5 ms　(d) 50 ms

图 4-41　原型舱体的应变能云图

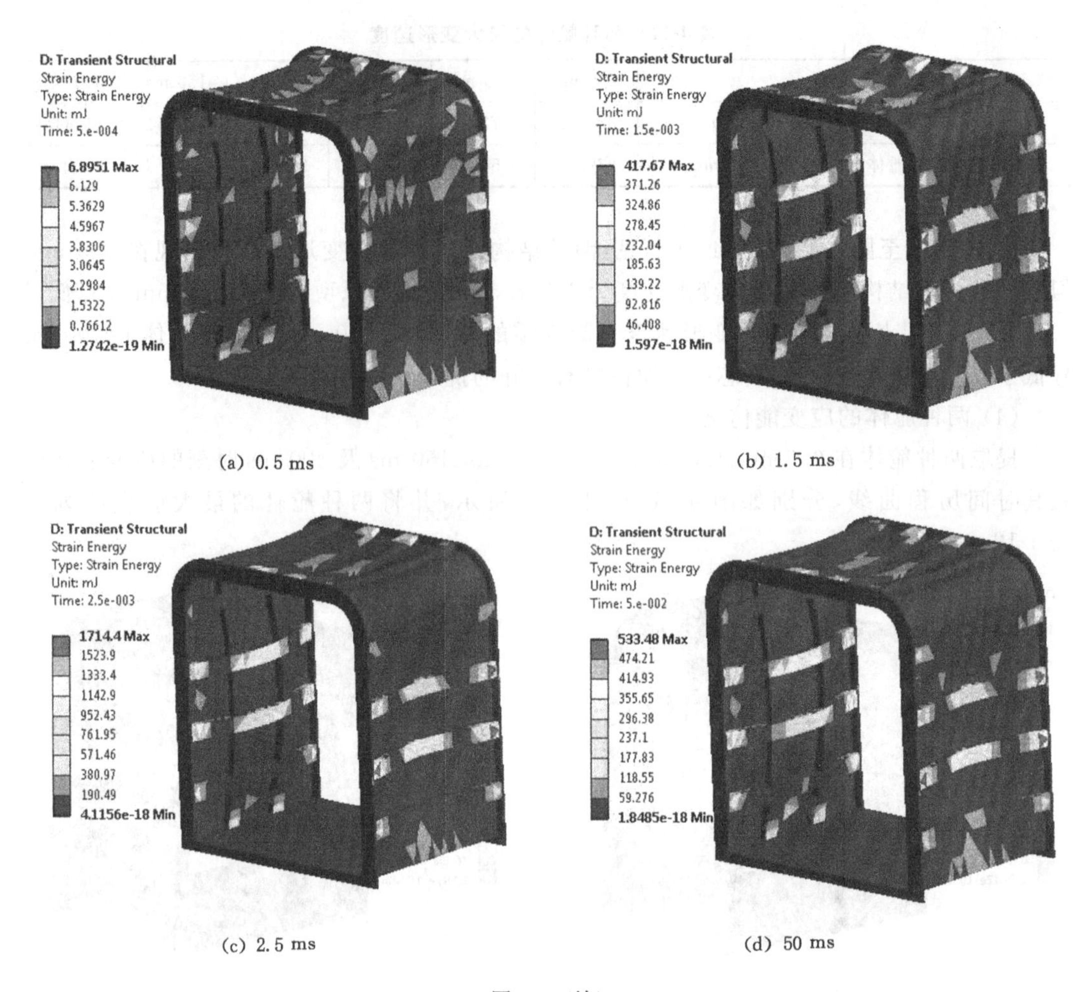

(a) 0.5 ms　　(b) 1.5 ms

(c) 2.5 ms　　(d) 50 ms

图 4-41(续)

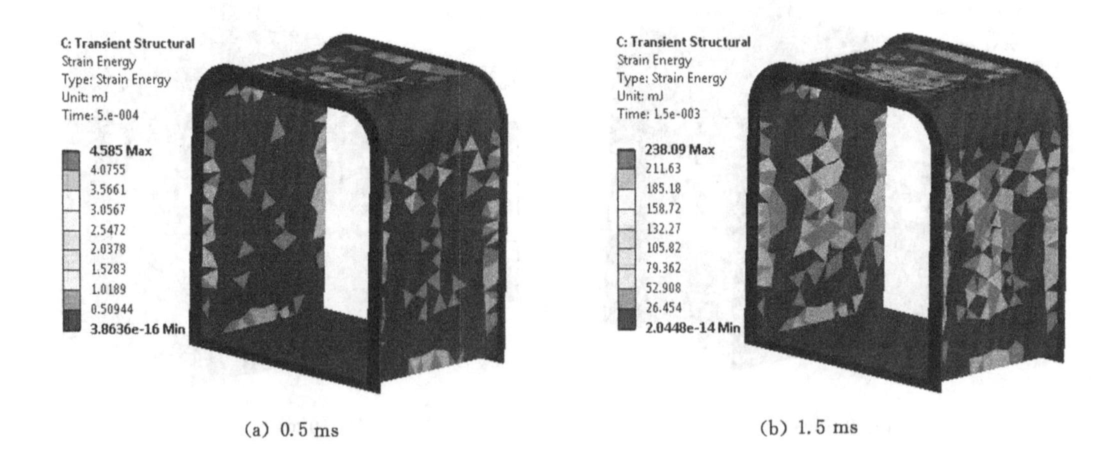

(a) 0.5 ms　　(b) 1.5 ms

图 4-42　泡沫铝夹芯结构矿用救生舱舱体的应变能云图

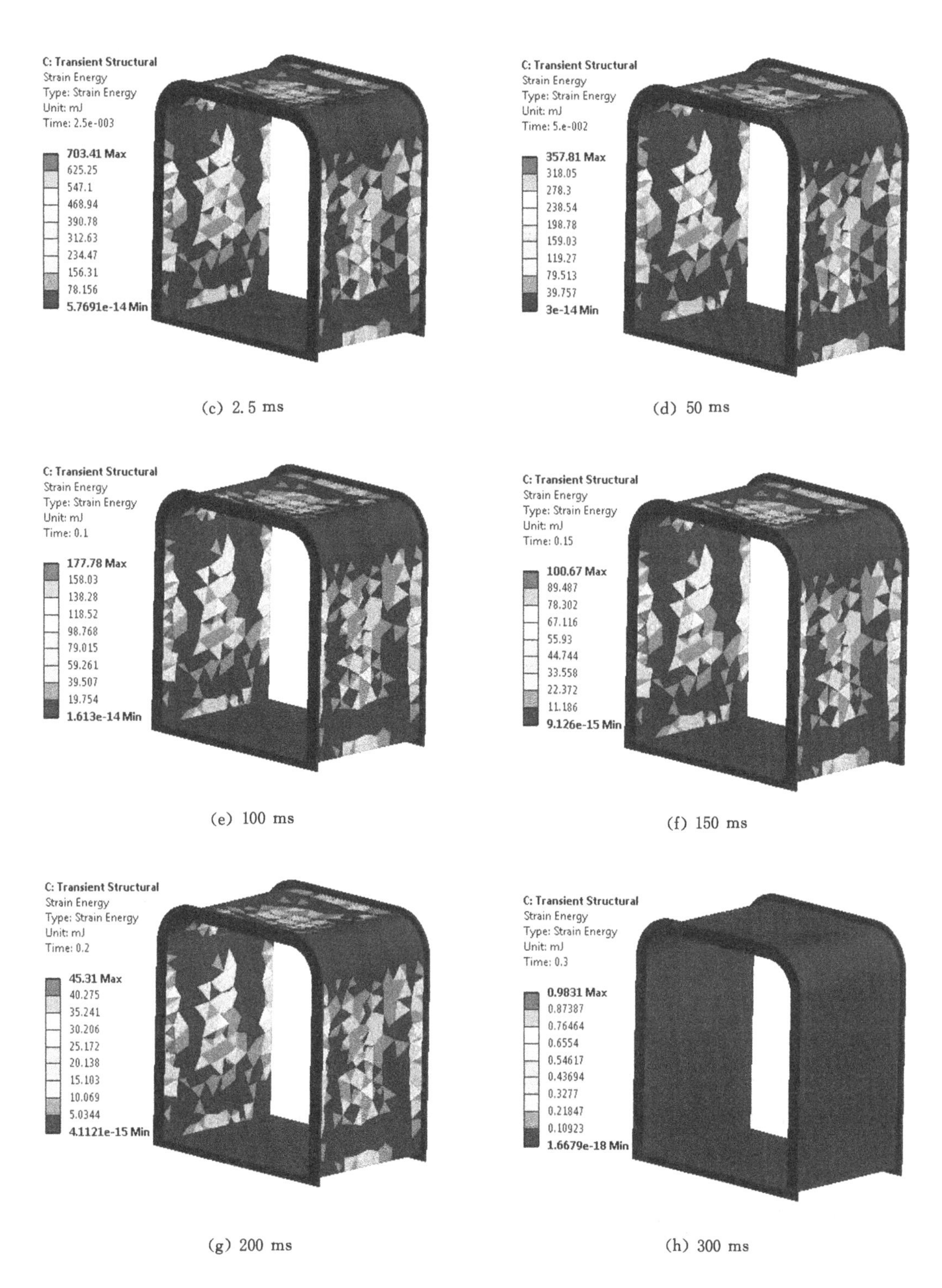

(c) 2.5 ms　　(d) 50 ms

(e) 100 ms　　(f) 150 ms

(g) 200 ms　　(h) 300 ms

图 4-42(续)

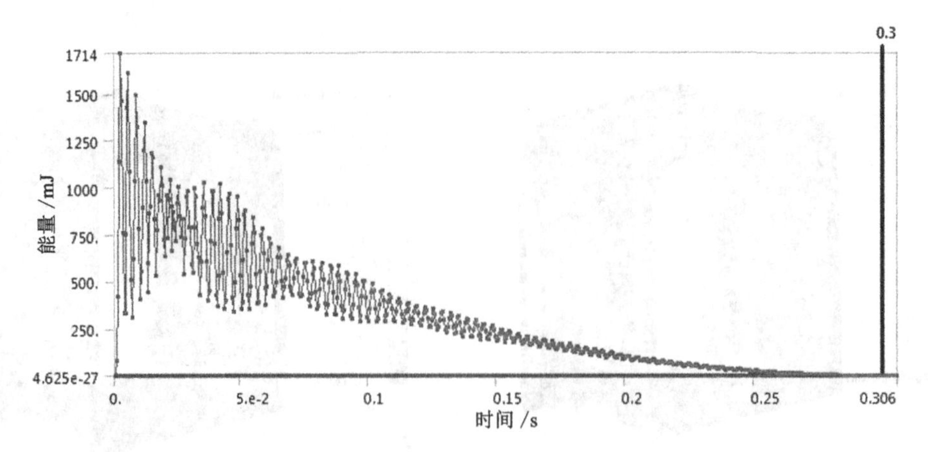

图 4-43　原型舱体的应变能历程曲线

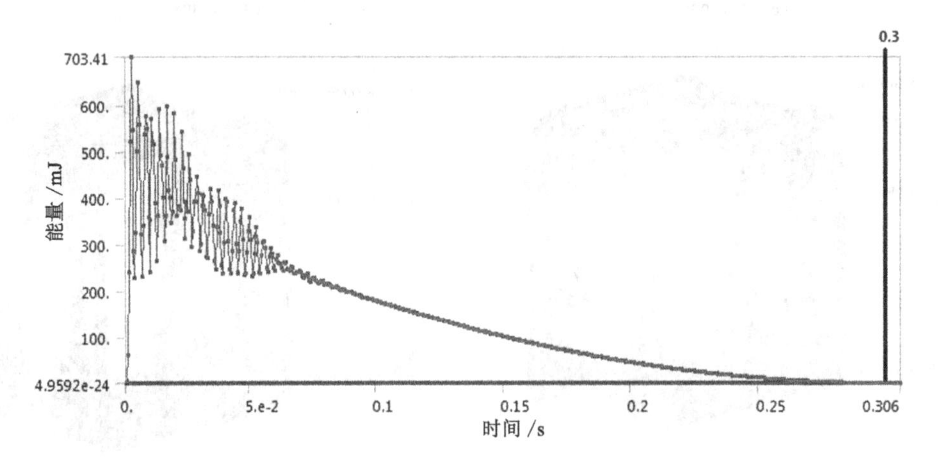

图 4-44　泡沫铝夹芯结构舱体的应变能历程曲线

表 4-12　两种舱体在各时刻的最大应变能

名称	0.5 ms	1.5 ms	2.5 ms	50 ms	150 ms	300 ms
原型舱体最大应变能/mJ	6.895 1	417.67	1 714.4	533.48	184.72	0.046 4
泡沫铝夹芯结构舱体最大应变能/mJ	4.585	238.09	703.41	357.81	100.67	0.983 1

由图 4-41 至图 4-44 和表 4-12 可见：两种结构体舱的最大应变能均出现在 2.5 ms，但泡沫铝夹芯结构舱体的最大应变能为 703.4 mJ，比原型的 1 714.4 mJ 降低了 58.9%；泡沫铝夹芯结构舱体速度衰减为零的时间约为 70 ms，比原型舱体的 200 ms 降低了 65%。可见泡沫铝夹芯结构舱体具有更好的抗爆炸冲击的安全性。

4.6　矿用救生舱舱体抗热冲击性能有限元仿真分析

4.6.1　闭孔泡沫铝的导热机理

闭孔泡沫铝的主要传热形式包括材料的孔单元内气体与材料孔壁的热对流、热传导以及热辐射等。以上各种形式综合作用的结果就产生了泡沫铝导热系数。泡沫铝不同孔隙率和不同孔径的导热系数差异较大。热流经过闭孔泡沫铝，导热系数 λ 是由4个分量组成的：λ_g（胞内气体导热系数）、λ_s（孔单元壁金属铝导热系数）、λ_c（孔单元内气体的对流热传导系数）、λ_r（孔单元内以及通过胞壁向外的热辐射系数），即

$$\lambda=\lambda_g+\lambda_s+\lambda_c+\lambda_r \tag{4-7}$$

因为闭孔泡沫铝存在金属铝骨架，所以单位体积内气体的分子数要比空气中的分子数有所减少，它的导热系数 λ_g 与闭孔的泡沫纯铝孔隙率 P 成正比，即

$$\lambda_g=\lambda_{lg}\times P \tag{4-8}$$

式中　λ_{lg}——空气的导热系数。

对于金属基体来说，气体的存在使单位体积内的金属自由电子数目也会相应减少，这时 λ_s 与孔隙率 P 的关系式为

$$\lambda_g=A\times\lambda_s\times(1-P) \tag{4-9}$$

式中，A 为结构因子，是小于1的实常数，其与基体的材质、孔壁厚度、孔形状以及与孔的分布等因素有关。

闭孔泡沫铝的孔径不大，孔单元是独立密封的。孔单元中气体流动性小，相对导热作用非常弱，可忽略不计，即

$$\lambda_c\approx 0 \tag{4-10}$$

闭孔泡沫铝的热气流通过孔单元内部表面到外部表面进行辐射传热，两个作用面均有着大量的孔洞分布，热气流通过孔单元壁，其孔单元壁产生反射与吸收的作用使热流减弱。由布格尔定律与斯蒂芬-玻尔兹曼定律，能够得出

$$\lambda_r=4\beta_1\sigma T^3 t\exp[-k_s(1-P)t] \tag{4-11}$$

式中　β_1——大于或等于1的常数；

σ——辐射常数；

T——泡沫铝两表面温度的加权平均值；

k_s——铝的衰减系数；

t——泡沫铝的厚度。

把式(4-8)至式(4-11)代入式(4-7)，即得闭孔泡沫铝的导热系数

$$\lambda=A\times\lambda_s\times(1-P)+\lambda_g\times P+4\beta_1\sigma T^3 t\exp[-k_s(1-P)t] \tag{4-12}$$

从式(4-12)中可知闭孔泡沫铝的导热系数是受传导传热和辐射传热制约的，其受孔隙率 P 影响。从闭孔泡沫铝导热系数 λ 整体上来看，其先是与孔隙率 P 成反比（随着 P 的增大而减小），当 P 增大到一定的程度时，闭孔泡沫铝导热系数 λ 又会与 P 成正比，这主要是因为当孔隙率 P 达到一定程度之后，辐射传热占据主导地位。

由于闭孔泡沫铝的导热系数要比大气的导热系数高很多，把辐射导热作用和气体导热作用以一个常数 Δ 来代替处理，则式(4-12)化简为

$$\lambda=A\times\lambda_s\times(1-P)+\Delta \tag{4-13}$$

从式(4-13)中可以知道闭孔泡沫铝的导热系数近似与孔隙率 P 呈线性减小的数学关系，所以可以得到闭孔泡沫铝的导热系数主要由金属骨架决定而与孔径大小无关[51-53]。

4.6.2　矿用救生舱舱体的瞬态热分析

4.6.2.1　模型的建立

进行瞬态热分析时原型结构舱体三维模型同静态特性的三维模型，泡沫铝夹芯结构舱

体模型为最优参数模型。但是在进行瞬态热分析之前还需要对两种结构矿用救生舱舱体的模型进行一些处理,具体为将其沿着对称平面切割取其结构的一半再进行分析。这样做的好处为既可以清楚观察舱体内部的热分布情况,又可以减少求解计算时所需要的内存占用,提高计算效率。根据两种舱体结构的对称性、工作时约束及载荷的对称性,分析时只要在切割面施加 Symmetry Region 约束即可保证计算结果的准确性。进行切割处理后的两种舱体的模型,分别如图 4-45 及图 4-46 所示。

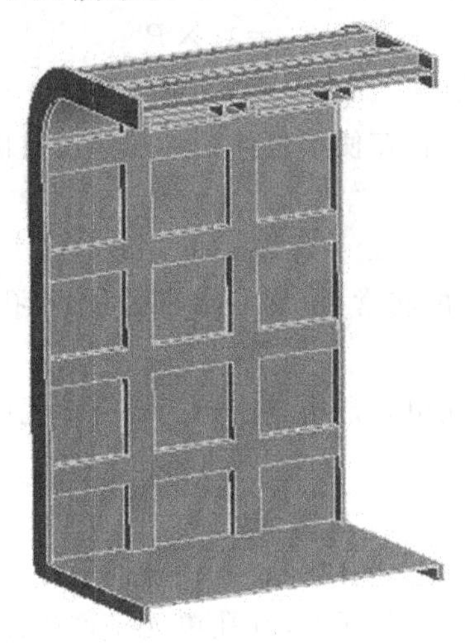

图 4-45 原型舱体模型

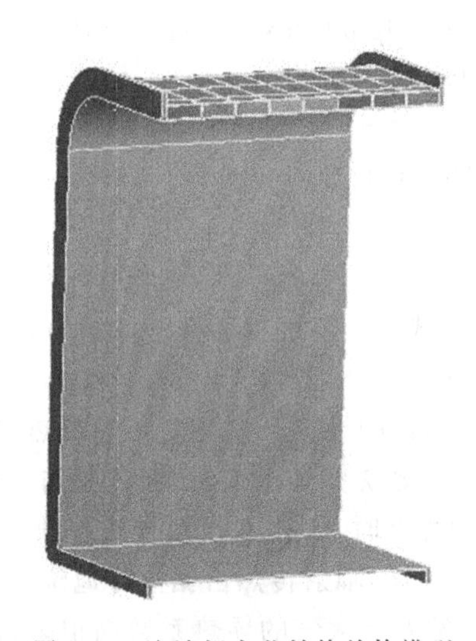

图 4-46 泡沫铝夹芯结构舱体模型

4.6.2.2 材料赋予与网格划分

瞬态热分析时需添加 Q345R 钢材料与泡沫铝材料的导热系数、比热容和密度及线膨胀系数,具体数值如表 4-13 所示。在两种舱体的三维模型对称平面上施加上文所述的对称约束 Symmetry Region,然后对两种舱体进行网格划分,划分后的网格模型,分别如图 4-47 和图 4-48 所示。原型矿用救生舱舱体划分网格之后一共包含有 36 425 个节点、19 828 个单元。泡沫铝夹芯结构矿用救生舱舱体划分网格之后一共包含有 107 021 个节点、39 152 个单元。

表 4-13　材料的热性能参数

名称	密度/(kg/m^3)	导热系数/[$W/(m^2 \cdot K)$]	比热容/[$J/(kg \cdot K)$]	线膨胀系数/K^{-1}
Q345R	7 860	50	480	1.2×10^{-5}
泡沫铝	540	10	920	20×10^{-5}

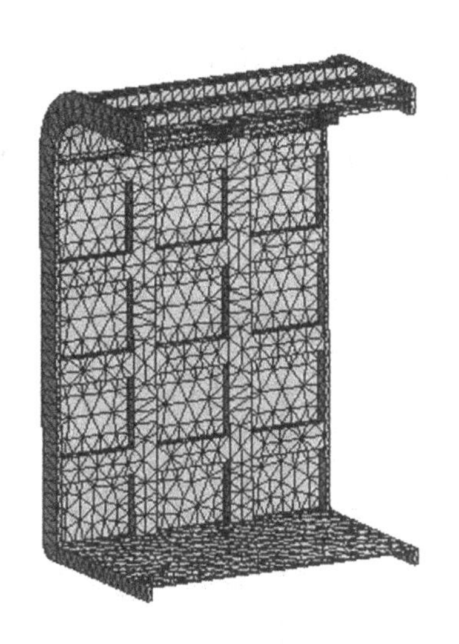

图 4-47　原型舱体网格模型划分

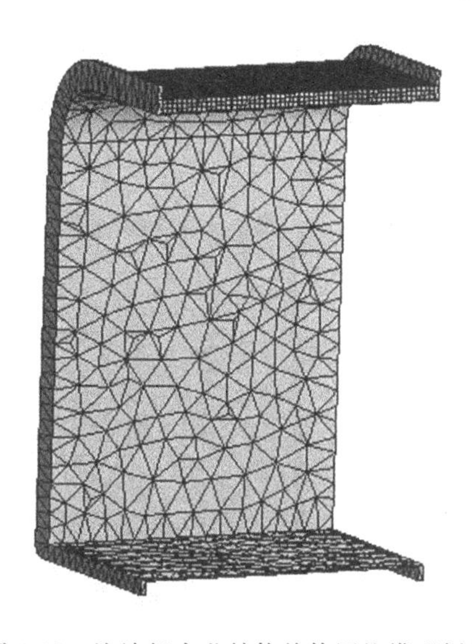

图 4-48　泡沫铝夹芯结构舱体网格模型划分

4.6.2.3　边界条件施加

分析中使用的矿用救生舱为组装式，其是通过9个相同结构的单元体通过法兰装配而成的，由于各单元体之间的法兰连接端面不与高温环境接触，所以可以假设舱体两侧法兰连接处为绝热边界。此外，舱体底面与地面的间隙较小，通常情况下其受到直接的热对流和热辐射的影响较小，因此只是存在热传导作用。分析时假设矿井内的初始环境温度为25 ℃[54-58]。

一般情况下，煤矿井下的瓦斯、煤尘爆炸的时间非常短，伴随着爆炸现象的形成会产生高温气体，并会伴随着压力波沿着巷道迅速膨胀[59]。由国家相关安全生产行业标准的规定，矿用救生舱的抗热冲击温度不低于 1 200 ℃，作用时间不低于 3 s。考虑到实际工况的复杂性，为了使救生舱舱体的抗热冲击性能有充足的安全裕度，分析时取时间为 3 s×2=6 s(2 为安全系数)。所以，在除了舱体底面以外的所有裸露外表面都施加 1 200 ℃的高温辐射热载荷，设置作用时间为 6 s。两种结构救生舱舱体内部的表面与舱体内的空气接触，设舱体内空气的初始温度为常温 22 ℃，因此在舱体的内层表面上施加热对流载荷，对流换热系数为 5 W/(mm^2 · ℃)。施加完边界条件的两种结构矿用救生舱舱体模型分别如图 4-49 和图 4-50 所示。

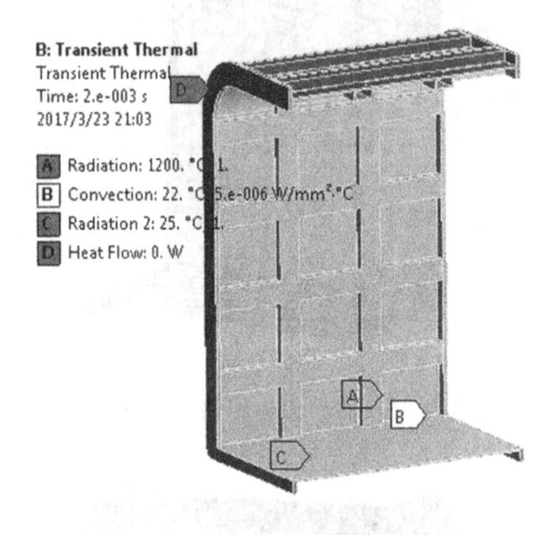

图 4-49　原型舱体的边界条件

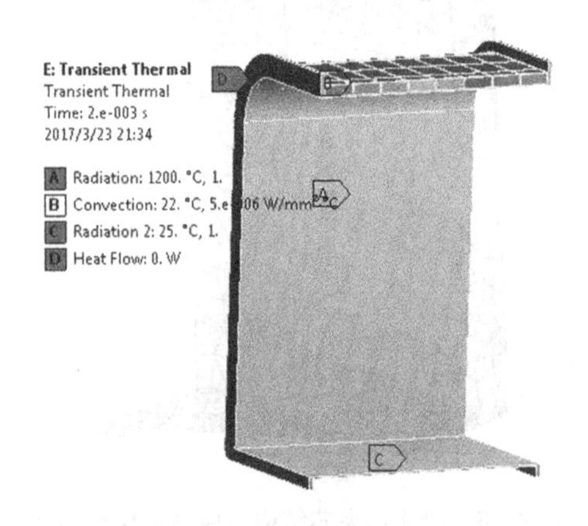

图 4-50　泡沫铝夹芯结构舱体的边界条件

4.6.2.4　结果与分析

（1）舱体温度结果及分析

计算结束后，为了清楚地了解两种舱体温度随着时间变化规律，分别提取两种结构舱体在 0.1 s、1.5 s、3.2 s、3.8 s、5 s、6 s 的温度分布云图，如图 4-51 所示；分别提取原型矿舱体最高温度和内壁的温度时间历程曲线，分别如图 4-52 和图 4-53 所示。

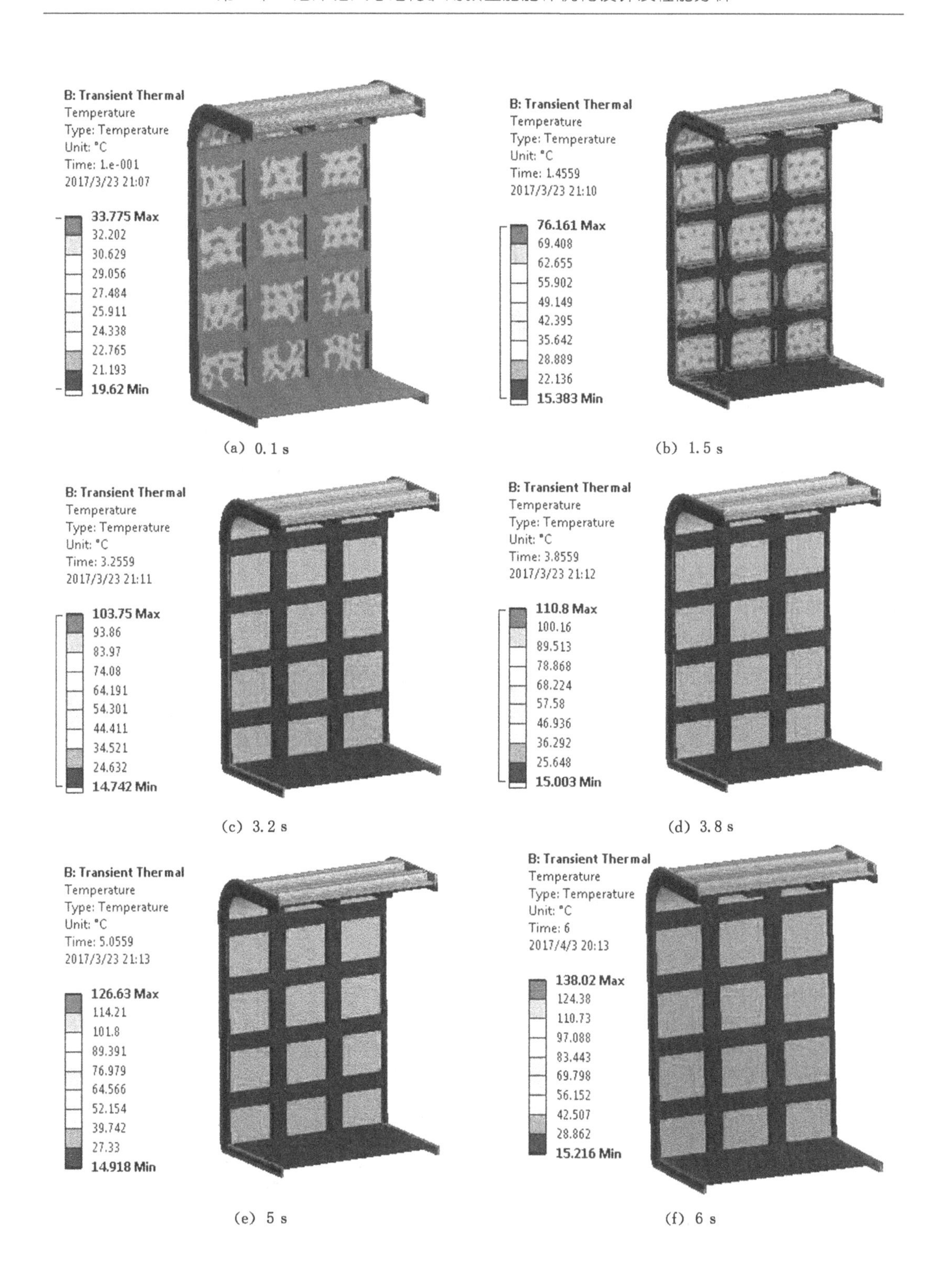

(a) 0.1 s　(b) 1.5 s

(c) 3.2 s　(d) 3.8 s

(e) 5 s　(f) 6 s

图 4-51　原型舱体的温度分布云图

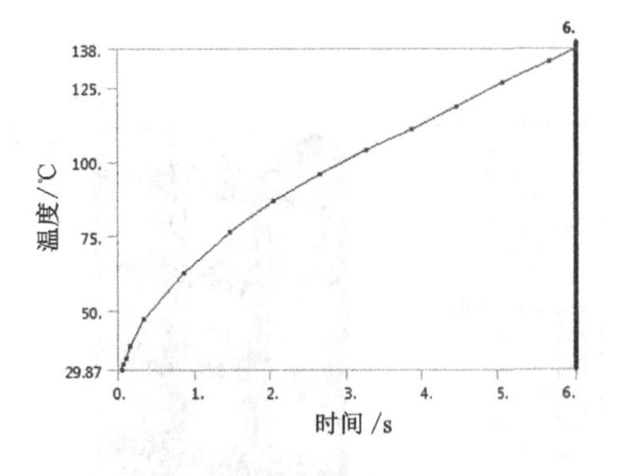

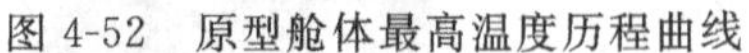
图 4-52　原型舱体最高温度历程曲线

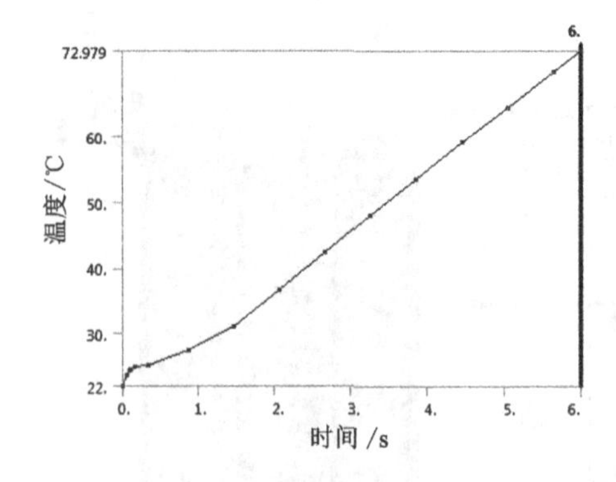

图 4-53　原型舱体内壁温度历程曲线

由图 4-51 可知，原型救生舱舱体的最高温度为 138.02 ℃，出现在法兰边缘，救生舱舱体的外壁温度为 110 ℃左右，外壁的加强筋温度为 120～130 ℃，外壁内侧温度为 70 ℃左右。由图 4-52 和图 4-53 可知，原型救生舱舱体的最高温度和内壁温度时间历程曲线略有不同，内壁温度表现为 0～1.5 s 内变化较缓慢，随后变化加快并逐步升高直至 72.979 ℃；而最高温度变化趋势为 0～1.5 s 内变化较快，随后上升趋势略有减缓。

分别提取泡沫铝夹芯结构矿用救生舱舱体的 0.1 s、1.5 s、3.2 s、3.8 s、5 s、6 s 温度分布云图，如图 4-54 所示；分别提取泡沫铝夹芯结构矿用救生舱舱体最高温度和内壁的温度时间历程曲线，分别如图 4-55 和图 4-56 所示。

由图 4-54 可以看出，泡沫铝夹芯结构矿用救生舱舱体的最高温度为 141.44 ℃，出现部位位于救生舱舱体外壁。结合图 4-55 和图 4-56 可知，泡沫铝夹芯结构救生舱舱体内壁的温度从初始环境 22 ℃逐渐提升到 36.104 ℃，比原型救生舱舱体的 72.979 ℃降低 50.53%。这证明泡沫铝夹心结构救生舱舱体体起到了更好的保温隔热的作用，有助于提高救生舱内乘员的舒适性和安全性。

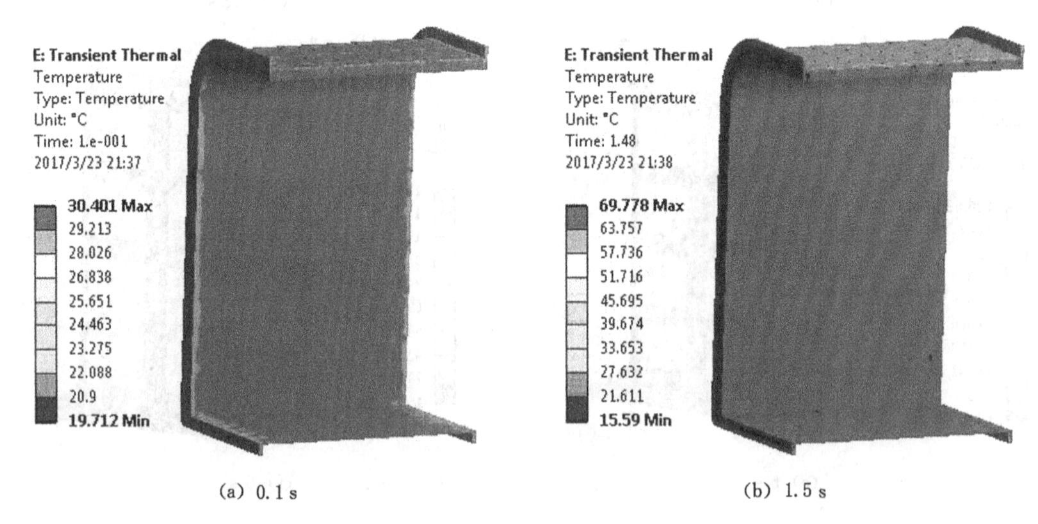

(a) 0.1 s　　(b) 1.5 s

图 4-54　泡沫铝夹芯结构舱体的温度分布

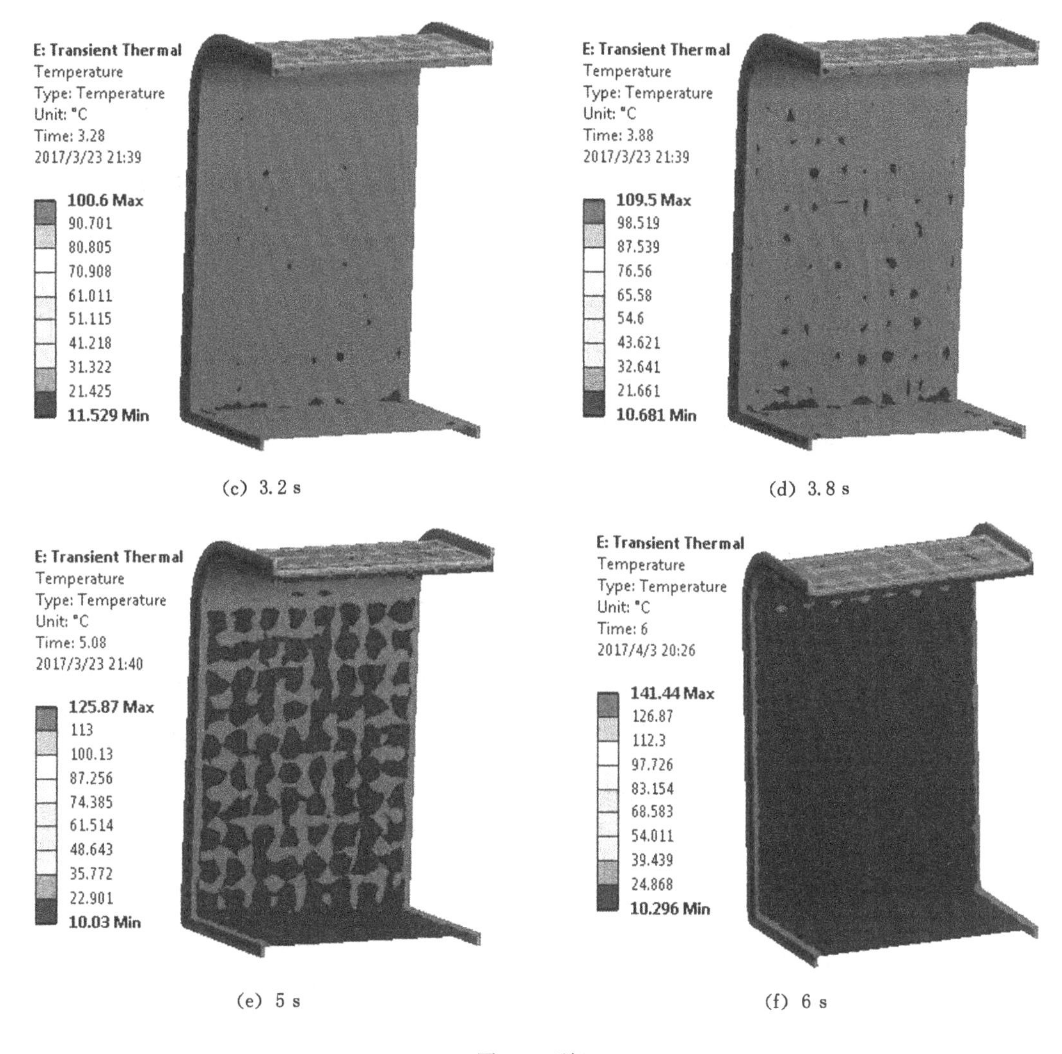

(c) 3.2 s　　(d) 3.8 s

(e) 5 s　　(f) 6 s

图 4-54(续)

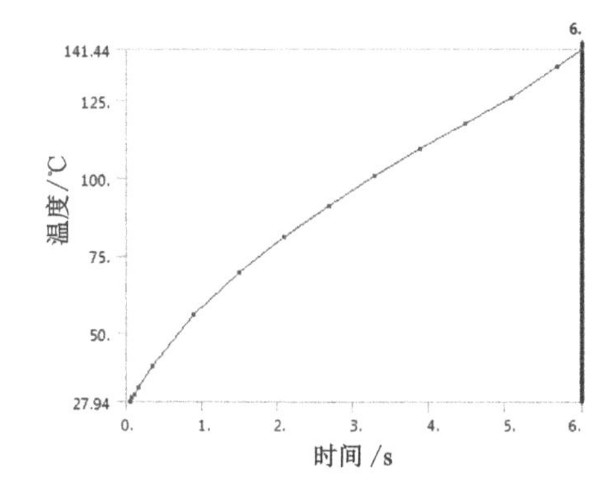

图 4-55　泡沫铝夹芯结构舱体最高温度历程曲线

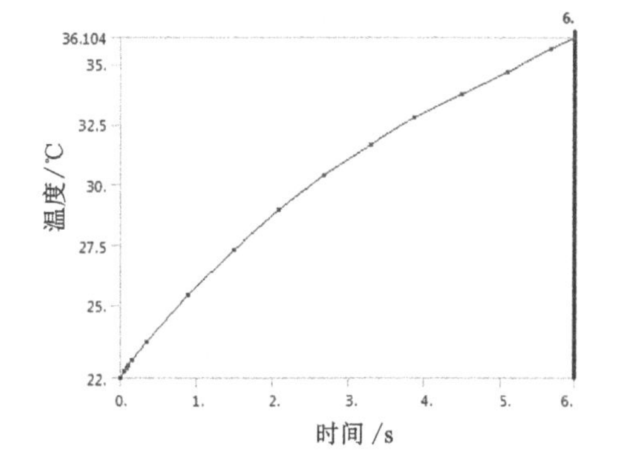

图 4-56　泡沫铝夹芯结构舱体内壁的温度历程曲线

(2) 矿用救生舱舱体热流量结果及分析

分别提取原型舱体0.1 s、1.5 s、3.2 s、3.8 s、5 s、6 s的热流量云图，如图4-57所示；提取其最大热流量和内壁的热流量时间历程曲线，分别如图4-58和图4-59所示；提取泡沫铝夹芯结构舱体在0.1 s、1.5 s、3.2 s、3.8 s、5 s、6 s时刻的热流量云图，如图4-60所示；提取泡沫铝夹芯结构舱体最大热流量和内壁的热流量时间历程曲线，分别如图4-61和图4-62所示。

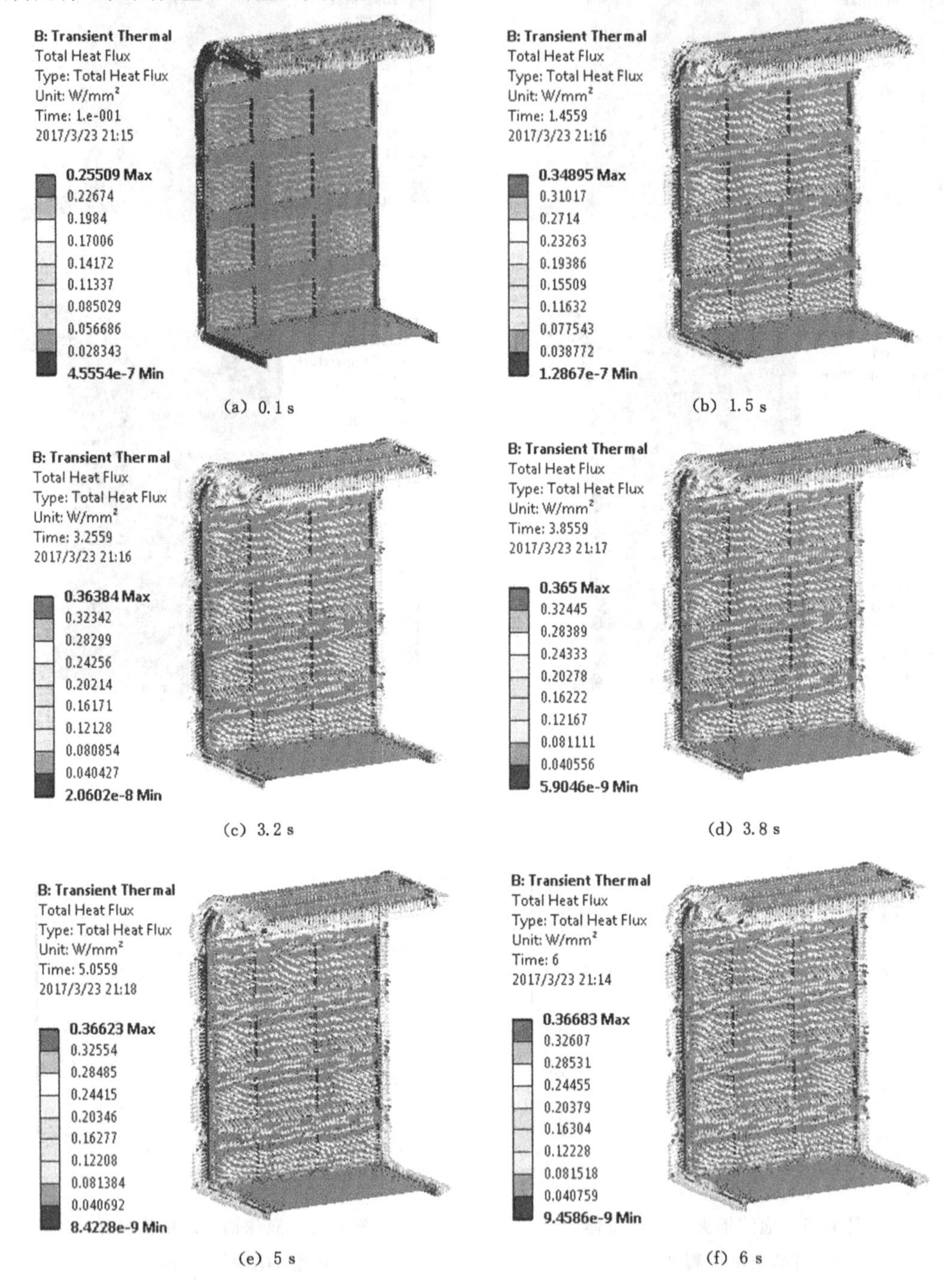

(a) 0.1 s (b) 1.5 s

(c) 3.2 s (d) 3.8 s

(e) 5 s (f) 6 s

图4-57 原型矿用救生舱舱体的热流量云图

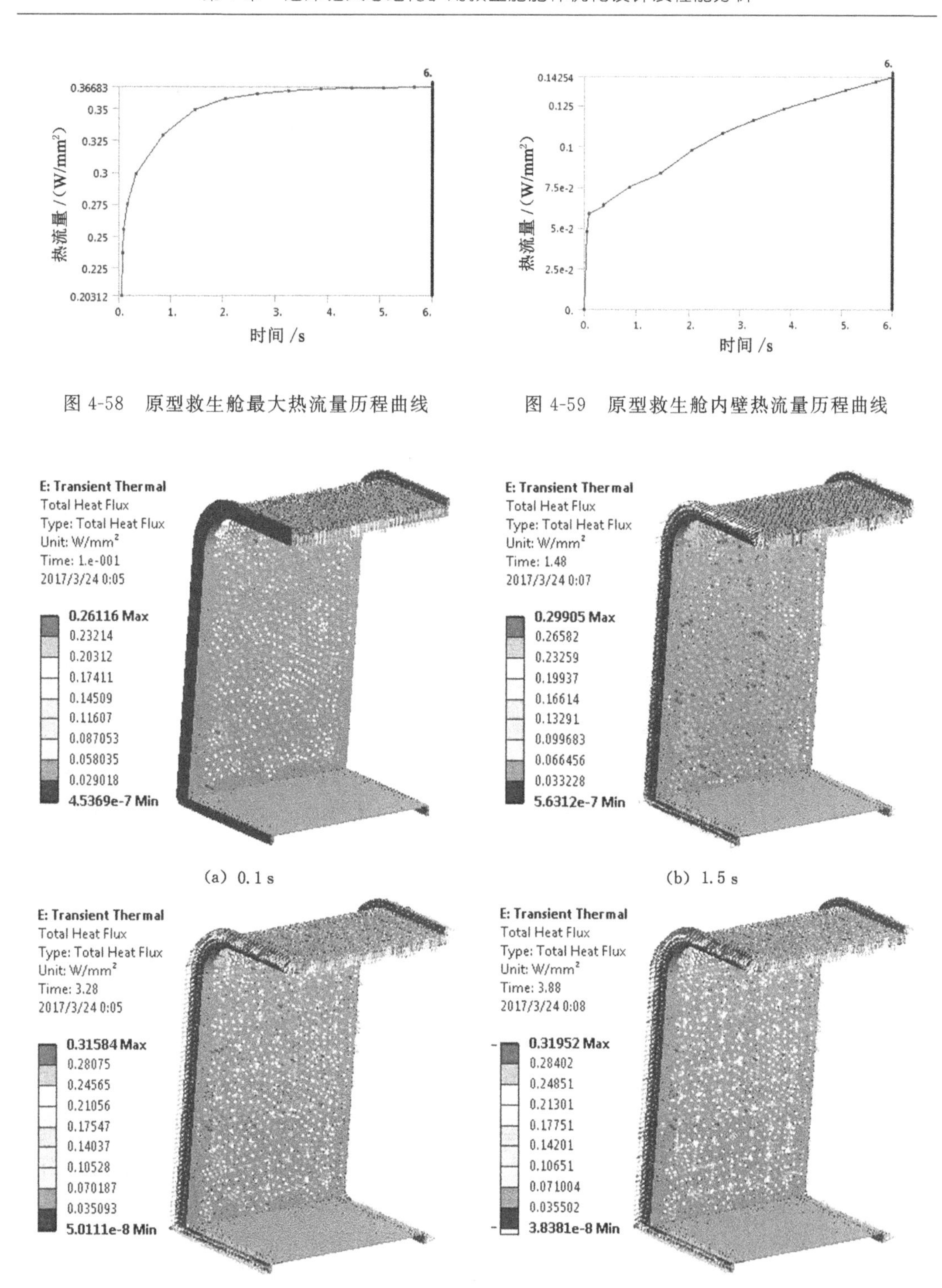

图 4-58　原型救生舱最大热流量历程曲线

图 4-59　原型救生舱内壁热流量历程曲线

(a) 0.1 s　(b) 1.5 s

(c) 3.2 s　(d) 3.8 s

图 4-60　泡沫铝夹芯结构舱体热流量云图

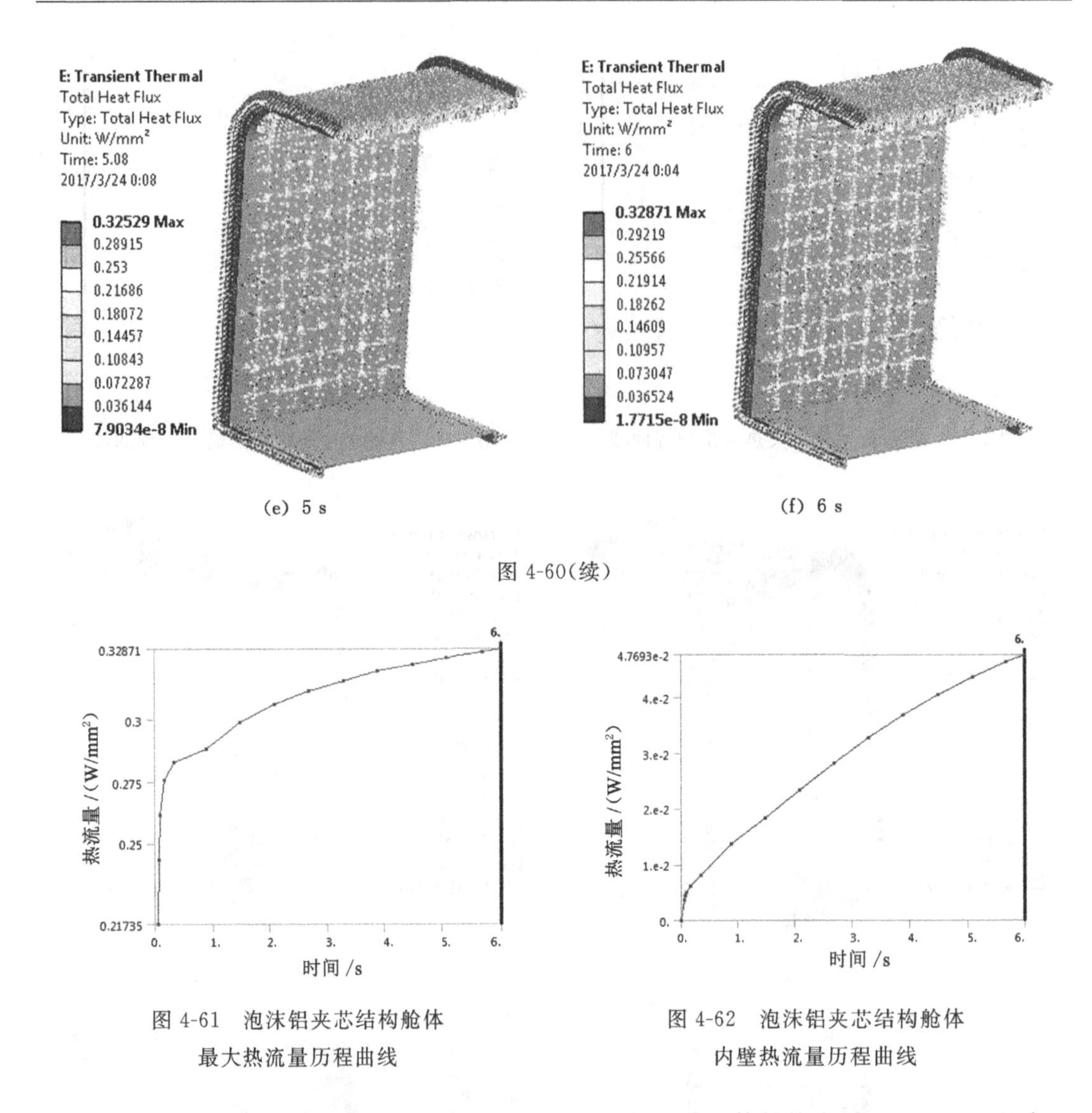

(e) 5 s　　(f) 6 s

图 4-60(续)

图 4-61　泡沫铝夹芯结构舱体最大热流量历程曲线

图 4-62　泡沫铝夹芯结构舱体内壁热流量历程曲线

由图 4-57 至图 4-62 可知，泡沫铝夹芯结构矿用救生舱舱体结构在受到 1 200 ℃的高温持续 6 s 冲击时，舱体最大热流量从初始热流量 0.21 W/mm²左右逐渐提升，舱体内壁的热流量从初始热流量 0 W/mm²左右逐渐提升，并且两模型的最大热流量和内壁热流量在 6 s 时有最大值。原型救生舱舱体最大热流量和内壁的最大热流量分别为 0.366 83 W/mm²、0.142 54 W/mm²，泡沫铝夹心结构救生舱舱体最大热流量和内壁最大热流量分别为 0.328 71 W/mm²、0.047 693 W/mm²。对比两种结构的计算结果可知，泡沫铝夹心结构救生舱舱体最大热流量和内壁的最大热流量与原型救生舱舱体相比减小分别为 10.39%和 66.54%，证明了泡沫铝夹芯矿用救生舱舱体具有更好的隔热特性。

4.6.3　矿用救生舱舱体热及压力耦合冲击分析

机械结构在受热后会产生膨胀现象，在冷却时候又会发生收缩。若机械结构由不同的材料构成，机械受到热冲击时由于不同材料之间的热膨胀率是不相同的，所以在每种材料之间就会形成挤压应力；另外，即使是在同一个结构内部，由于温度分布不均匀也会导致结构内部伸缩不自由，也会在结构的内部产生热应力。由此可见，当救生舱舱体受到爆炸热冲击时非常有必要做热应力分析，同时考虑到爆炸冲击时救生舱舱体还受到压力冲击波的作用，因此本部分将对矿用救生舱舱体做热及压力耦合冲击分析，即在第 4.5 部分救生舱舱体所受爆炸压力冲击的载荷情况下，结合前述热分析的相关内容分别对两种舱体进行热及压力耦合冲击仿真分析，并将其结果进行对比分析。

4.6.3.1　矿用救生舱舱体热及压力耦合冲击分析过程

在软件中添加瞬态结构分析单元，前述热分析项目结果能与瞬态结构分析共享，在模块 F 中设置矿用救生舱舱体受到的爆炸压力冲击载荷和结构约束条件，其中作用在舱体的压力冲击波载荷的大小和形式及约束条件的施加同前述的瞬态动力学分析。

4.6.3.2　仿真结果与分析

（1）矿用救生舱舱体的热应力结果及分析

分别提取两种舱体在 0.5 ms、2 ms、3 ms 及 6 ms 的热及冲击压力下应力云图，分别如图 4-63 和图 4-64 所示，其在各时刻热及冲击压力下的最大应力如表 4-14 所示。

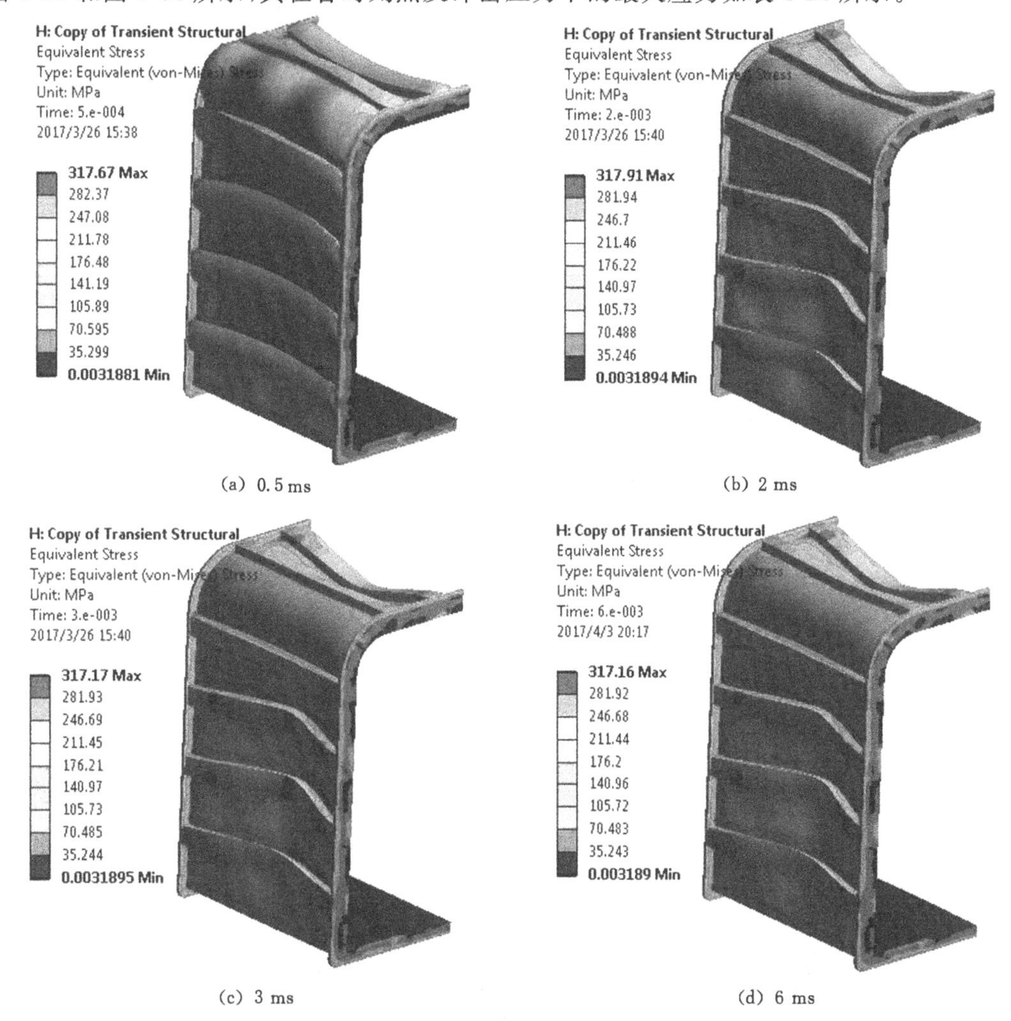

(a) 0.5 ms　(b) 2 ms

(c) 3 ms　(d) 6 ms

图 4-63　原型舱体热及冲击压力下的应力云图

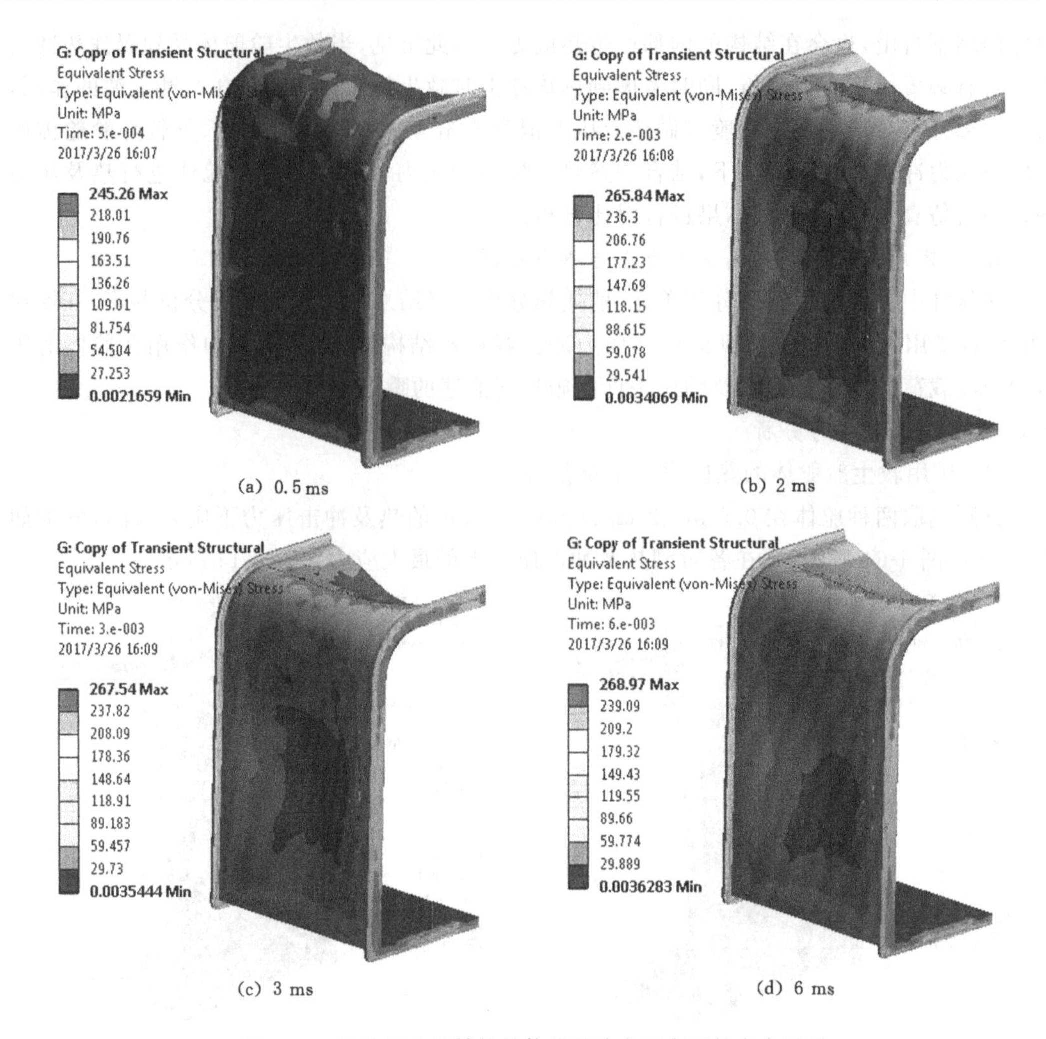

(a) 0.5 ms　(b) 2 ms

(c) 3 ms　(d) 6 ms

图 4-64　泡沫铝夹芯结构舱体热及冲击压力下的应力云图

表 4-14　两种舱体在各时刻热及冲击压力下的最大应力

名称	0.5 ms	2 ms	3 ms	6 ms
原型舱体最大应力/MPa	317.67	317.91	317.17	317.16
泡沫铝夹芯结构舱体最大应力/MPa	245.26	265.84	267.54	268.97

由此可见，原型舱体在 2 ms 时有最大应力为 317.91 MPa，出现部位位于其侧壁的外侧加强筋附近；而泡沫铝夹芯结构舱体则是在 6 ms 时有最大应力为 268.97 MPa，出现部位位于其侧壁的中心偏下位置和舱体侧壁与顶板过渡圆角的下侧。泡沫铝夹芯结构舱体的最大应力比原型矿用救生舱舱体减小了 15.39%，证明其具有更佳的抗压力和热冲击的安全性。

提取两种舱体的最大等效应力时间历程曲线如图 4-65 和图 4-66 所示。由此可见，在爆炸形成的压力冲击和热冲击共同的作用下泡沫铝夹芯结构舱体的最大等效应力均小于原型结构，且泡沫铝夹芯结构舱体的应力稳定之后的最大等效应力为 237.2 MPa，较原型舱体的 317.82 MPa 减小了 25.37%。

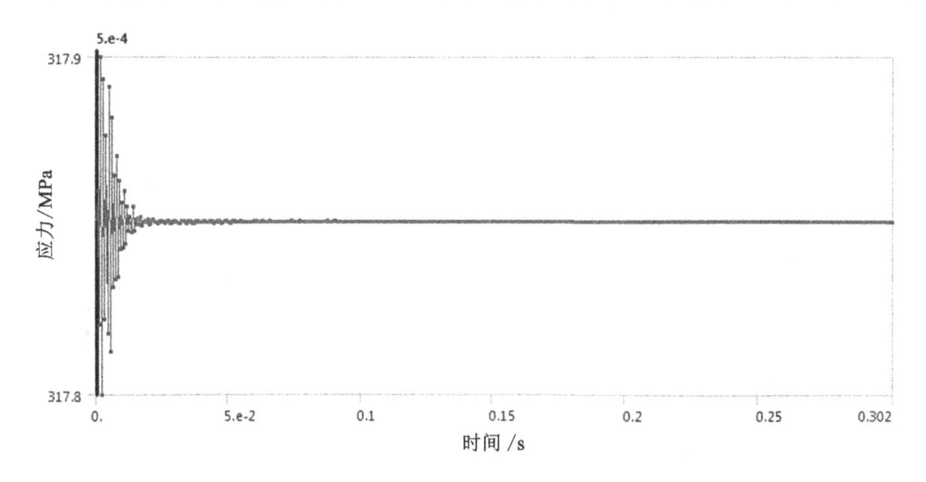

图 4-65　原型矿用救生舱舱体的等效应力历程曲线

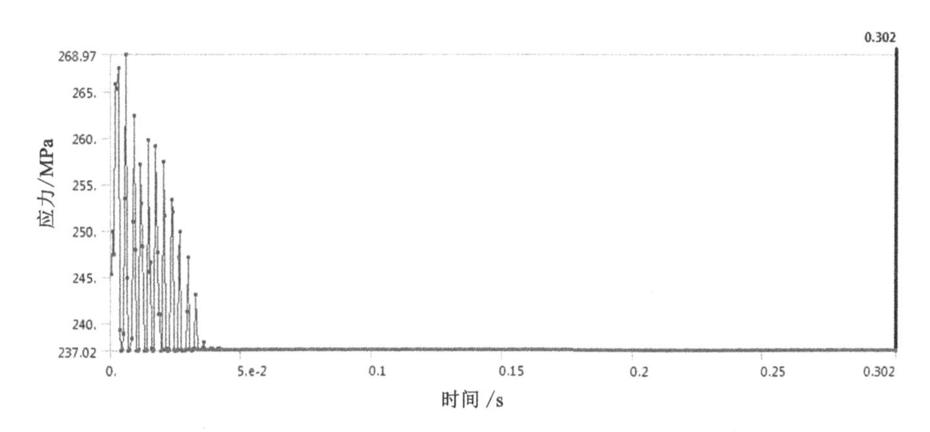

图 4-66　泡沫铝夹芯结构矿用救生舱舱体的等效应力历程曲线

(2) 矿用救生舱舱体的变形结果及分析

提取两种结构舱体在 0.5 ms、1 ms、2 ms、3 ms、50 ms 及 100 ms 的变形云图分别如图 4-67 和图 4-68 所示，其在各时刻的最大变形如表 4-15 所示。

表 4-15　两种舱体在各时刻的最大变形

名称	0.5 ms	1 ms	2 ms	3 ms	50 ms	100 ms
原型舱体最大变形/mm	0.536 4	0.806 1	2.336 9	3.706 1	2.874 9	2.209 6
泡沫铝夹芯结构舱体最大变形/mm	0.430 6	0.682 5	2.112 6	2.938 1	2.020 9	1.739 4

由此可见，两种舱体的最大变形都出现在 3 ms 时，其中泡沫铝夹芯结构舱体的最大变形量为 2.938 1 mm，较原型舱体的最大变形量为 3.706 1 mm 减小了 20.72%。

两种结构舱体的最大变形历程曲线分别如图 4-69 和图 4-70 所示。由图可知泡沫铝夹芯结构舱体的最大变形在各时刻均小于原型舱体，且泡沫铝夹芯结构舱体的变形振幅大约在 60 ms 左右停止，而原型舱体的在整个计算时间内均在振动，证明泡沫铝夹芯结构舱体具有更好的减振效果。

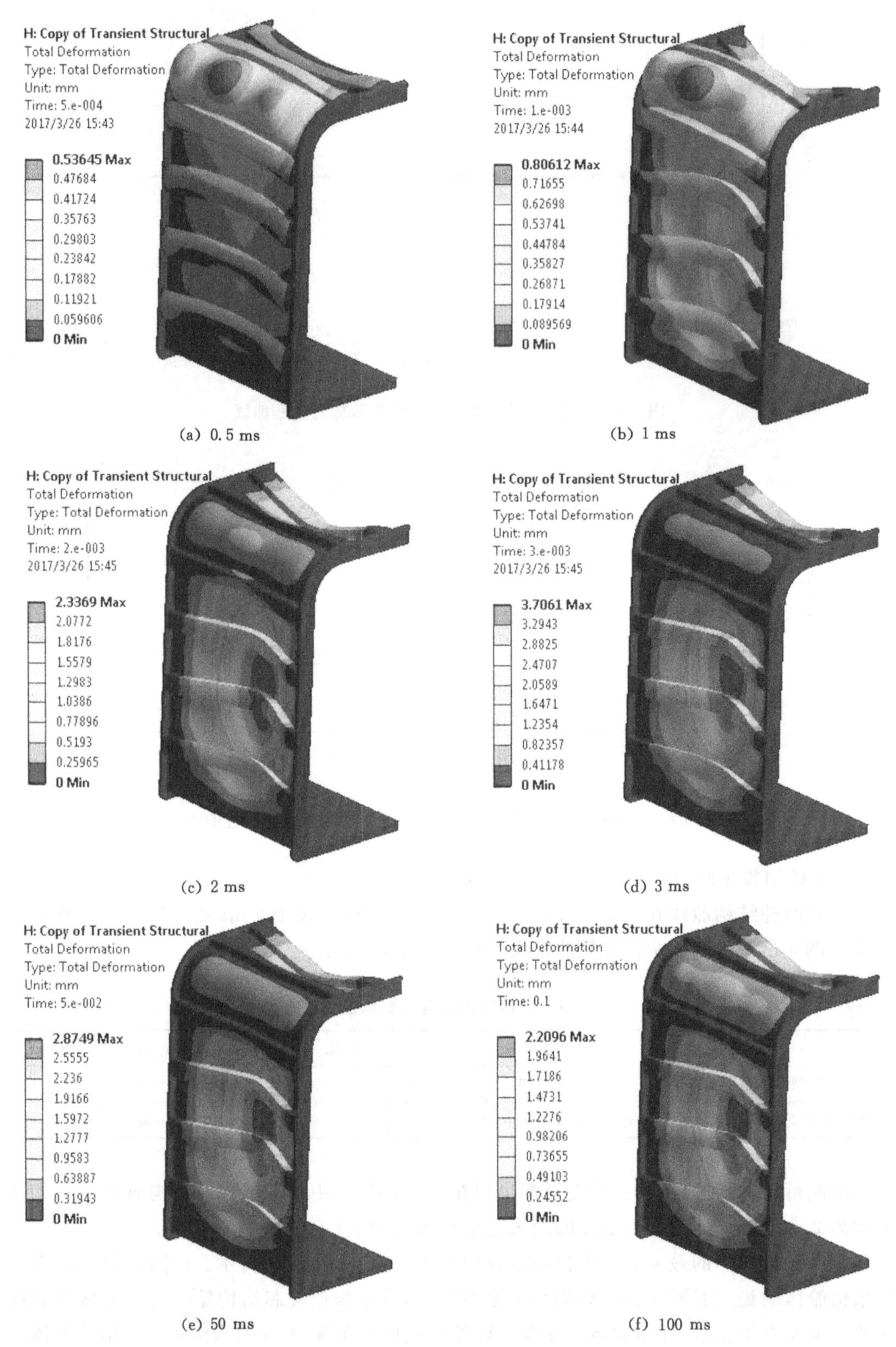

(a) 0.5 ms (b) 1 ms

(c) 2 ms (d) 3 ms

(e) 50 ms (f) 100 ms

图 4-67 原型舱体的变形云图

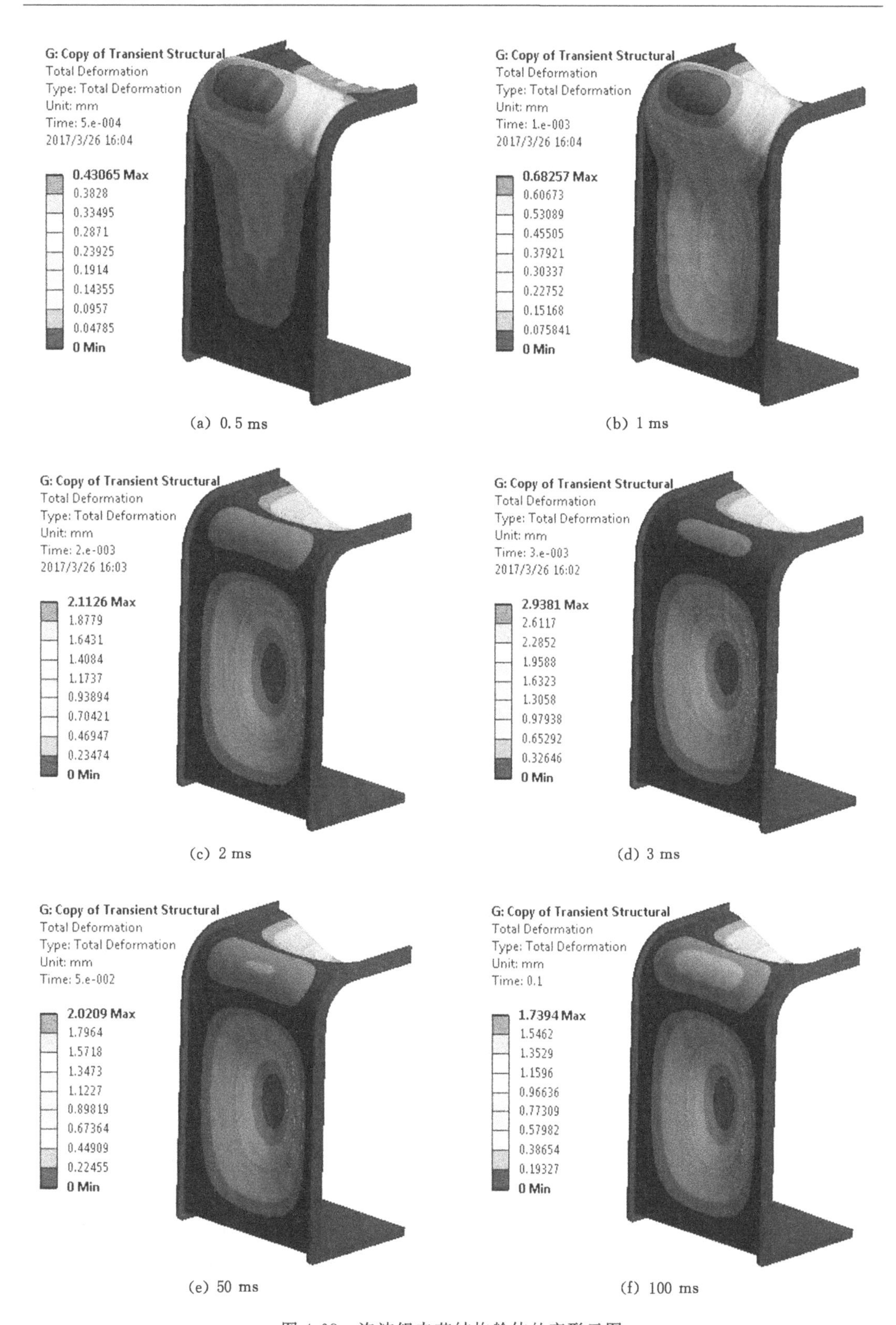

(a) 0.5 ms　(b) 1 ms

(c) 2 ms　(d) 3 ms

(e) 50 ms　(f) 100 ms

图 4-68　泡沫铝夹芯结构舱体的变形云图

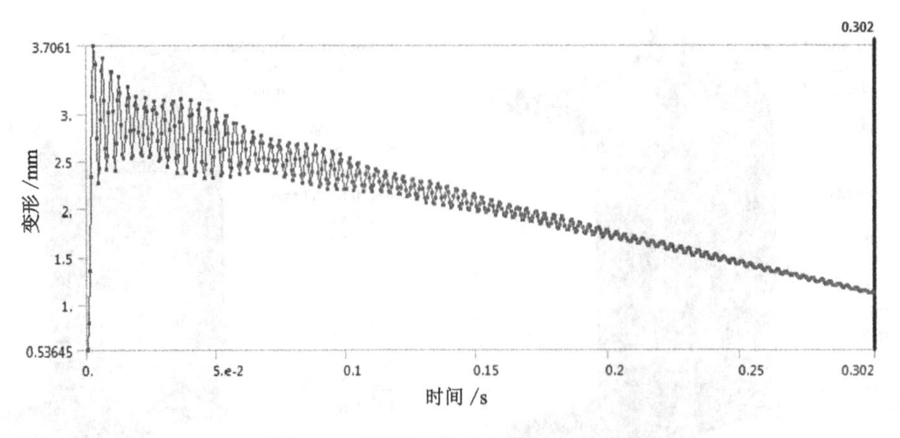

图 4-69　原型舱体的变形历程曲线

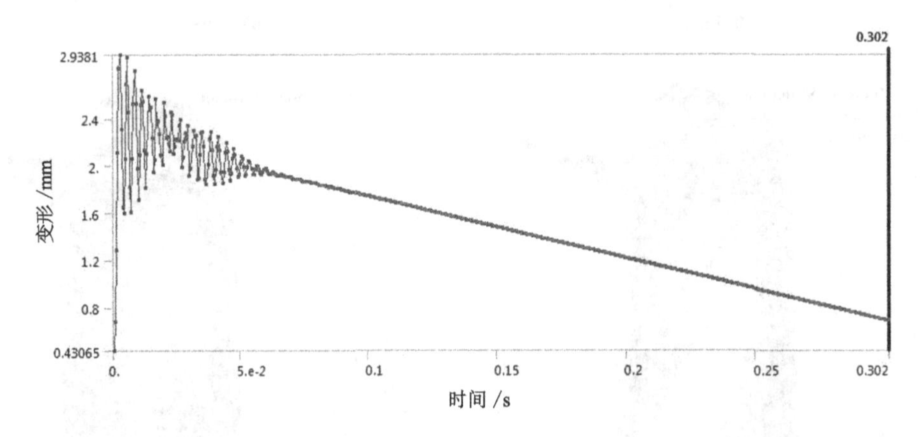

图 4-70　泡沫铝舱体的变形历程曲线

(3) 矿用救生舱舱体的应变能结果及分析

提取两种结构舱体在 0.5 ms、1 ms、2.5 ms、3 ms、50 ms 及 100 ms 时刻的能量云图，分别如图 4-71 和图 4-72 所示，其在各时刻吸收的总能量如表 4-16 所示。

表 4-16　两种舱体在各时刻吸收的总能量

名称	0.5 ms	1 ms	2.5 ms	3 ms	50 ms	100 ms
原型舱体吸收的总能量/mJ	1 940	2 355.5	4 878.5	5 407	4 902.9	4 558.6
泡沫铝夹芯结构舱体吸收的总能量/mJ	3 591.4	3 654.4	7 129.7	7 042	6 242.7	6 041.4

由此可见，原型舱体在 3 ms 时有最大吸收总能量，为 5 407 mJ，而泡沫铝夹芯结构矿用救生舱舱体在 2.5 ms 时有最大吸收总能量，为 7 129.7 mJ。根据第前述分析可知，原型舱体的最大应变能为 1 714.4 mJ，泡沫铝夹芯结构舱体的最大应变能为 703.4 mJ，则在热及压力耦合冲击的作用下，原型舱体吸收的热量为 5 407－1 714.4/2＝4 549.8 mJ，泡沫铝夹芯结构舱体吸收的热量为 7 129.7－703.4/2＝6 778 mJ。对比两种舱体吸收的热量可知泡沫铝夹芯结构舱体比原型舱舱体提高了 48.97%。即当外界热能一定时，输入到泡沫铝夹芯结构舱体内部的热量将大幅减小，证明了泡沫铝夹芯结构舱体具有更优异的隔热性能。

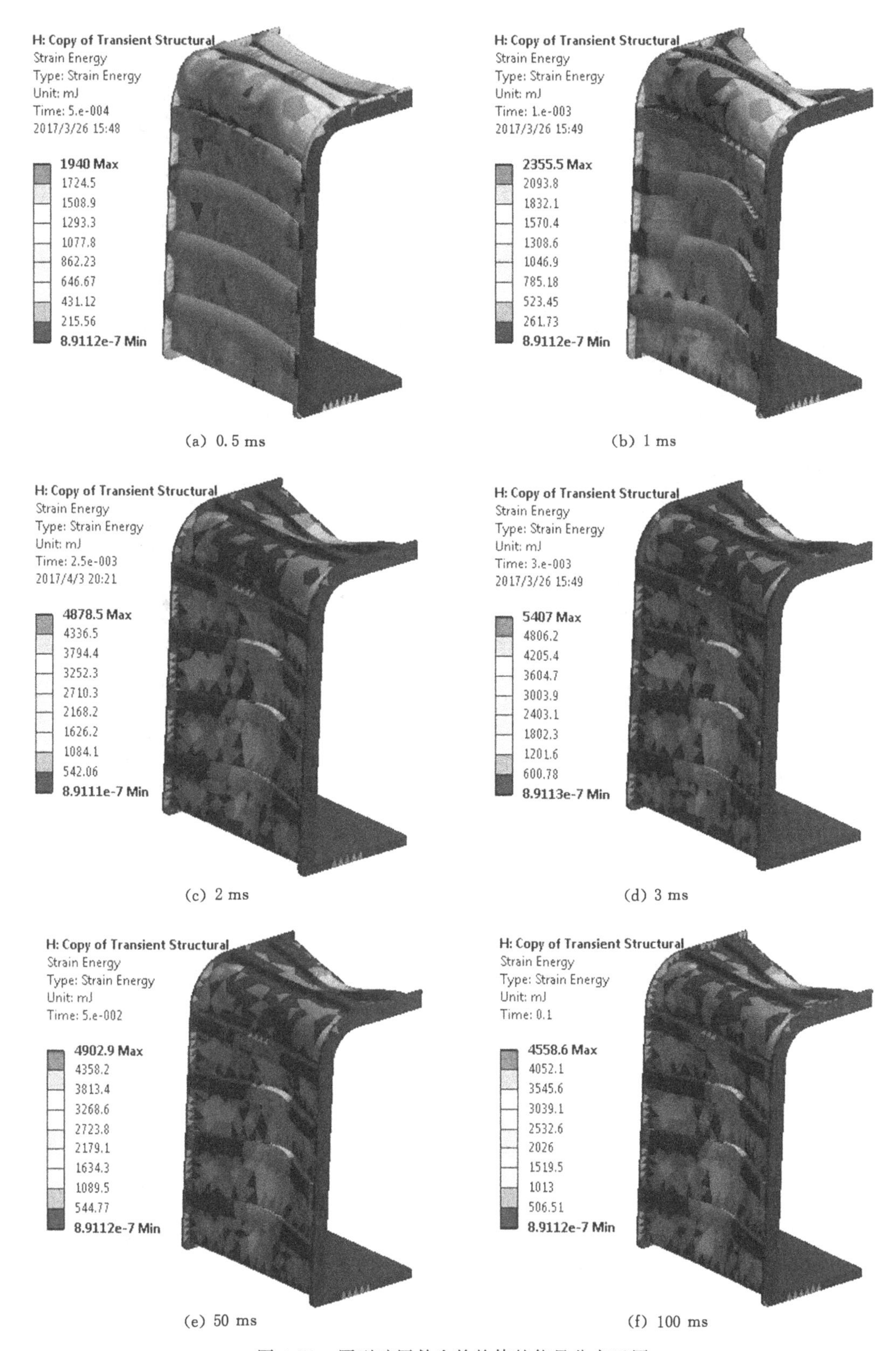

(a) 0.5 ms　(b) 1 ms

(c) 2 ms　(d) 3 ms

(e) 50 ms　(f) 100 ms

图 4-71　原型矿用救生舱舱体的能量分布云图

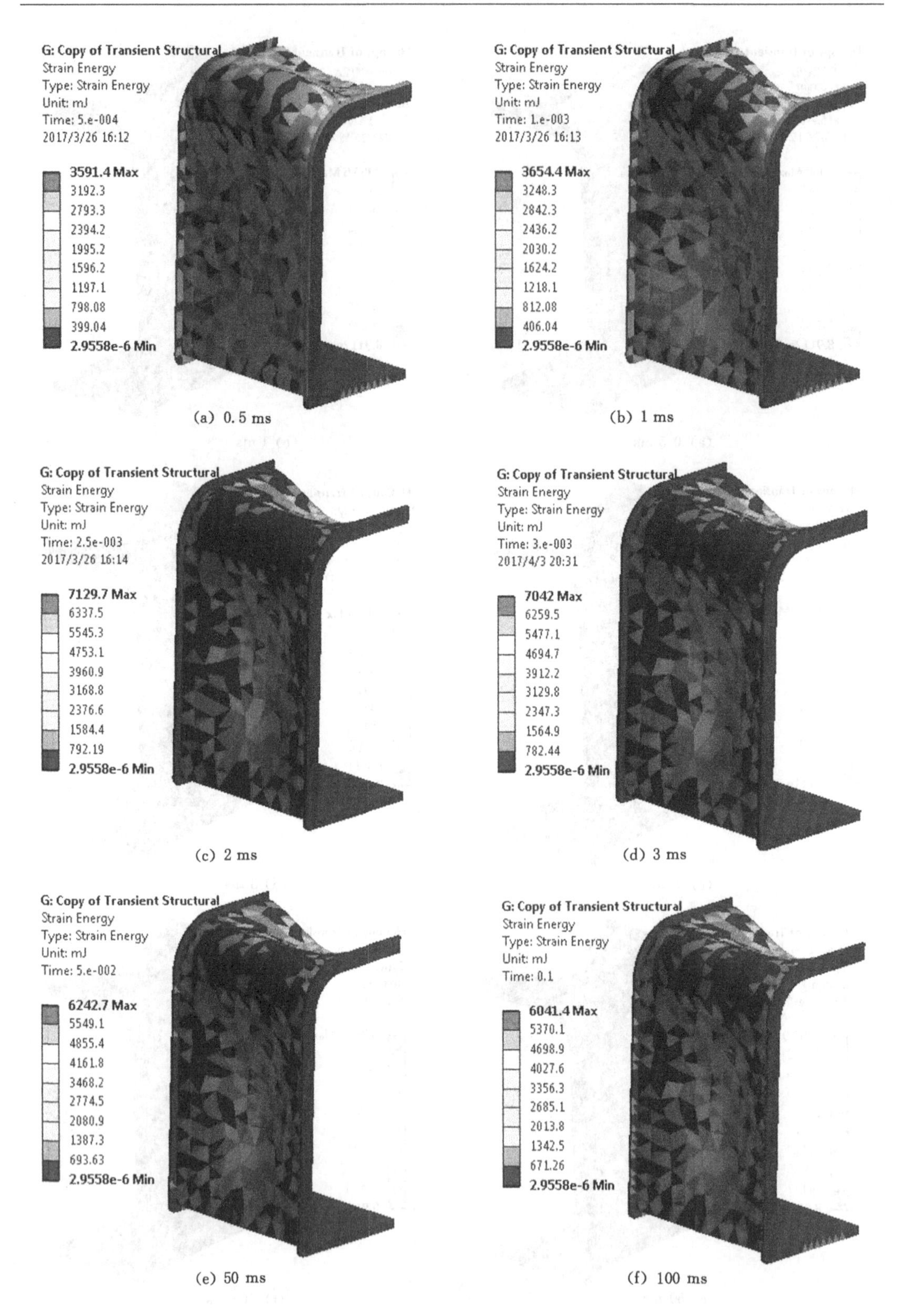

(a) 0.5 ms　(b) 1 ms

(c) 2 ms　(d) 3 ms

(e) 50 ms　(f) 100 ms

图 4-72　泡沫铝夹芯结构舱体的能量分布云图

提取两种舱体的总能量历程曲线分别如图 4-73 和图 4-74 所示。由此可见，泡沫铝夹芯结构舱体的总能量在所有时刻均小于原型舱体，且泡沫铝夹芯结构舱体的变形振动在 60 ms 左右停止，而原型舱体的变形振动在 200 ms 左右停止，进一步证明泡沫铝夹芯结构舱体具有更优越的减振特性。

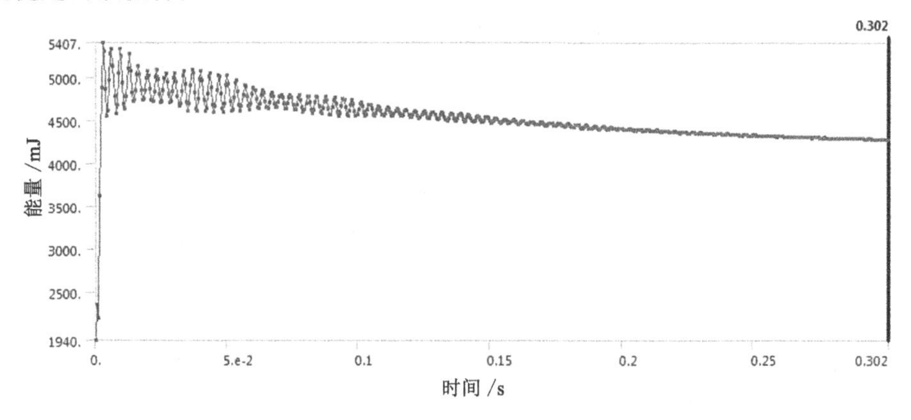

图 4-73　原型舱体的总能量历程曲线

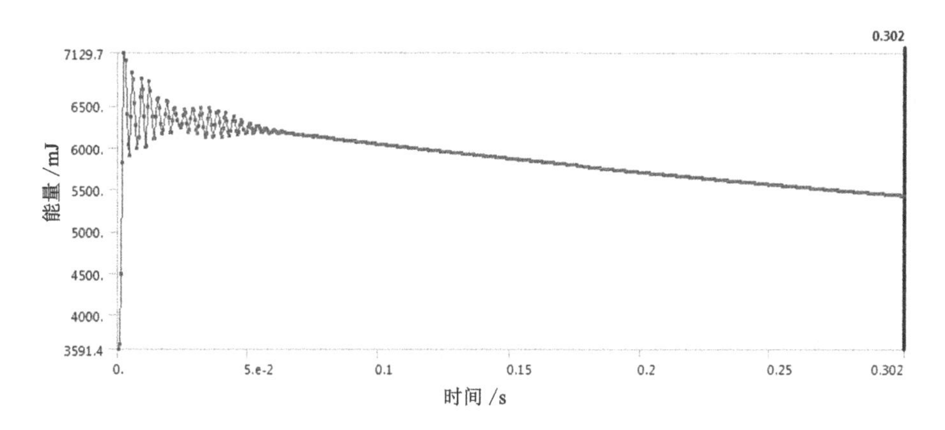

图 4-74　泡沫铝夹芯结构舱体的总能量历程曲线

4.7　本章小结

本章主要以 KJYF-96/12 型矿用可移动式硬体救生舱为研究原型，对泡沫铝夹芯结构新型矿用救生舱舱体结构设计、优化及其性能分析进行了研究，得出的主要结论如下：

(1) 对于泡沫铝夹芯结构舱体，其内、外板的厚度为影响其整体质量的关键因素，内板的厚度为影响其最大等效应力的关键因素，泡沫铝夹芯板的厚度为影响其最大变形量的关键因素。对于参照所选原型矿用救生舱设计的沫铝夹芯结构矿用救生舱舱体，最优结构参数为：内板厚为 5 mm，外板厚为 3.5 mm，泡沫铝厚为 50 mm，纵向加强筋宽为 5 mm，横向加强筋宽为 5.5 mm。

(2) 泡沫铝夹芯结构舱体的最大等效静应力为 139.62 MPa，较原型舱体的 242.32 MPa 降低了 42.38%；最大静变形为 0.777 1 mm，较原型舱体的 1.633 5 mm 降低了

52.42%;其质量为994.87 kg,较原型舱体的1 014.2 kg降低了19.33 kg。这证明泡沫铝夹芯结构矿用救生舱舱体不但静刚度和静强度得到显著提高而且其质量还有所降低。

(3) 泡沫铝夹芯结构舱体的前四阶固有频率范围为474.71～977.44 Hz,较原型舱体的326.63～565.52 Hz最大提高幅度为74.82%,最小提高幅度为48.23%,平均提高幅度为62.15%。泡沫铝夹芯结构舱体在X和Y及Z三个坐标轴方向上的谐响应幅值比原型舱体分别减小90.58%、69.23%和76.06%,证明了泡沫铝夹芯结构矿用救生舱舱体具有更好的动态性能。

(4) 泡沫铝夹芯结构舱体在抗爆炸冲击压力作用下的最大等效应力为275.94 MPa,较原型的370.9 MPa降低了25.6%;最大冲击变形为2.112 9 mm,较原型的2.471 7 mm降低了14.53%;最大变形速度为1 547.5 mm/s,较原型的1 723.3 mm/s降低了10.2%;应变能为703.4 mJ,较原型的1 714.4 m降低了58.97%。这证明了泡沫铝夹芯结构矿用救生舱舱体具有优异的抗爆炸冲击特性,进而证明其安全性得到大幅度的改善。

(5) 在相同热-压力耦合冲击载荷作用下,泡沫铝夹芯结构其舱体温度为36.104 ℃,较原型舱体的72.979 ℃降低了50.53%;最大等效应力为268.97 MPa,比原型舱体的317.91 MPa降低了15.39%;最大冲击变形为2.938 1 mm,较原型舱体的3.706 1 mm降低了20.72%;舱体吸收的热量为6 778 m,较原型舱体的4 549.8 mJ提高了48.97%。这证明泡沫铝夹芯结构救生舱舱体具有更好的隔热特性,同时抗热-压力耦合冲击的性能也得到显著提升。

总之,通过本章研究证明了泡沫铝夹芯结构矿用救生舱舱体在提高矿用救生舱的安全性、救援的快速性、舒适性及运输的经济性等方面的可行性与有效性。

参考文献

[1] 沈佳兴,徐平,于英华.泡沫铝填充结构救生舱热-压力耦合冲击性能研究[J].振动与冲击,2018,37(16):45-50.
[2] 李冀龙,唐亚男,刘轩铭.不同荷载模式下矿用救生舱受力性能的数值模拟[J].爆炸与冲击,2017,37(1):140-149.
[3] 陈晓坤,李海涛,王秋红,等.瓦斯爆炸载荷作用下矿用柱壳救生舱抗爆性分析及结构优化[J].爆炸与冲击,2018,38(1):124-132.
[4] 王勇,李松梅,常德功,等.安全避难装置舱体结构的热防护性能分析与研究[J].青岛科技大学学报(自然科学版),2018,39(6):87-91.
[5] 魏浩.煤矿井下紧急避险与应急救援技术研究[J].能源与节能,2018(1):140-141.
[6] 赵焕娟.井下瓦斯爆炸特性及救生舱舱体优化研究[D].北京:北京理工大学,2015.
[7] 戴震.矿用可移动式救生舱结构设计及抗爆隔热性能研究[D].太原:太原理工大学,2016.
[8] 常德功,秦臻,李国星.新型矿用救生舱隔热结构设计与分析[J].煤矿安全,2015,46(4):109-111.
[9] 方海峰.煤矿井下救生舱及硐室防护结构动力学研究[D].徐州:中国矿业大学,2012.
[10] 李娜娜.新型矿用救生舱舱体结构设计及参数优化研究[D].西安:西安科技大

学,2014.
[11] 李国星.新型可移动式矿用救生舱的设计与研究[D].青岛:青岛科技大学,2014.
[12] 王章化.瓦斯爆炸荷载作用下矿用救生舱动力响应研究[D].哈尔滨:哈尔滨工业大学,2012.
[13]葛亮.矿用可移动式轻型救生舱舱体设计及结构优化[J].煤炭技术,2016,35(1):237-240.
[14] 袁伟淇.龙滩矿井安全避险系统项目进度管理研究[D].成都:电子科技大学,2018.
[15] 刘宝.矿用救生舱工作环境及舱体隔热抗爆性能问题研究[D].哈尔滨:哈尔滨工业大学,2012.
[16] MARGOLIS K A, WESTERMAN C Y K, KOWALSKI-TRAKOFLER K M. Underground mine refuge chamber expectations training: program development and evaluation[J]. Safety science,2011,49(3):522-530.
[17] MA L D,PAN H Y,WANG Y,et al. Lightweight structure design of refuge chamber [J]. Advanced materials research,2012,472/473/474/475:823-826.
[18] LEI Y,JIANG Y L,ZHU C L,et al. Strength check and optimization design of movable mine refuge chamber[J]. Applied mechanics and materials,2011,66/67/68:407-412.
[19] ZHANG H,LI S,CAO S J. Structure analysis and design of coal mine refuge chamber [J]. Applied mechanics and materials,2012,163:53-56.
[20] ZHANG A N,GU Y M,TAI J J,et al. Coal mine mobile refuge chamber with square cross section structure finite element analysis[J]. Applied mechanics and materials,2012,201/202:308-311.
[21] 俞成森,祝华军,熊文祥.闭环式矿用救生舱舱体:CN103758563A[P].2014-04-30.
[22] 李志强,白博,王志华,等.一种具有抗爆和热冲击综合性能的矿用救生舱舱体:CN103485817A[P].2014-01-01.
[23] 于英华,余国军.泡沫铝层合结构钢球磨煤机隔声罩降噪性能研究[J].煤炭学报,2012,37(1):158-161.
[24] 徐平,沈佳兴,于英华,等.泡沫铝填充结构救生舱多目标优化设计[J].中国安全生产科学技术,2017,13(3):156-161.
[25] 于英华,吴荣发,阮文松.泡沫铝层合结构溜槽设计及其性能分析[J].机械设计,2017,34(4):65-69.
[26] 徐平,石瑞瑞,阮文松,等.泡沫铝夹芯结构汽车顶板的研究[J].机械科学与技术,2016,35(10):1636-1640.
[27] 徐平,沈佳兴,于英华,等.泡沫铝层合结构矿用溜槽减振优化设计[J].机械设计与研究,2016,32(3):165-169.
[28] 兰凤崇,曾繁波,周云郊,等.闭孔泡沫铝力学特性及其在汽车碰撞吸能中的应用研究进展[J].机械工程学报,2014,50(22):97-112.
[29] 潘一山,肖永惠,李忠华,等.冲击地压矿井巷道支护理论研究及应用[J].煤炭学报,2014,39(2):222-228.

[30] YU J L, WANG E H, LI J R, et al. Static and low-velocity impact behavior of sandwich beams with closed-cell aluminum-foam core in three-point bending[J]. International journal of impact engineering, 2008, 35(8): 885-894.

[31] 牛卫晶. 冲击载荷下泡沫铝夹芯防护结构的侵彻动力学行为研究[D]. 太原:太原理工大学, 2015.

[32] 叶昌铮, 孟晗, 辛锋先, 等. 基于传递函数法的水下消声层声学性能研究[J]. 力学学报, 2016, 48(1): 213-224.

[33] 任树伟, 孟晗, 辛锋先, 等. 方形蜂窝夹层曲板的振动特性研究[J]. 西安交通大学学报, 2015, 49(3): 129-135.

[34] LU T J, VALDEVIT L, EVANS A G. Active cooling by metallic sandwich structures with periodic cores[J]. Progress in materials science, 2005, 50(7): 789-815.

[35] 苗鸿伟. 基于能带理论的周期夹芯板振动传输特性的数值分析与实验研究[D]. 北京:北京交通大学, 2015.

[36] 卢天健, 辛锋先. 轻质板壳结构设计的振动和声学基础[M]. 北京:科学出版社, 2012.

[37] NAYAK S K, SINGH A K, BELEGUNDU A D, et al. Process for design optimization of honeycomb core sandwich panels for blast load mitigation[J]. Structural and multidisciplinary optimization, 2013, 47(5): 749-763.

[38] MCSHANE G J, DESHPANDE V S, FLECK N A. Underwater blast response of free-standing sandwich plates with metallic lattice cores[J]. International journal of impact engineering, 2010, 37(11): 1138-1149.

[39] 梁伟, 张立春, 吴大方, 等. 金属蜂窝夹芯板瞬态热性能的计算与试验分析[J]. 航空学报, 2009, 30(4): 672-677.

[40] 于渤, 韩宾, 倪长也, 等. 空心及 PMI 泡沫填充铝波纹夹芯梁冲击性能实验研究[J]. 西安交通大学学报, 2015, 49(1): 86-91.

[41] 陈诗超. 金属泡沫夹芯抗爆容器动力响应的数值模拟[D]. 太原:太原理工大学, 2013.

[42] 李世强. 分层梯度多孔金属夹芯结构的冲击力学行为[D]. 太原:太原理工大学, 2015.

[43] 荣吉利, 刘迁, 项大林. 巷道内爆炸冲击作用下煤矿救生舱动态响应的数值分析[J]. 振动与冲击, 2016, 35(11): 28-33.

[44] 冯海龙. 爆炸冲击波的简化计算方法概述[J]. 山西建筑, 2010, 36(21): 69-70.

[45] 蔺照东. 井下巷道瓦斯爆炸冲击波传播规律及影响因素研究[D]. 太原:中北大学, 2014.

[46] 邬玉斌. 地下结构偶然性内爆炸效应研究[D]. 哈尔滨:中国地震局工程力学研究所, 2011.

[47] 王磊. 矿用救生舱舱体爆炸高压条件下舱体结构及气密性研究[D]. 北京:煤炭科学研究总院, 2014.

[48] 李志强, 白博, 谢青海, 等. 冲击载荷下矿用移动式救生舱动态响应的数值模拟[J]. 振动与冲击, 2013, 32(16): 146-151.

[49] 常德功, 王吉利, 李国星. 基于 LS-DYNA 的矿用救生舱壳结构爆炸冲击分析[J]. 矿山机械, 2013, 41(11): 130-134.

[50] 张博一，李秋稷，王伟. 矿用救生舱瓦斯爆炸动力响应数值模拟[J]. 哈尔滨工业大学学报，2013，45(4)：14-20.

[51] 赵军，何德坪. 闭孔泡沫纯铝的导热性能[J]. 机械工程材料，2009，33(4)：76-78.

[52] 宋锦柱，何思渊. 多孔泡沫铝的传热性能[J]. 江苏冶金，2008，36(2)：28-30.

[53] 凤仪，朱震刚，陶宁，等. 闭孔泡沫铝的导热性能[J]. 金属学报，2003，39(8)：817-820.

[54] (美)伯纳德・刘易斯，(美)京特・冯・埃尔贝. 燃气燃烧与瓦斯爆炸[M]. 王方，译. 北京：中国建筑工业出版社，2007.

[55] 张庆华，段玉龙，周心权，等. 煤矿井下瓦斯爆炸后爆源临近区域特殊热环境分析研究[J]. 煤炭学报，2011，36(7)：1165-1171.

[56] 杨艺，何学秋，刘建章，等. 瓦斯爆燃火焰内部流场分形特性研究[J]. 爆炸与冲击，2004，24(1)：30-36.

[57] 曲志明. 煤矿巷道瓦斯爆炸冲击波衰减规律及破坏机理研究[D]. 北京：中国矿业大学(北京)，2007.

[58] 林柏泉，菅从光. 爆炸波能量变化特征及壁面热效应[J]. 煤炭学报，2004，29(4)：429-433.

[59] 林柏泉，菅从光，张辉. 管道壁面散热对瓦斯爆炸传播特性影响的研究[J]. 中国矿业大学学报，2009，38(1)：1-4.

第5章　泡沫铝层合结构钢球磨煤机筒体结构设计及性能分析

5.1　绪论

5.1.1　研究泡沫铝层合结构钢球磨煤机筒体的意义

自20世纪50年代以来，噪声已成为污染人类社会环境的一大公害。噪声不仅干扰人们正常工作、学习和休息，而且还危害到人的身体健康。有资料显示，超过115 dB的噪声会造成人的耳鸣、耳痛、头晕甚至导致人的神经系统紊乱。进入21世纪，随着生活质量的提高，人们对自己所处的生活环境要求越来越高，尤其对声质量的要求尤为强烈。因此，如何控制噪声、治理噪声已成为当下具有重大社会意义的研究工作[1-3]。

钢球磨煤机(俗称球磨机)是一种被广泛用于矿山、电力和冶金等工业部门的设备。钢球磨机的筒内装有大量的钢球，当筒体运转时，钢球紧贴在筒内壁上，随筒体一起回转，达到一定高度后，产生自由抛落，冲击物料并将其粉碎。由筒内的钢球冲击所产生的噪声高达100～140 dB，超过了国家标准规定的噪声90 dB，严重危害工人的身心健康[2-3]。

本章分析球磨煤机筒体的振动特性和噪声分布，获得球磨机的振动与噪声机理，研究新型减振阻尼材料泡沫铝的结构与性能特点，将其应用于球磨机筒体，以降低筒体的振动与噪声，从而使得球磨机的噪声污染得到治理，改善周围的工作环境，保护职工的身心健康。此项研究不仅使球磨煤机筒体振动和噪声治理取得突破性进展，同时进一步拓展了泡沫铝这种新型材料在工业领域中的应用。

5.1.2　本章研究的内容

本章的主要研究泡沫铝层合结构筒体结构设计及其性能，具体内容如下：

(1) 根据钢球磨煤机工作原理，建立钢球磨煤机筒体振动及声辐射数学模型；

(2) 初步设计出泡沫铝层合结构钢球磨煤机筒体；

(3) 利用ANSYS分析泡沫铝层合结构筒体的静、动态性能；

(4) 利用Virtual. Lab声学软件分析泡沫铝层合结构筒体的筒内声场分布；

(5) 对现有筒体结构与泡沫铝层合结构筒体的静、动态性能和声场分布进行对比分析，证明泡沫铝层合结构筒体的优越性。

5.2　钢球磨煤机的构造、工作原理和动力学分析

5.2.1　钢球磨煤机的构造和工作原理

本章主要研究中长筒式钢球磨煤机，其结构示意图如图5-1所示[4]，由圆柱形筒体1、端盖2、轴承3和传动大齿圈4等部件组成，筒体1内装入直径为25～150 mm的钢球(称为磨

介),其装入量为整个筒体容积的 25%～50%。筒体两端有端盖 2,端盖通过螺钉与端部法兰相连接,筒体的中空轴颈支撑在轴承 3 上,大齿轮圈 4 固定在筒体上。筒体内部有波形衬板的组合,通过螺栓连接将衬板牢固压紧在筒体上。衬板和筒体之间铺设有石棉垫和隔音毛毡,最外面包有一层钢皮。

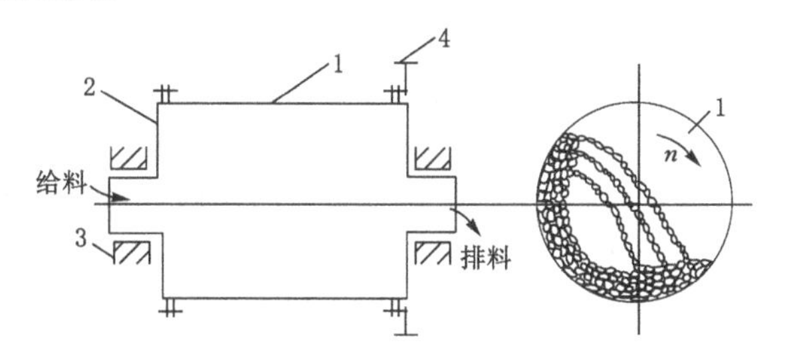

1—筒体;2—端盖;3—轴承;4—大齿圈。

图 5-1　球磨机示意图

电动机通过联轴器、减速器和小齿轮(图中未表示这四部分结构)带动大齿圈和筒体缓缓转动。物料由端盖上左侧中空轴颈进入筒体,当筒体转动时,钢球和物料随筒壁上升至一定高度,由于其本身重力的作用而呈抛物线落下或泻落而下,物料主要被钢球击碎,同时还受到钢球之间、钢球与衬板之间的挤压与研磨。这时,物料逐渐向右方扩散移动,最后从右方的中空轴颈排至机外。

5.2.2　钢球磨煤机筒体的动力学分析

5.2.2.1　结构参数的确定和筒内球的运动规律

本章以沈阳某机械厂生产的干式长筒钢球磨煤机为研究原型,其型号为 DTMϕ3 500×6 000。筒体有效直径 D=3 500 mm,筒体长度 L=6 000 mm。筒体衬板为高锰材料,钢衬板厚度 54 mm,石棉垫厚 5 mm,隔音毛毡厚 15 mm,外包钢皮厚 20 mm,筒体转速 n=16.7 r/min。

由钢球磨煤机的工作原理可知,物料在筒体内受运动着的钢球的冲击和粉磨,或者是物料互相间的冲击和粉磨而被粉碎。粉磨效果的优劣主要由钢球和物料的运动状态所决定。根据实验观察,钢球在筒体内基本上有三种运动状态,泻落运动状态、抛落运动状态以及离心运动状态[4],如图 5-2 所示。

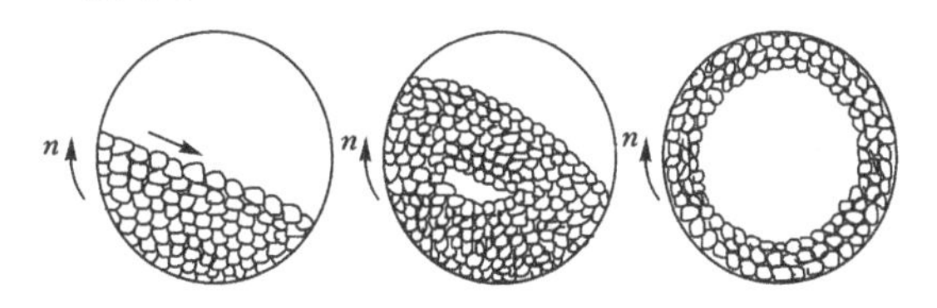

图 5-2　磨机内球的运动状态

(1) 泻落运动状态

筒体工作转速太慢时,筒内所有磨介和物料沿筒体旋转才升高至 40°～50°的角度(升高期间各层之间也有相对滑动),自然形成的球层大体上沿同心圆分布,并随着筒体的转动,当筒内的钢球和物料与筒内壁间的摩擦力等于动摩擦角时,钢球和物料便泻落下来,像这样筒内的钢球和物料随筒体不断往复运动，这种运动状态称之为泻落运动状态。

(2) 抛落运动状态

磨机转速适中时，钢球贴着筒内壁随筒体一起运转并被提升到一定高度，当达到一定高度后便离开随筒体运转的圆形轨道，做自由抛落运动，运动的轨迹是一条抛物线。因此，钢球在筒体中运动轨迹可分为两段，即一段圆周轨迹和一段抛物线轨迹。最外层球在筒体内壁摩擦力的作用下沿圆周轨迹运动，内部各层球之间也存在摩擦力，各层球也沿同心圆的圆周轨迹运动。摩擦力的大小取决于摩擦系数及它们之间的正压力，而正压力则由重力 G 的径向分力 N 和离心力 F_c 产生，如图 5-3 所示。重力的切向分力 T 对筒体中心的力矩使球产生与筒体转向呈反向转动的趋势，如果重力的切向分力 T 对筒体中心的力矩小于摩擦力对筒体中心的力矩，那么球与筒壁或球层与球层之间便不产生相对滑动，反之则产生。

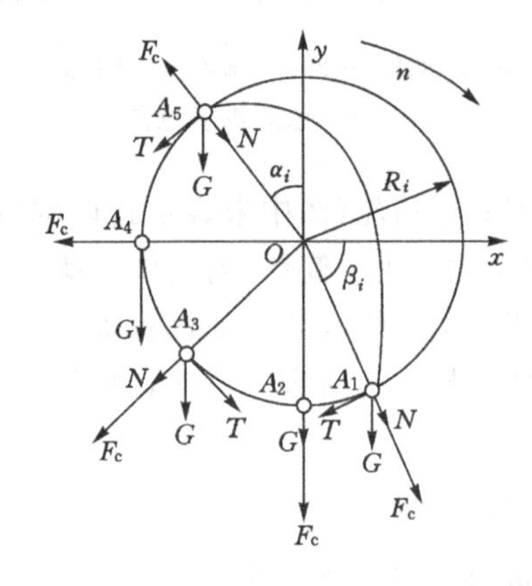

图 5-3 球磨机抛落状态下球的运动轨迹及受力

每个钢球依靠自身的摩擦力和物料的摩擦力，加之同一层后面的球的推力作用，而沿圆周轨迹向上运动。摩擦系数的大小取决于物料的性质、筒体内表面的特点和料浆浓度(湿式球磨机)。球随着筒体的转动而升高，最外层球和筒壁以及各层球之间的正压力随之减小，当运动到 A_5 点时，分力 N 与离心力 F_c 变成方向相反大小相等的两个力，于是球便离开筒壁自由抛落(沿抛物线轨迹)而落回到 A_1 点，以后又沿圆周轨迹运动，如此循环。

(3) 离心运动状态

当钢球磨煤机筒体转速高到某一定值时，钢球受离心力作用呈层状紧贴在筒壁上与筒体做同步运动，此时钢球与衬板之间、钢球与钢球之间均没有相对滑动，甚至钢球的转动也没有出现。由于钢球之间、钢球与衬板之间、钢球与物料之间无相对滑动，并且钢球没有转动以及抛落冲击，因此离心运动状态钢球不发生磨矿作用，所以应避免离心状态出现。

目前，水泥工业中应用的水泥磨一般采用的是钢球的泻落工作状态，应用范围很窄，而离心工作状态是磨煤机应杜绝出现的。实际上，无论是选矿厂还是发电厂使用的球磨机大多采用抛落工作状态，因此，本章只研究抛落状态下磨机内球的运动状态。

5.2.2.2 筒内球的运动基本方程式

为了分析方便，取任意球层的一个球来研究筒内全部球的运动规律，现做如下假定：

(1) 磨机任意纵断面的任意球层球的运动状态完全相似；

(2) 不考虑球与筒壁及球与球之间的相对滑动；

(3) 不考虑球的自转及球的直径，因此最外层球的回转体半径即是筒体有效半径。

前文已述，磨机内球的运动轨迹由两段组成：圆周运动轨迹和抛物线运动轨迹。取垂直于磨机轴线的任意剖面的任意球层的一个球研究[4]，如图 5-3 所示，筒体运转时，作用在球上的力有离心力 F_c 和重力 G。N 是 G 的径向分力，T 是 G 的切向分力。当 F_c 与 G 比例一定时，球随筒体一起回转并被提升到一定高度，当球到达 A_5 点时，$F_c \leqslant G\cos\alpha_i$，球便离开圆周运动轨迹而沿抛物线落下到 A_1 点，称 A_5 点为断离点，A_5 点所在位置的半径与铅垂轴的夹角 α_i 称为断离角，A_1 点称为落点，A_1 点所在位置的半径与水平轴的夹角 β_i 称为落角。

当球在 A_5 点时有：

$$F_c = N \tag{5-1}$$

式中，$F_c = \dfrac{G}{g} R_i \left(\dfrac{n\pi}{30}\right)^2$，$N = G\cos\alpha_i$。

将 F_c 和 N 的表达式代入公式(5-1)，整理化简，且取 $\pi^2 \approx g$，有：

$$\cos\alpha_i = \frac{n^2 R_i}{900} \tag{5-2}$$

式中　n——筒体的转速，r/min；

R_i——任意层球的回转体半径，如果是最外层球，则为筒体的内半径 R，m；

g——重力加速度，m/s^2。

公式(5-2)就是筒体内球的运动基本方程式[5]。

如果 $\dfrac{G}{g} R_i \omega^2 = G\cos\alpha_i$ 两边同乘以 R_i、除以 G，得：

$$(R_i \omega)^2 = R_i g \cos\alpha_i \tag{5-3}$$

即

$$v_i^2 = R_i g \cos\alpha_i \tag{5-4}$$

式中　v_i——任意层球的运动速度，最外层球为筒体内表面的圆周速度，m/s。

5.2.2.3　磨机的临界转速

当钢球磨煤机的转速达到某一定值时，最外层的球脱离角 $\alpha = 0°$，介质的离心力等于介质本身的重力，理论上粉磨介质紧贴筒壁，随筒体一起回转而不下落，这种情况称为临界转速。

由定义，将 $\alpha = 0°$ 代入式(5-2)，可求出临界转速 n_0 为[5]：

$$n_0 = \frac{30}{\sqrt{R}} = \frac{42}{\sqrt{D}} \quad \text{r/min} \tag{5-5}$$

式中　R——钢球磨煤机筒体有效半径，m；

D——钢球磨煤机筒体有效直径，m。

经计算 $n_0 \approx 22.45$ r/min。

本研究筒体转速 $n = 16.7$ r/min $< n_0 = 22.45$ r/min。

5.2.2.4　球落点的轨迹方程

如图 5-4 所示，球与筒体一起做圆周运动，当到达断离点 A 点时，便离开圆周轨迹，做抛物线轨迹运动，最后落到落点 B，落点 B 是球圆周运动轨迹和抛物线运动轨迹的交点。为了计算简便，另创建以断离点 A 为坐标原点的直角坐标系 XAY。因此，球的抛物线运动轨迹方程为[6]：

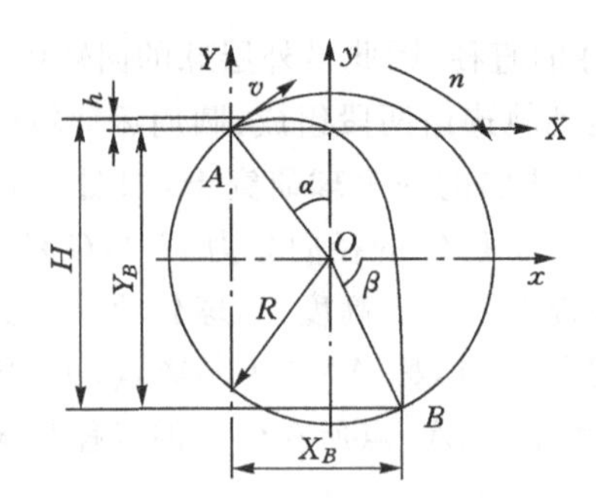

图 5-4　球的落点轨迹

$$Y = X\tan\alpha - \frac{gX^2}{2v^2\cos^2\alpha} \tag{5-6}$$

将 $v^2 = Rg\cos\alpha$ 代入式(5-6),得:

$$Y = X\tan\alpha - \frac{X^2}{2R\cos^3\alpha} \tag{5-7}$$

在 XAY 坐标系中,沿圆周运动的球的轨迹方程为:

$$(X - R\sin\alpha)^2 + (Y + R\cos\alpha)^2 = R^2 \tag{5-8}$$

由式(5-7)、式(5-8),求得 B 点的坐标为:

$$\begin{cases} X_B = 4R\sin\alpha\cos^2\alpha \\ Y_B = -4R\sin^2\alpha\cos\alpha \end{cases} \tag{5-9}$$

那么,对于 xOy 坐标系,球落点的轨迹方程为:

$$\begin{cases} x_B = 4R\sin\alpha\cos\alpha^2 - R\sin\alpha \\ y_B = -4R\sin^2\alpha\cos\alpha + R\cos\alpha \end{cases} \tag{5-10}$$

由图 5-4 得,落角 β 的正弦为:

$$\sin\beta = \frac{|Y_B| - R\cos\alpha}{R} = \frac{4R\sin^2\alpha\cos\alpha - R\cos\alpha}{R} = 3\cos\alpha - 4\cos^3\alpha \tag{5-11}$$

根据三角函数公式知,$\cos 3\alpha = 4\cos^3\alpha - 3\cos\alpha$,则对式(5-11)有:

$$\sin\beta = -\cos 3\alpha = -\sin(90° - 3\alpha) = \sin(3\alpha - 90°) \tag{5-12}$$

因此,落角 β 为[6]:

$$\beta = 3\alpha - 90° \tag{5-13}$$

5.2.2.5　最内层球回转半径

如图 5-5 所示,曲线 AA_1O 是球断离点的轨迹曲线,BB_1O 是球落点的轨迹曲线,A_1 和 B_1 点分别为最内层球的断离点和落点,R_1 为最内层球的回转半径即最小半径。如果最内层球的回转半径大于最小半径,筒内的钢球会出现干涉作用,使得筒内的钢球不能正常循环。因此,最内层球的回转半径应不小于最小半径。最小半径 R_1 的值可利用落点 B 的横坐标对 α 的一次导数等于零来求得。

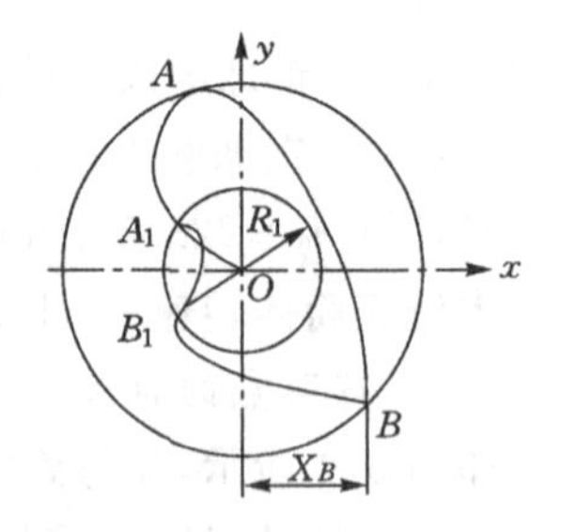

图 5-5　最内层球的回转半径

以筒体中心 O 为 xOy 坐标系的原点,则有:

$$x_B = 4R\sin\alpha\cos^2\alpha - R\sin\alpha \tag{5-14}$$

由式(5-2)可知 $R=\frac{900}{n^2}\cos\alpha$，将其代入式(5-13)并简化，得：

$$x_B=\frac{900}{n^2}(4\cos^3\alpha\sin\alpha-\cos\alpha\sin\alpha) \tag{5-15}$$

若求 x_B 最小值，令 $\mathrm{d}x_B/\mathrm{d}\alpha=0$，化简后整理得：

$$16\cos^4\alpha-14\cos^2\alpha+1=0 \tag{5-16}$$

由此，解得 x_B 最小值时有：

$$\alpha_1=73.73°$$

将 α_1 代入基本方程式得：

$$R_1=\frac{252}{n^2}$$

当 n 一定时，要保证球层正常循环，最内层球的回转半径不得小于 $252/n^2$。根据前面的分析不难计算出筒体的最内、外球层半径以及脱离角。

设 α_1 为最内层球载脱离角，α_2 最外层球载脱离角，R_1 为最内层球载半径，R_2 为最外层球载半径，计算得：

$$\alpha_1=73.73°,\quad \alpha_2=52.47°$$
$$R_1=804\ \mathrm{mm},\quad R_2=1\ 750\ \mathrm{mm}$$

5.2.3　钢球磨煤机筒体受力分析

分析球磨机筒体受力时，应按两种情况考虑，一种是湿式球磨机，另一种是干式球磨机。湿式球磨机，球和物料落线产生的冲击力几乎被料浆所吸收，作用在筒体上的力很小，可以忽略；干式球磨机，应考虑球和物料的下落冲击力对筒体的影响，而且冲击力应以球和物料在落点处的相对速度来计算。本章研究的是干式钢球磨煤机，故应按干式的计算筒体受力情况。

磨机筒体运转时，筒内的钢球和物料运动情况稳定连续，因此可将作用载荷视为恒定不变载荷。这样作用在筒体上的力有筒体的自重、做抛物线运动的钢球冲击力、与筒体一起做圆周运动那部分的球载重力和离心力、大齿轮传动的扭矩和磨机轴承对筒体的支撑力(进行有限元分析时可视为边界约束)。

钢球做抛落运动状态时，垂直于筒体轴线的任意截面上的球载分布情况如图 5-6 所示，球载的运动情况分为两部分，一是圆周运动轨迹即图中 AA_1B_1BA 截面部分，另一个是抛物线运动轨迹的球载即 ABB_1A_1A 所包围的截面。A 点是最外球层脱离点，A_1 是最内球层脱离点，B 是最外球层的落点，B_1 是最内球层落点，根据球载的运动情况，要计算圆周运动轨迹球载施加在筒体上的力应分为三部分计算，即 AA_1A_2A 包围的截面，$A_1B_1B_2A_2A_1$ 包围的截面和 $B_1BB_2B_1$ 包围的截面。

(1) AA_1A_2A 区域理论分析[5]

AA_1A_2A 区域球载施加在筒体上的只有球载重力 G_1 和离心力 F_{c1}。

取单元体球载的体积 $\mathrm{d}V$ 为：

$$\mathrm{d}V=Lr\mathrm{d}r\mathrm{d}\theta$$

因此，AA_1A_2A 区域球载的重力 G_1 为：

$$G_1=\rho g\int\mathrm{d}V=gL\rho\int_{\theta_1}^{\theta_2}\int_{\frac{\pi^2}{\omega^2}\sin\theta}^{R_2}r\mathrm{d}r\mathrm{d}\theta \tag{5-17}$$

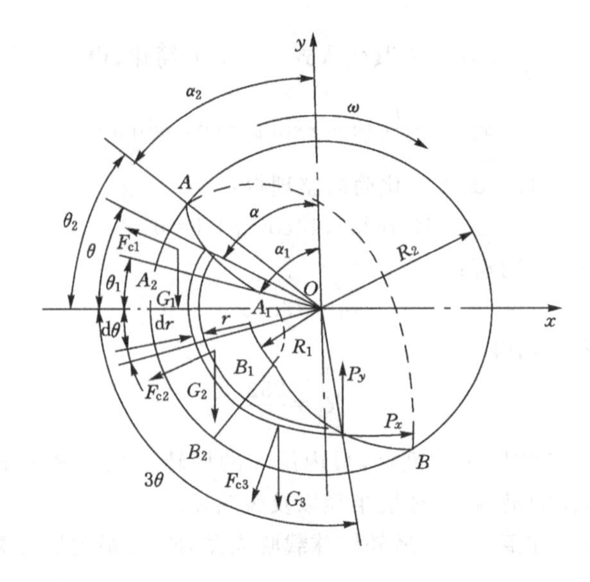

图 5-6 球载对筒体作用力的理论计算示意图

由式(5-2)得：

$$\theta_2=\frac{\pi}{2}-\alpha_2=\frac{\pi}{2}-\arccos\frac{n^2R_2}{900},\quad \theta_1=\frac{\pi}{2}-\alpha_1=\frac{\pi}{2}-\arccos\frac{n^2R_1}{900}$$

取单元体球载的质量 $\mathrm{d}m_1$，有

$$\mathrm{d}m_1=\rho Lr\mathrm{d}r\mathrm{d}\theta \tag{5-18}$$

则离心力为 $F_{c1}=\int r\omega^2\mathrm{d}m_1$，即

$$F_{c1}=L\omega^2\rho\int_{\theta_1}^{\theta_2}\int_{\frac{g}{\omega^2}\sin\theta}^{R_2}r^2\mathrm{d}r\mathrm{d}\theta \tag{5-19}$$

式中 ω——筒体转动角速度，rad/s；

ρ——球载松散密度，kg/m³；

g——重力加速度，m/s²；

n——磨机筒体工作转速，r/min；

R_2——球载最大回转半径，m；

R_1——球载最内层回转半径，m；

α_1——球载最内层脱离角；

α_2——球载最外层脱离角。

(2) $A_1B_1B_2A_2A_1$ 区域理论分析[5]

同样，该区域只受到球载重力 G_2 和离心力 F_{c2}，计算分析同上。取单元体球载的体积 $\mathrm{d}V$ 和单元体质量 $\mathrm{d}m_1$，容易得出：

$$G_2=Lg\rho\int_{-3\theta_1}^{\theta_1}\int_{R_1}^{R_2}r\mathrm{d}r\mathrm{d}\theta \tag{5-20}$$

$$F_{c2}=L\omega^2\rho\int_{-3\theta_1}^{\theta_1}\int_{R_1}^{R_2}r^2\mathrm{d}r\mathrm{d}\theta \tag{5-21}$$

(3) $B_1BB_2B_1$ 区域理论分析

$B_1BB_2B_1$ 区域筒体不仅受到球载重力 G_3 和离心力 F_{c3}，还受到球载冲击力 P_x 和 P_y，对于重力和离心力，分析同上，得出：

$$G_3 = Lg\rho\int_{-3\theta_2}^{-3\theta_1}\int_{\frac{\pi^2}{\omega^2}\sin\theta}^{R_2} r\,\mathrm{d}r\mathrm{d}\theta \tag{5-22}$$

$$F_{c3} = L\omega^2\rho\int_{-3\theta_2}^{-3\theta_1}\int_{\frac{\pi^2}{\omega^2}\sin\theta}^{R_2} r^2\,\mathrm{d}r\mathrm{d}\theta \tag{5-23}$$

可根据动量定理确定做抛物线运动的球载对筒体的冲击力，即单位时间内抛出的钢球质量乘以钢球落点处的相对速度。设单位时间内抛出的质量为 $\mathrm{d}m_2$，得：

$$\mathrm{d}m_2 = L\rho r\omega\mathrm{d}r \tag{5-24}$$

式中，$r=\frac{\pi^2}{\omega^2}\sin\theta$，$\mathrm{d}r=\frac{\pi^2}{\omega^2}\cos\theta\mathrm{d}\theta$。

落点处 y 方向的速度 $v_{y球}$ 为：

$$v_{y球} = r\omega\cos\theta - gt = -3\omega r\cos\theta \tag{5-25}$$

$$t=\frac{4\sin\theta\cos\theta}{\omega}$$

则落点处速度 $v_{y筒}$ 为：

$$v_{y筒} = -r\omega\sin\left(\frac{3}{2}\pi - 3\theta\right) = r\omega\cos 3\theta \tag{5-26}$$

$$P_y = \int\mathrm{d}m_2(v_{y球} - v_{y筒}) \tag{5-27}$$

将式(5-24)至式(5-26)代入式(5-27)得：

$$P_y = -\frac{4L\rho\pi^6}{\omega^4}\int_{\theta_1}^{\theta_2}\sin^2\theta\cos^4\theta\mathrm{d}\theta \tag{5-28}$$

同理，冲击力水平分力 P_x 为：

$$P_x = \int\mathrm{d}m_2(v_{x球} - v_{x筒}) \tag{5-29}$$

将 $v_{x球} = r\omega\sin\theta$，$v_{x筒} = -r\omega\sin 3\theta$ 代入式(5-29)，得：

$$P_x = \frac{4L\rho\pi^6}{\omega^4}\int_{\theta_1}^{\theta_2}(\sin^3\theta\cos\theta - \sin^5\theta\cos\theta)\mathrm{d}\theta \tag{5-30}$$

至此，根据本章给定的已知条件，$L=6$ m，$D=3.5$ m，$R_1=0.804$ m，$R_2=1.75$ m，$n=16.7$ r/min，$\rho=5\ 000$ kg/m^3，计算出作用在筒体上的力为：

第一部分区域：

$$G_1 = 83\ 721.01\ \mathrm{N},\quad F_{c1} = 43\ 191.15\ \mathrm{N}$$

第二部分区域：

$$G_2 = 470\ 792.196\ \mathrm{N},\quad F_{c2} = 109\ 998.17\ \mathrm{N}$$

第三部分区域：

$$G_3 = 504\ 564\ \mathrm{N},\quad F_{c3} = 804\ 593\ \mathrm{N}$$

$$P_x = 270\ 909.7\ \mathrm{N},\quad P_y = -516\ 175.4\ \mathrm{N}$$

5.2.4　钢球磨煤机筒体的冲击频率计算

如图 5-7 所示，设任意球层半径为 r，钢球在该球层被带到 (x_0, y_0) 点，并以速度 v_0 做抛物线运动，落点为 (x_s, y_s)[5]，有：

$$\cos\alpha=\omega^2 r/g \tag{5-31}$$

$$v_0=\omega r \tag{5-32}$$

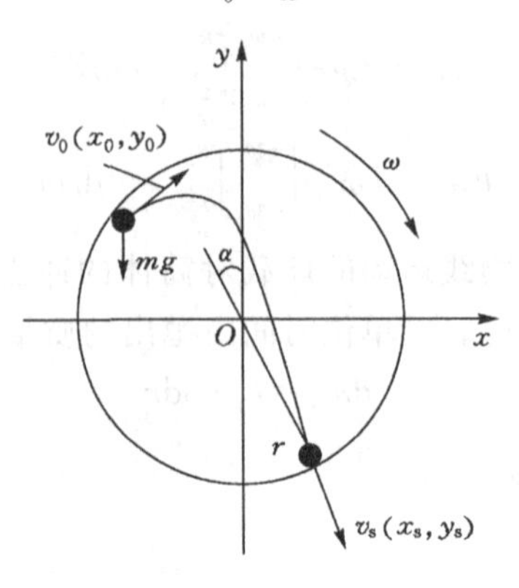

图 5-7 球磨机筒内单个钢球运动

从起点到落点钢球的运动时间和速度分别为：

$$\begin{cases} t_s=4\omega r\sin\alpha/g \\ x_0=\omega r\cos\alpha \\ y_0=\omega r\sin\alpha \\ x_s=\omega r\cos\alpha \\ y_s=\omega r\sin\alpha \end{cases} \tag{5-33}$$

如图 5-8 所示，将筒内的钢球分层化处理，并将运动视为稳态运动。设和筒内壁接触的那层钢球为第一球层，紧贴着该层的球层为第二层，依次递推，相邻层钢球到轴心的半径为 $r_i=r_{i-1}-D_Q$，D_Q 为球直径。由式(5-33)可知，在第 i 层中，从起点到落点，钢球所需的时间为 $t_{si}=4\omega r_i\sin\alpha_i/g$，$\alpha_i$ 由式(5-31)确定。因此有，每个球抛落的时间间隔为[7]：

$$t_{pi}=\frac{D_Q}{(\omega r_i)} \tag{5-34}$$

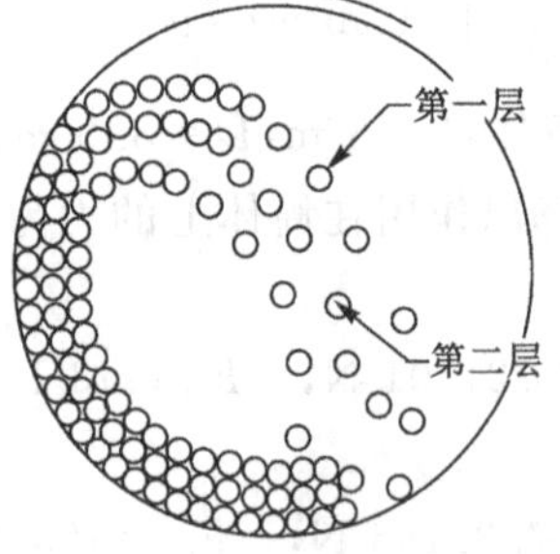

图 5-8 球磨机筒内钢球运动情况

在第 i 层抛物线段上的钢球数量为 $I_{ai}=\mathrm{int}[t_{si}/t_{pi}]$，int[·]表示取整数，筒体上的钢球数量为 $I_{AQi}=\mathrm{int}[A_{Li}/D_Q]$，$A_{Li}$ 为第 i 层起落点之间圆弧长度，因此，第 i 层球的总量为 $I_{Qi}=I_{ai}+I_{AQi}$，球层数 N_Q 可由下式迭代：

$$\sum_{i=1}^{N_Q} \leqslant \operatorname{int}[M_Q/(m(L_T/D_Q))] \leqslant \sum_{i=1}^{N_Q+1} I_{Qi} \tag{5-35}$$

式中 M_Q——装球量；

m——单个钢球的质量；

L_T——筒体轴向长度。

本研究的钢球磨煤机正常运转时，筒内装有 70 t 的钢球。依据实验理论分析，筒内的钢球沿轴向 130 个剖面均匀分布，并且每个剖面内的钢球运动一致。因此，本研究取任意一剖面层钢球冲击情况分析即可。由式(5-34)可确定任意剖面第 i 层的钢球冲击频率为 $f_{pi}=1/t_{pi}=\omega r_i/D_Q$，其中 $i=1,2,\cdots,7$；$r_i=1.75$ m，1.7 m，…，1.45 m；$\omega=1.7\ \mathrm{s}^{-1}$；$D_Q=0.05$ m。筒体有效直径 $D_r=3.5$ m，筒体长度 $L_T=6$ m，单球质量 $m=0.50$ kg。每一剖面的钢球层数，经计算得 $N_Q=7$。每层钢球冲击速度、抛球间隔、冲击频率以及钢球数见表 5-1。

表 5-1 计算结果

序号	每层钢球数/个	抛球时间间隔 $t_{pi}/10^{-2}$ s	冲击频率 f_{pi}/Hz	落点径向冲击速度/(m/s)
1	145	1.60	62.5	8.563
2	142	1.64	61.0	8.776
3	129	1.68	59.5	8.421
4	123	1.74	57.5	8.366
5	114	1.76	56.8	8.198
6	111	1.88	53.2	7.921
7	105	1.99	50.3	7.668

钢球磨煤机筒体内装有大量的钢球，随着筒体的运转，钢球被带起做自由抛落运动。大量的钢球撞击衬板和相互撞击，衬板因为钢球的撞击而在筒内产生直达声，最终落下的钢球将物料粉碎。由于钢球的撞击，衬板产生振动并激励壳体振动，同时振动的衬板向内辐射直达声，壳体的振动会向外辐射直达声。因此，钢球的撞击是造成筒体振动并辐射噪声的主要力源。这种冲击力持续时间很短，Δt 趋近于零($\leqslant 2.5\times10^{-3}$ s)，但是撞击的频率范围很宽，如图 5-9 所示。

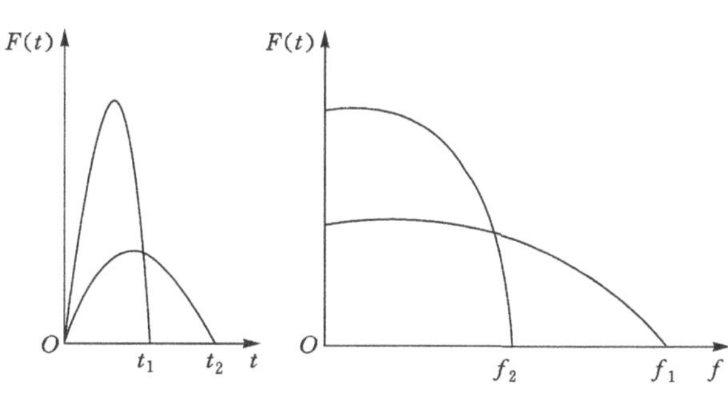

图 5-9 冲击力时域频域曲线

由图 5-9 可知，激励力的频率范围随着撞击时间的减小而变宽，引起结构的振动响应频率范围同时也变宽，使结构的振动辐射噪声增大。一般钢球撞击接触时间为 0.1～0.2 ms，激励力频率最高可达 2 000 Hz，有时甚至达到 10 000 Hz。

钢球磨煤机正常运转时，筒内的钢球紧贴筒壁随筒体一起回转，取垂直于筒体轴向方向的剖面，可认为筒体内的钢球在轴向是紧密分布的，径向是按层分布的。

由上文分析知，筒内位于最外层的钢球，做自由抛落运动对衬板的冲击力是最大的。因此，这里以最外层的钢球作为分析的对象。钢球的冲击力，可按半正弦波函数描述，如图 5-10 所示，因此根据前述公式可推出激励力的一般表达式[6]。

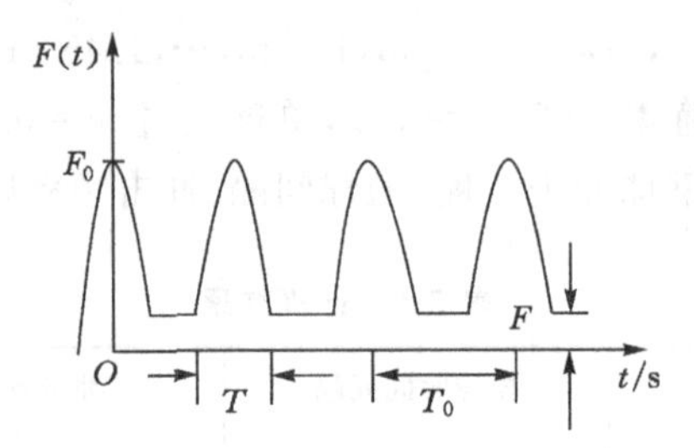

图 5-10　激励力时间曲线

$$F(x,\theta,t)=\begin{cases}F_0\sum\cos\left[\dfrac{\pi}{T}(t-nT_0)\right]\delta(\theta-\theta_0)+F_1, & nT_0-\dfrac{T}{2}<t<nT_0+\dfrac{T}{2}\\ F_1, & \text{其他}\end{cases}\tag{5-36}$$

式中　T——钢球对衬板的撞击时间；

T_0——钢球的冲击周期；

F_0——冲击力峰值；

F_1——其他层钢球的平均冲击力。

此即为筒体的激励力一般表达式，由于钢球磨煤机筒体主要受到钢球的冲击，因此筒体的激励力即为球载的冲击载荷。

5.3　泡沫铝层合结构筒体设计

本节选取 DTMϕ3 500×6 000 钢球磨煤机筒体为研究原型，在原有 DTMϕ3 500×6 000 钢球磨煤机筒体结构基础上，以不改变筒体结构长度，减小外径尺寸为目标，初步设计了泡沫铝层合结构筒体。

5.3.1　原型钢球磨煤机筒体结构

原型球磨煤机筒体大部分结构类似，均如图 5-11 所示，由内到外有衬板、石棉垫、隔音毛毡和外包钢皮[5]。

(1) 衬板：保护筒体内壁不受磨损并控制钢球在筒体内的运动，因此，筒体的衬板必须耐磨，表面形状适宜。衬板材料可选硬质钢、高锰钢、合金铸铁、橡胶等。高锰钢具有足够的抗冲击性，并且耐磨，因此广泛用高锰钢制作衬板。衬板的厚度一般为 50～55 mm。

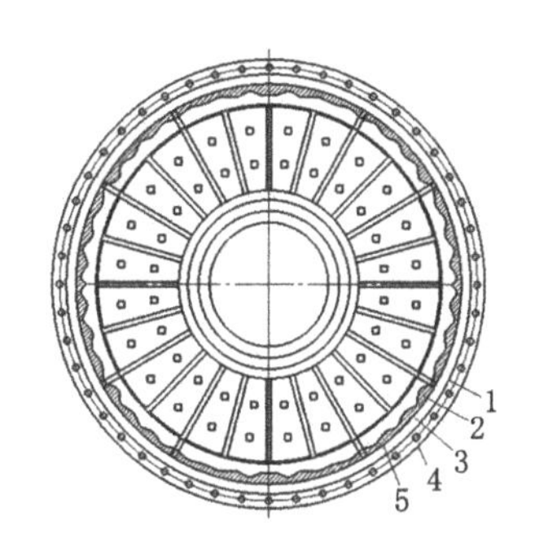

1—筒身；2—衬板；3—隔音毛毡；4—外包钢皮；5—石棉垫。

图 5-11　原型球磨煤机筒体

(2) 石棉垫：主要起保温、密封作用，厚度一般为 4～6 mm。

(3) 隔音毛毡：起到降噪作用，由无机材料玻璃纤维构成，吸声性能好，不自然，但松散纤维易污染环境，筒体拆卸时易扎手，需做好护面层。隔音毛毡的厚度为 5～15 mm。

(4) 钢皮：起到保护内层，箍筋内部结构的作用。厚度一般为 20～30 mm。

筒体各结构具体参数如表 5-2 所示。

表 5-2　各结构参数[5]

材料	外径 D/mm	长度 L/mm	厚度 h/mm
衬板	3 608	7 000	54
石棉垫	3 618	7 000	5
隔音毛毡	3 648	7 000	15
钢皮	3 688	7 000	20

5.3.2　泡沫铝层合结构筒体的设计

钢球磨煤机的噪声主要由筒体运转时，筒内的钢球冲击衬板以及钢球与钢球之间撞击所产生。先是钢球冲击衬板，衬板将振动能量传向筒体，然后振动的筒体向外进行声辐射，从而产生噪声。根据泡沫铝的结构及吸声特性，本研究以 DTMϕ3 500×6 000 钢球磨煤机筒体为基础，在不改变其长度，减小筒体整体外径尺寸 3 mm 情况下，将泡沫铝层合结构装配到筒体中，以验证泡沫铝应用在钢球磨煤机筒体中的可行性和优越性。新的筒体结构如图 5-12 所示。由内到外有衬板、石棉垫、隔音毛毡、泡沫铝和外包钢皮。材料的吸声系数，是随材料的厚度、密度、结构的流阻以及声波的入射频率等变化而变化的。有资料显示，单一的泡沫金属不能提供很高的吸声水平，但是泡沫金属与纤维等其他材料配合使用，其吸声效果要高于它们单独使用水平。为此，本研究选用 5 mm 厚的隔音毛毡、7 mm 厚的泡沫铝组合装配到钢球磨煤机筒体中。由于现在泡沫铝制备工艺的提高，泡沫铝可以整体式装配，或者也可以分割成鱼鳞片状板块沿筒体圆周方向分成八段，轴向分割为七段，并将板块焊接。本章采用整体式装配法，将泡沫铝层合结构添加到钢球磨煤机筒体中。筒体的各种结构材料具体尺寸如表 5-3 所示。

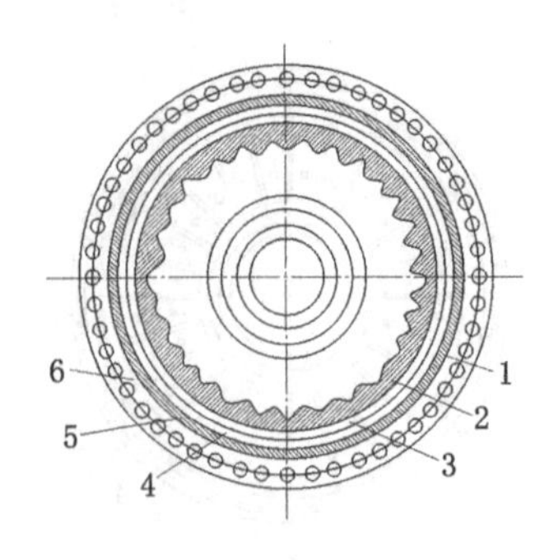

1—筒身；2—衬板；3—石棉垫；4—隔音毛毡；5—泡沫铝；6—外包钢皮。

图 5-12　泡沫铝层合结构钢球磨煤机筒体

表 5-3　泡沫铝筒体各结构材料参数

材料	外径 D/mm	长度 L/mm	厚度 h/mm
衬板	3 608	7 000	54
石棉垫	3 618	7 000	5
隔音毛毡	3 628	7 000	5
泡沫铝	3 642	7 000	7
钢皮	3 682	7 000	20

钢球磨煤机的筒体在承受机械振动激发时，声音可以穿透筒体或者使筒体本身产生噪声。当筒体在固有频率或共振频率下发生共振时，筒体的组合结构表现就非常重要了。因此，通过增加筒体的结构阻尼，可急剧减少结构-声学反应的振幅和声音的辐射。

泡沫铝具有高比刚度、高阻尼比，受热时不会释放有毒气体，在振动下具有良好的耐久性和减振性，而且可以回收。因此通过筒体中加入泡沫铝，可以增强筒体整体的阻尼性能，达到减振降噪的目的。

隔音毛毡是一种性脆、不耐磨、不防水、具有较多的致癌成分材料，新制成的泡沫铝层合结构筒体减少了隔音毛毡的使用量，筒体的外径尺寸同时也相应减少了，这不仅节约筒体外壳钢材料的使用，还起到了环保的作用。

综上，泡沫铝作为一种新型材料，它具有高比刚度、高阻尼性、优良的吸声隔声性，将其引入钢球磨煤机筒体，具有独特的结构可设计性。

5.4　钢球磨煤机筒体的有限元分析

5.4.1　数值模拟步骤

5.4.1.1　建模方案

通常情况下实体建模比直接生成法更加有效和通用，是一般建模的首选。本章的模型均是通过实体建模建立的。为了便于分析，本研究先是通过 CAD 建立模型，然后通过 ANSYS 提供的接口倒入模型，进行处理后，便得到分析所需的模型。在建模过程中，去掉了螺纹孔、很小的倒角等不影响计算结果的要素。球磨机实体中的焊缝处按连续处理，这样可以节省计算资源。

5.4.1.2　模型的网格划分

基于筒体结构的特点和计算机配置的考虑，本研究选择三维实体单元 Solid45 单元和 Solid97 三角形体单元，这两种单元不仅能满足筒体的自由度和约束要求，而且能使分析更精确。单元选择之后，定义筒体各结构的材料参数，本研究采用智能网格划分法划分网格，经过多次试划以后，选择适合中等精度的网格等级，这样网格密度比较均匀，适合筒体模型。筒体网格划分如图 5-13 所示。

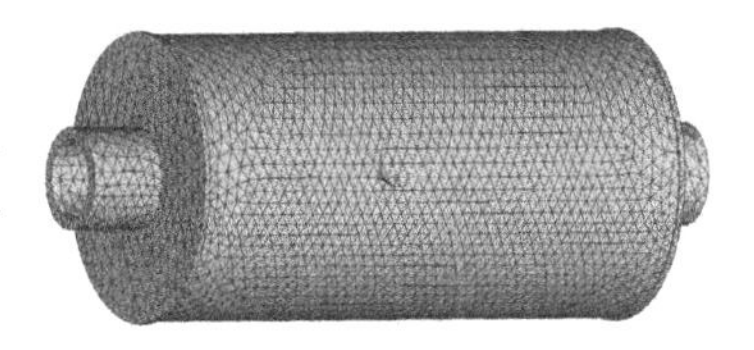

图 5-13　球磨机筒体网格划分

5.4.1.3　模型的加载和约束

为使问题简化，本章将整个筒体简化为固定简支梁，两轴承视为刚性支座，球与筒壁以及球与球之间无相对滑动，不考虑滑动摩擦力，并把前面计算出的作用力按静力等效原则分配到各节点上。同方向的力事先必须先合并，此模型没有考虑螺栓孔和人孔。

5.4.1.4　求解后处理

根据分析需要，分别采用 POST1 和 POST26 处理器。

5.4.2　筒体的静态特性分析

球磨煤机在正常工作状态下，不仅受到钢球和物料的重力，还受到钢球的冲击力，其作用效果明显大于回转体静止状态。因此，本章仅分析球磨煤机筒体正常运转状态下的应力情况。实际上，球磨机正常工作状态下的应力状态是球磨机在动态平衡状态下分布的情况。因此，可以将正常工作状态简化为有限元静态特性分析。通过静态特性分析，不仅可查看筒体在不同工况下的应力分布情况，还可以了解变形情况。

5.4.2.1　数据处理

进行 ANSYS 有限元分析需要的筒体各种材料参数如表 5-4 所示。

表 5-4　筒体各种材料参数[8]

材料	弹性模量 E/MPa	泊松比 μ	密度 ρ/(t/mm^3)
衬板	2.01E+5	0.25	7.8E−9
石棉垫	3.4E+4	0.38	3.2E−9
隔音毛毡	5E+3	0.23	0.032E−9
泡沫铝	3.8E+3	0.33	0.7E−9
钢皮	2.06E+5	0.29	7.85E−9

现有筒体结构尺寸：筒体长度 L=6 000 mm，有效直径 D=3 500 mm，衬板厚度 54 mm，石棉垫厚度 5 mm，隔音毛毡厚度 15 mm，钢皮厚度 20 mm。

泡沫铝层合结构尺寸：筒体长度 L=6 000 mm，有效直径 D=3 500 mm，衬板厚度 54 mm，石棉垫厚度 5 mm，隔音毛毡厚度 5 mm，泡沫铝厚度 7 mm。

5.4.2.2　仿真结果

通过建模，定义单元类型，赋予材料属性，划分网格，施加约束载荷，求解等操作，就可以进入 POST1 处理器，查看两种筒体结构变形图和等效应力云图。如图 5-14 和图 5-15 所示为现有筒体变形云图和等效应力云图，图 5-16 和图 5-17 所示为泡沫铝层合结构变形云图和等效应力云图。将不同结构的筒体变形结果以及等效应力归纳，如表 5-5 所示。

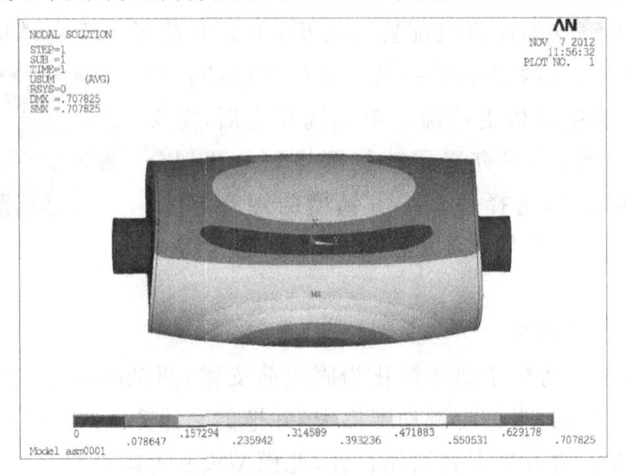

图 5-14　现有筒体变形云图

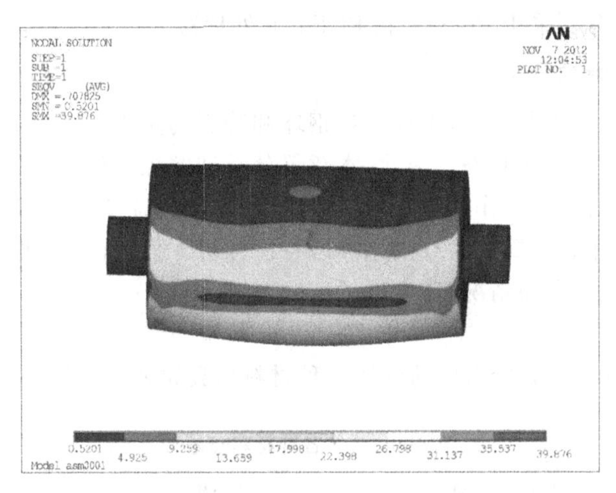

图 5-15　现有筒体等效应力云图

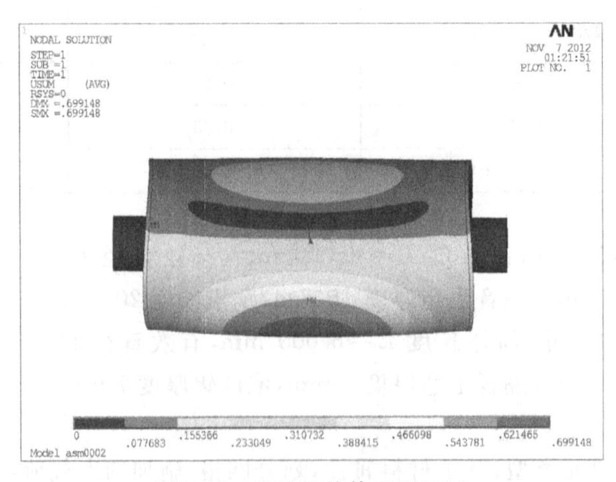

图 5-16　泡沫铝筒体变形云图

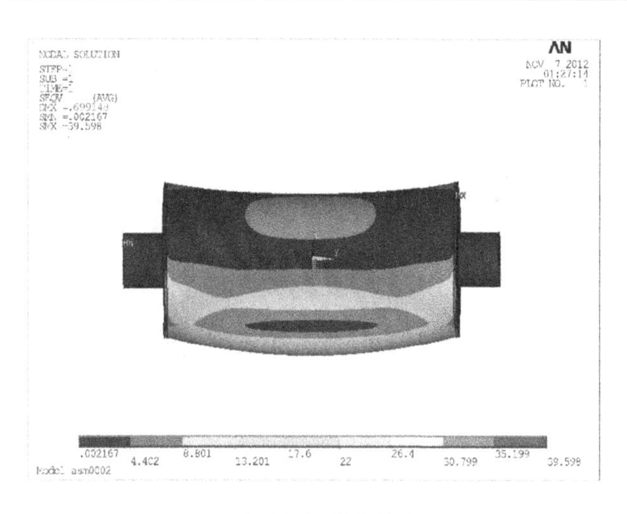

图 5-17　泡沫铝筒体等效应力云图

表 5-5　两种筒体最大变形和最大等效应力

类别	现有筒体	泡沫铝层合结构筒体
最大变形(DMX)/mm	0.707 825	0.699 148
最大等效应力(SMX)/MPa	39.876	39.598

由图 5-14 至图 5-17 和表 5-5 可见，球磨机筒体中部变形量最大，此变形量由两部分构成，一是筒体的整体弯曲变形，二是物料引起的筒体本身的弹性变形。应力由中部向两端扩散，应力最大处在筒体中部和端盖圆角处。由表 5-5 可知，泡沫铝层合结构筒体最大变形量小于现有筒体结构，相应的最大等效应力也小于现有筒体结构。这说明泡沫铝层合结构筒体具有更好的静态特性。

5.4.3　筒体的动态特性分析

钢球磨煤机筒体的动态分析主要包括模态分析、谐响应特性分析。筒内钢球撞击衬板，衬板受到激励产生振动，衬板将振动能量传递到筒体，筒体向外进行声辐射，从而产生噪声。因此，有必要对球磨机筒体的模态、谐响应特性进行分析。本节用有限元软件 ANSYS 对两种筒体结构进行模态分析和谐响应分析，并将谐响应分析的结果文件保存，以为下一步进行声学分析提供数据。

5.4.3.1　模态分析

模态分析仍然采用静力分析中的两个实体模型，在模态分析中只能使用线性单元，非线性单元会被忽略。进行模态分析之前，要对分析类型、提取选项和扩展选项进行选择。由于筒体的激振频率不是很高，因此只有低阶模态的固有频率才可能接近于激振频率。高阶模态的固有频率一般高于可能出现的激振力的频率，很难有共振现象发生。这里，只对前五阶的模态进行研究。两种结构的筒体各阶振型相同，只是数据不同，因此，只提供了泡沫铝层合结构筒体的各阶振型，分别如图 5-18 至图 5-22 所示。两种结构的筒体的前五阶的模态的固有频率如表 5-6 所示。

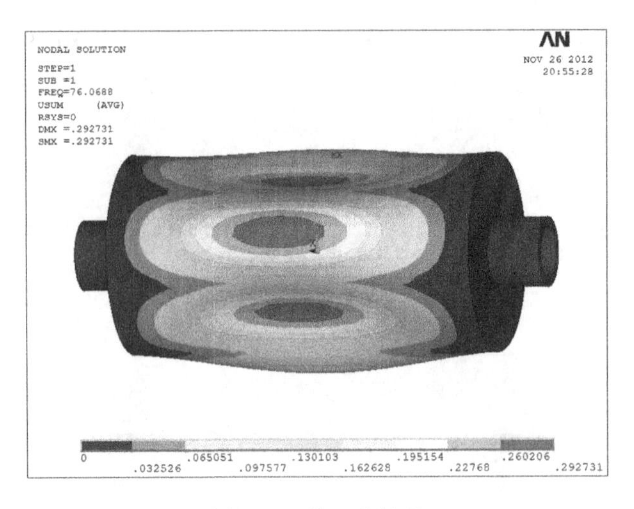

图 5-18 第 1 阶振型

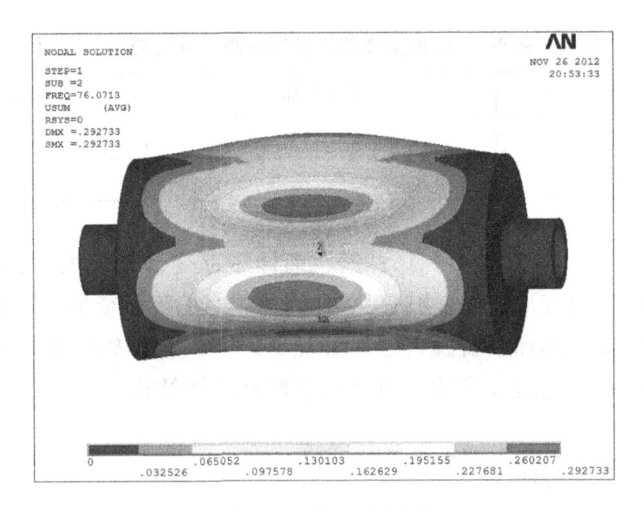

图 5-19 第 2 阶振型

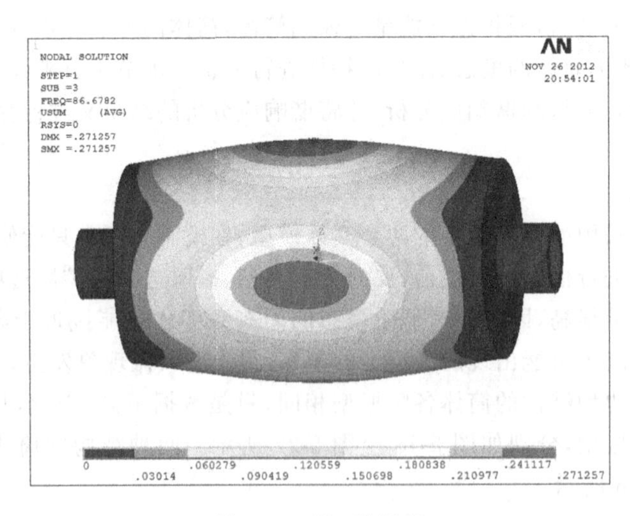

图 5-20 第 3 阶振型

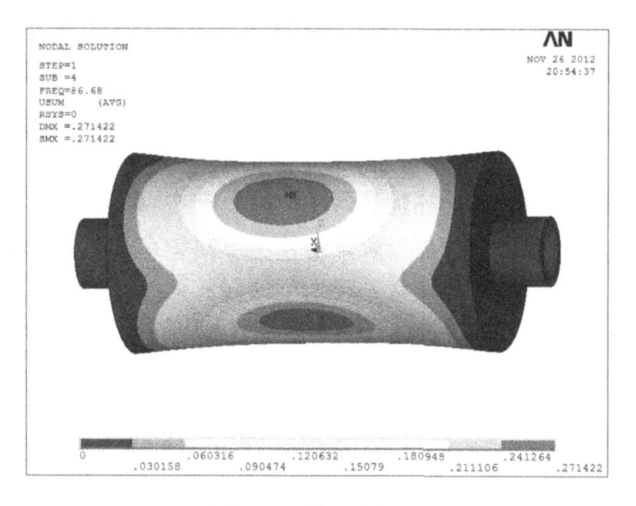

图 5-21　第 4 阶振型

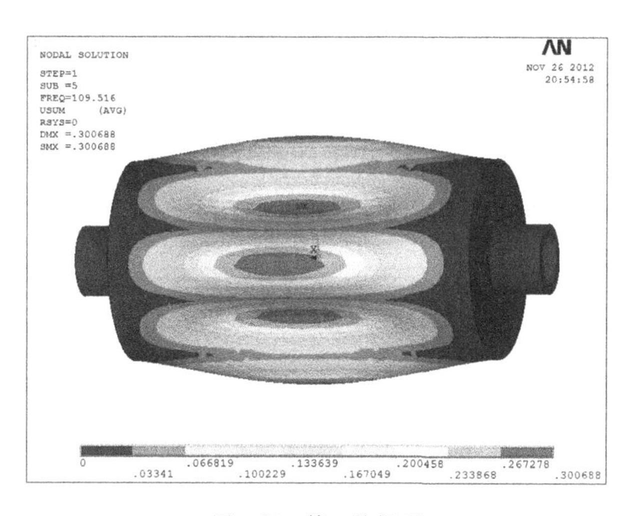

图 5-22　第 5 阶振型

表 5-6　两种筒体固有频率比较　　单位：Hz

筒体(阶数)	现有筒体结构	泡沫铝层合结构筒体
1	72.012 4	76.068 8
2	72.213 1	76.071 3
3	79.267	86.678 2
4	80.054 2	86.68
5	101.751	109.516

由图 5-18 至图 5-22 可知，筒体的变形主要在中部，这是因为中部是钢球的脱落区，是筒体的薄弱部分。筒体从第 1 阶到第 5 阶均是径向振动，有的部位沿径向收缩，有的部位沿径向延伸，变形最大部位均在筒体中部。*YZ* 面内筒体均发生弯振，第 1 阶是两侧沿径向收缩，第 2 阶是径向侧弯曲，第 3 阶两侧径向伸长，第 4 阶同第 1 阶一样两侧收缩，第 5 阶变形有些复杂，在 *YZ* 面内基本仍是两侧径向伸长变形。*XY* 面内筒体的变形是，第 1 阶、第 2 阶

和第 4 阶均是两侧沿径向伸长变形;第 3 阶和第 5 阶是两侧沿径向收缩变形。重要的是,泡沫铝层合结构的筒体各阶固有频率均高于现有筒体结构的固有频率。因此,泡沫铝层合结构筒体的抗振性要优于现有球磨机筒体,这对于筒体减振降噪是非常有利的。

5.4.3.2 筒体的谐响应分析

谐响应分析是确定一个结构在外加简谐激振力作用下,系统产生的位移、速度和加速度的值。对结构进行谐响应分析不仅可以确定结构在不同频率载荷状况下的位移、速度和加速度,还可以探测系统的共振响应,避免系统发生共振。此外,谐响应分析也是对筒体降噪性能分析中声压值分析时必需的导入 Virtual. Lab 中的边界元条件,因此,对两种筒体结构进行谐响应分析是必要的。

5.4.3.3 参数设定

进行筒体的谐响应分析时建模过程及材料赋予、单元选择、网格划分过程和静力学分析时相同。进行谐响应分析时,要确定施加的随时间变化的激励力,本章已在前述部分分析了载荷冲击筒体的频率,对于球磨机来说,激励力即为钢球的冲击力。谐响应分析的类型选为 Harmonic,采用 Full 方法进行求解。分别选两种筒体的中部第 5 642 个节点施加激振力。

5.4.3.4 谐响应分析结果

由于筒体的变形主要是在 X 轴方向和 Z 轴方向上,本章只对 X 轴方向和 Z 轴方向的谐响应频率幅值进行分析。分别取两种筒体的中部第 5 642 个节点加载激振力,现有筒体结构和泡沫铝层合结构筒体频率相应图分别如图 5-23 至图 5-26 所示。

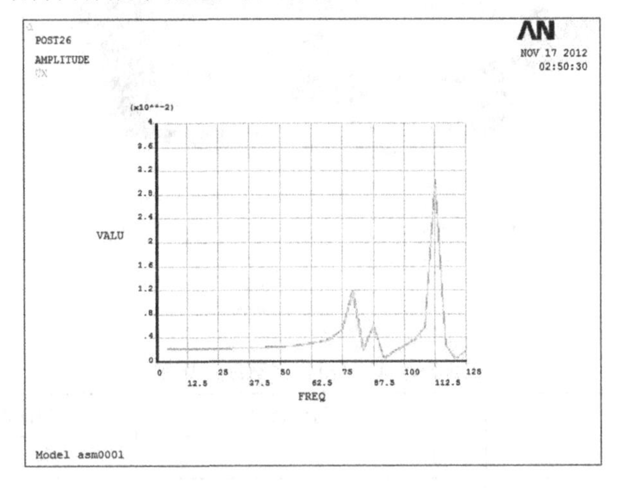

图 5-23 原型筒体中部节点 X 轴方向的频率幅值响应图

由图 5-23 和图 5-24 得知,当频率在 75～85 Hz 范围内时,现有筒体结构在 X 方向的最大幅值大于泡沫铝筒体,最大振幅为 0.012 mm,现有筒体结构在第 1 阶至第 4 阶发生共振。频率在 85～100 Hz 之间时,两种筒体均发生共振,现有筒体仍然是第 1 阶到第 4 阶,泡沫铝筒体也发生在第 1 阶至第 4 阶,但是现有筒体的幅值平均高于泡沫铝筒体的幅值。当频率 100～125 Hz 时,两种筒体的振幅均急剧增大,到 112.5 Hz 时达到最大,现有筒体振幅为 0.03 mm,泡沫铝筒体为 0.02 mm,两种筒体都在第 1 阶段至第 5 阶发生共振。

由图 5-25 和图 5-26 可见,当频率在 87.5 Hz 时,两种筒体均在 Z 方向上的频率响应幅值达到最大,振幅分别达到 0.282 mm、0.2 mm。两种筒体均在 78～115 Hz 激振力范围内,

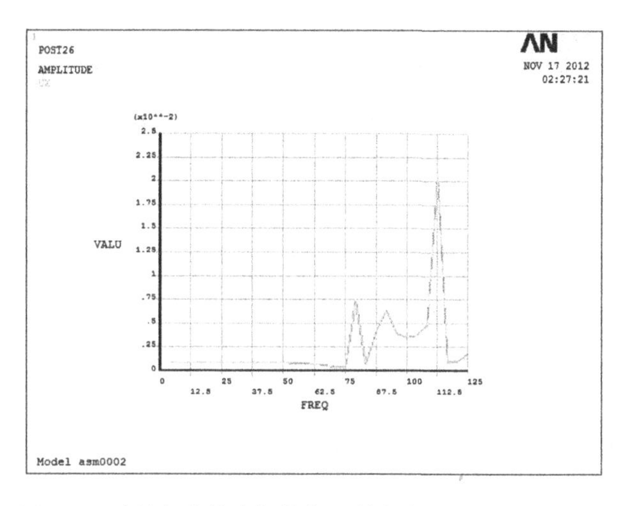

图 5-24　泡沫铝筒体中部节点 X 轴方向的频率幅值响应图

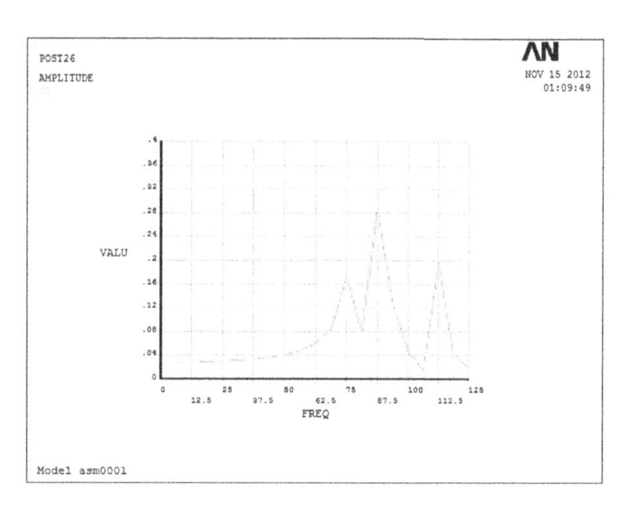

图 5-25　原型筒体中部节点 Z 轴方向的频率幅值响应图

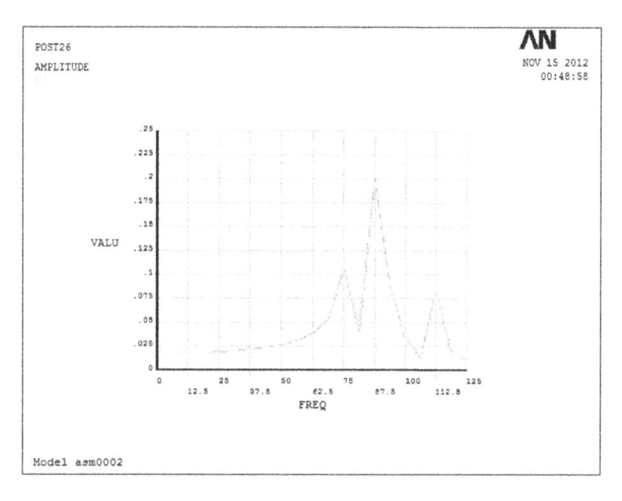

图 5-26　泡沫铝筒体中部节点 Z 轴方向的频率幅值响应图

在 Z 轴方向上筒体的幅值急剧增大，现有筒体结构在第 1 阶至第 2 阶达到共振。在 78～118 Hz 之间，两种结构筒体都发生共振，现有筒体发生在第 3 阶至第 5 阶，泡沫铝层合结构筒体发生于第 1 阶至第 5 阶。当频率在 87.5 Hz 时，二者共振时幅值响应都达到最大，但泡沫铝层结构小于现有筒体结构，钢球磨煤机筒体受到的冲击力主要是在 Z 方向，因此要防止在这个激振力频率范围内产生共振。

综合以上分析不难发现，泡沫铝层合结构筒体无论在 X 轴方向还是 Z 轴方向的频率响应幅值均小于原型筒体，这说明泡沫铝层合结构筒体减振降噪性优于原型筒体。

5.5 钢球磨煤机筒体声场分析

钢球磨煤机的噪声主要是由电机、齿轮传动部件、排粉风机和筒体产生，并且筒体噪声要高于以上其他几种设备。因此，钢球磨煤机噪声机理的研究，主要集中于筒体噪声机理，其中包括筒内钢球运动规律，筒体转动时钢球与钢球、衬板与钢球等之间撞击噪声，筒体振动与筒体二次声辐射机理，筒体结构与运行参数等方面。

为了有效地研究筒体产生噪声的机理，对磨机的筒体结构建立了简化的数学模型，在分析了筒内粉磨介质的运动规律基础上，结合数值声学方法计算声场分布。数值声学方法分为声学有限元法(FEM)和声学边界元法(BEM)，基本方程是亥姆霍兹(Helmholtz)方程。数值声学方面就是如何利用声学有限元法(FEM)和声学边界元法(BEM)对 Helmholtz 方程求解。本节首先介绍声学基本量、Helmholtz 方程以及如何利用声学边界元方法求解筒内声场分布，然后将建立好的数学模型倒入软件 Virtual. Lab，对筒内声场分布进行模拟分析。

5.5.1 声学基础

5.5.1.1 声学基本量

声强：垂直于声传播方向的单位面积上，单位时间内通过的声能量。声强用 I 来表示，单位是 W/m^2。

设存在一个点声源，向四面八方均匀辐射声音，那么在 r 处声强为[9]：

$$I_{球}=\frac{W}{4r^2\pi} \tag{5-37}$$

式中 W——声源功率，W；

$I_{球}$——声强，W/m^2。

声压：空气媒质受到扰动后产生变化，变化部分的压强与没变化的静压强产生的差值。声压通常用 p 来表示，即：

$$p=\frac{F}{S} \tag{5-38}$$

式中 F——某一面积上所受的力，N；

S——某一面积，m^2。

声压是随时间迅速起伏变化的，人耳感受到的只是瞬时声压，把某一时间内声压的平均值称为有效声压。声压和声强的关系如下[9]：

$$I=\frac{p^2}{\rho_0 c} \tag{5-39}$$

式中　p——有效声压，Pa；

I——声强，W/m^2；

ρ_0——空气密度，kg/m^3；

c——声音速度，m/s。

声压级：某一声压与基准声压（频率为 1 000 Hz 时听阈声压 2×10^{-5} Pa）之比的常用对数乘以 20，数学表达式为[9]：

$$L_p = 20\lg\frac{p}{p_0} \tag{5-40}$$

式中　L_p——声压级，dB；

p——声压，Pa；

p_0——基准声压，取 2×10^{-5} Pa。

5.5.1.2　声学 Helmholtz 方程

在推导 Helmholtz 方程时，为使问题简化，先做一些假设[10]：

① 媒质中不存在黏滞性，声波传播时没有能量的损失，即假设此媒质为理想流体。

② 在没有扰动的情况下，媒质是静止的，初速度为零。同时，媒质是均匀的，静态压强 P_0、静态密度 ρ_0 都是常数。

③ 在声波传播过程中，媒质与毗邻部分不会产生热交换。

④ 声波都是小振幅的，即各参量都是一级参量。

（1）声波学运动方程

假设一空间无声波扰动，那么空间一点 (x,y,z) 的静态压强和密度分别为 $\vec{p}_0$ 和 ρ_0，当受到声波扰动后，则压强和密度分别为 $\vec{p}_1=\vec{p}_0+\vec{p}$ 和 $\rho_1=\rho_0+\rho'$，如图 5-27 所示。

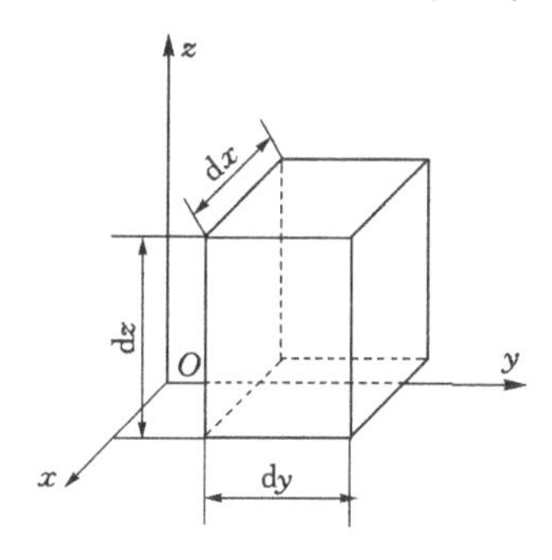

图 5-27　微元体

因此，根据牛顿第二定律，x 轴方向运动方程为：

$$\vec{p}_1\mathrm{d}y\mathrm{d}z-\left(\vec{p}_1+\frac{\partial\vec{p}_1}{\partial x}\mathrm{d}x\right)\mathrm{d}y\mathrm{d}z=\rho_1\mathrm{d}x\mathrm{d}y\mathrm{d}z\frac{\mathrm{d}v_x}{\mathrm{d}t} \tag{5-41}$$

其中，$\frac{\mathrm{d}v_x}{\mathrm{d}t}=\frac{\partial v_x}{\partial t}+\frac{\partial v_x}{\partial x}v_x+\frac{\partial v_x}{\partial y}v_y+\frac{\partial v_x}{\partial z}v_z$，代入式(5-41)，并忽略高阶小量，得：

$$\frac{\partial\vec{p}_1}{\partial x}=-\rho_1\frac{\partial v_x}{\partial t} \tag{5-42}$$

观察到$\frac{\partial p_1}{\partial x}=\frac{\partial p}{\partial x}$，$\rho'$是微小量，得：

$$\frac{\partial p}{\partial x}=-\rho_0\frac{\partial v_x}{\partial t} \tag{5-43}$$

同理，可写出 y、z 方向上的声波方程：

$$\frac{\partial \vec{p}}{\partial y}=-\rho_0\frac{\partial v_y}{\partial t} \tag{5-44}$$

$$\frac{\partial \vec{p}}{\partial z}=-\rho_0\frac{\partial v_z}{\partial t} \tag{5-45}$$

将式(5-43)至式(5-45)合写成向量形式为[10]：

$$\nabla\vec{P}=-\rho_0\frac{\partial\vec{v}}{\partial\vec{t}} \tag{5-46}$$

这就是声波的运动方程，其中，符号$\nabla=\frac{\partial}{\partial x}\vec{i}+\frac{\partial}{\partial y}\vec{j}+\frac{\partial}{\partial z}\vec{z}$，$\vec{v}=v_x\vec{i}+v_y\vec{j}+v_z\vec{k}$。

(2) 声波连续方程

分别设 x 轴两侧面的介质流动速度为 v_x 和 $v_x+\frac{\partial v_x}{\partial x}\mathrm{d}x$，故 x 轴方向上流入的微元体质量为 $\rho_1 v_x\mathrm{d}y\mathrm{d}z$，流出的微元体质量为 $\rho_1\left(v_x+\frac{\partial v_x}{\partial x}\mathrm{d}x\right)\mathrm{d}y\mathrm{d}z$，$x$ 轴方向介质流动引起的微元体质量改变量为$-\rho_1\frac{\partial v_x}{\partial x}\mathrm{d}x\mathrm{d}y\mathrm{d}z$，同理 y 轴和 z 轴方向质量改变量分别为$-\rho_1\frac{\partial v_y}{\partial y}\mathrm{d}x\mathrm{d}y\mathrm{d}z$，$-\rho_1\frac{\partial v_z}{\partial z}\mathrm{d}x\mathrm{d}y\mathrm{d}z$。质量是守恒的，即微元体质量的改变等于微元体质量的变化量。

$$-\rho_1\left(\frac{\partial v_x}{\partial x}+\frac{\partial v_y}{\partial y}+\frac{\partial v_z}{\partial z}\right)\mathrm{d}x\mathrm{d}y\mathrm{d}z=\frac{\partial}{\partial t}(\rho_1\mathrm{d}x\mathrm{d}y\mathrm{d}z) \tag{5-47}$$

将 $\rho_1=\rho_0+\rho'$代入上式，并忽略高阶微量，代入符号∇，得：

$$-\rho_0\nabla v=\frac{\partial\rho'}{\partial t} \tag{5-48}$$

此即为声波的连续方程[9]。

(3) 声波物态方程

一定质量的理想气体的绝热物态方程为：

$$\frac{\vec{p}_1}{\vec{p}_0}=\left(\frac{V_0}{V_1}\right)^\gamma=\left(\frac{\rho_1}{\rho_0}\right)^\gamma \tag{5-49}$$

其中　γ——气体定压比热容与定容比热容之比；

V_0——无声波扰动时空间一点(x,y,z)的微元体的静态体积；

V_1——当受到声波扰动后空间一点(x,y,z)的微元体的体积。

将 $p_1=p_0+p$ 和 $\rho_1=\rho_0+\rho'$代入式(5-49)，然后对右端进行泰勒级数展开并忽略高阶微量，得：

$$\vec{p}_1=\vec{c}_0^{\,2}\rho' \tag{5-50}$$

式中，$\vec{c}_0^2=\dfrac{\gamma \vec{p}_0}{\rho_0}$，其中 c_0 代表了声传播的速度，一般情况下并非常数，仍可能是 p_1 或 ρ' 的函数。

(4) 声波波动方程

将式(5-49)对 t 进行求偏导数，并代入式中，有：

$$\frac{\partial \vec{p}}{\partial t}=-\rho_0 c_0^2\ \nabla \vec{v} \tag{5-51}$$

再对 t 求偏导数，得：

$$\frac{\partial^2 \vec{p}}{\partial t^2}=-\rho_0 c_0^2\ \nabla \frac{\partial v}{\partial t} \tag{5-52}$$

由式(5-10)得 $\dfrac{\partial \vec{v}}{\partial t}=-\dfrac{1}{\rho_0}\nabla \vec{p}$，并代入上式，得到波动方程：

$$\nabla^2 \vec{p}=-\frac{1}{c_0^2}\frac{\partial^2 p}{\partial t^2} \tag{5-53}$$

假定声场都是在稳定的激励下引起的，声源做简谐振动，根据傅里叶(Fourier)级数或者傅里叶变换，任意时间的振动可看作多个简谐振动的叠加或积分，因此，根据上述所求公式，不难得出 Helmholtz 方程为[10]：

$$\nabla^2 p(x,y,z)-k^2 p(x,y,z)=-\mathrm{j}\rho_0 \omega q(x,y,z) \tag{5-54}$$

式中　q——体积速度；

k——波数；

ω——角频率；

f——频率；

λ——波长。

5.5.1.3　声波的辐射

产生噪声的声源是很复杂的，很难用理论公式对其严格定义，所以，有必要将复杂的生源理想化，将其看作球面或者平面等理想化声源，所得结果能表现出声波辐射的基本规律。

小脉动球源是最基本的声源，它可以解决任何复杂面声源问题。脉动球源是进行着均匀胀缩振动的球面声源，它是一种理想化的辐射情况，对它分析具有一定意义。

设脉动球源表面的振动速度为[11]：

$$u=u_{\mathrm{a}}\mathrm{e}^{\mathrm{j}(\omega t-kr_0)} \tag{5-55}$$

其中，u_{a} 为振速幅值，r_0 为脉动球半径，指数中 $-kr_0$ 是为了运算方便引入的相位角。由前面声学波动方程得脉动球源辐射声压为：

$$p=p_{\mathrm{a}}\mathrm{e}^{\mathrm{j}(\omega t-kr+\theta)} \tag{5-56}$$

式中，$p_{\mathrm{a}}=\dfrac{|A|}{r}$，其中 $|A|=\dfrac{\rho_0 c_0 k r_0^2 u_{\mathrm{a}}}{\sqrt{1+(kr_0)^2}}$；$\theta=\arctan\dfrac{1}{kr_0}$。

脉动球辐射声场的质点速度为：

$$v_{\mathrm{r}}=v_{\mathrm{ra}}\mathrm{e}^{\mathrm{j}(\omega t-kr+\theta+\theta')} \tag{5-57}$$

式中，$v_{\mathrm{ra}}=p_{\mathrm{a}}\dfrac{\sqrt{1+(kr)^2}}{\rho_0 c_0 kr}$；$\theta'=\arctan\left(-\dfrac{1}{kr}\right)$。

这里 v_{ra} 为径向质点速度幅值。

5.5.2 振动声辐射问题的边界积分方程

5.5.2.1 Helmholtz 方程基本解

由声波的理论可知，三维线性波动方程，即 Helmholtz 方程为：

$$\nabla^2 p+k^2 p=0 \tag{5-58}$$

式中 p——声场内任一点的声压，Pa。

k——波数 $k=\omega/c$，其中，ω 为角频率，rad/s；c 为声速，m/s。

对于上述方程的求解，可离散化处理，并用数值方法进行求解。本研究的筒内空间声场属于纽曼(Neumann)边值问题，假设筒内壁面是具有小振幅运动的不渗透边界表面，因此边界条件为[12]：

$$\frac{\partial p}{\partial n}=-\mathrm{j}\rho_0\omega v_{\mathrm{n}} \tag{5-59}$$

式中 ρ_0——空气密度；

j——虚数单位；

n——边界表面的外法向；

v_{n}——边界表面的法向振动速度。

设上述 Helmholtz 方程基本解为 G，则有：

$$\nabla^2 G(X,Y)+k^2 G(X,Y)=\delta(X,Y) \tag{5-60}$$

其中，X 代表源点，Y 代表场点，$\delta(X,Y)$ 叫作 Diarc-δ 函数，具有如下性质：

$$\delta(X,Y)\begin{cases}\infty, & X=Y\\ 0, & X\neq Y\end{cases} \tag{5-61}$$

$$\begin{cases}\int_V \delta(X,Y)\mathrm{d}V(Y)=1\\ \int_V \delta(X,Y)G(X)\mathrm{d}V(Y)=G(X)\end{cases} \tag{5-62}$$

式中 $\mathrm{d}V$——分析域 V 的体积微元。

因此，不难求出 Helmholtz 方程的基本解为[12]：

$$G(X,Y)=\frac{\mathrm{e}^{-\mathrm{j}kr}}{4\pi r} \tag{5-63}$$

式(5-63)即为 Helmholtz 方程在自由空间的基本解。

由式(5-58)和式(5-60)可得：

$$\int_V [(\nabla^2 p+k^2 p)G-(\nabla^2 G+k^2 G)Y]\mathrm{d}V=p(Y) \tag{5-64}$$

整理得：

$$\int_V (G\,\nabla^2 p-p\,\nabla^2 G)\mathrm{d}V=p(Y) \tag{5-65}$$

根据格林(Green)定理，求得 Helmholtz 方程的边界积分为：

$$\int_V (G\,\nabla^2 p-p\,\nabla^2 G)\mathrm{d}V=\int_S \left(G\frac{\partial p}{\partial n}-p\frac{\partial G}{\partial n}\right)\mathrm{d}S \tag{5-66}$$

5.5.2.2　边界积分方程的边界元分析

如图 5-28 所示，自由空间由 S、Σ、σ 围成一个外声场区域 V_0，假设排除奇异性，那么式(5-66)可化简如下形式[7]：

$$\int_{S+\sigma+\Sigma}\left[p(Y)\frac{\partial G(X,Y)}{\partial n}-G(X,Y)\frac{\partial p(Y)}{\partial n}\right]\mathrm{d}S=0 \tag{5-67}$$

其中，S 是振动体表面，Σ 是无穷远处的球形边界，σ 是避免源点 X 奇异而设定半径为 ε 的小球面。

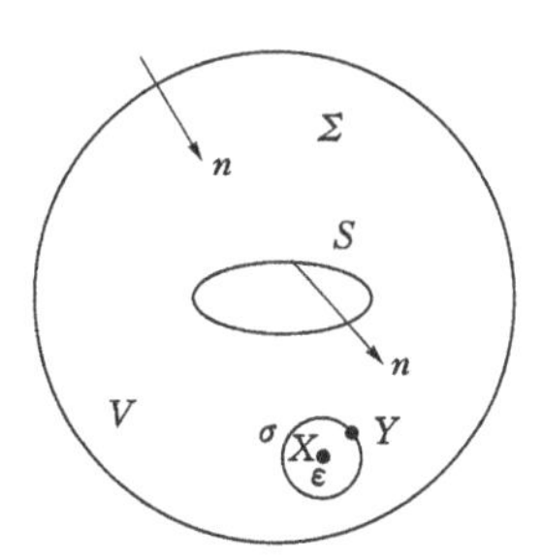

图 5-28　边界区域示意图

将方程式(5-67)左侧分别在 S、Σ、σ 上积分，用球坐标表示，那么在 σ 面上有：

$$\begin{aligned}
&\int_{\sigma}\left[p(Y)\frac{\partial}{\partial n}\left(\frac{\mathrm{e}^{-\mathrm{i}kr}}{r}\right)-\frac{\mathrm{e}^{-\mathrm{i}kr}}{r}\cdot\frac{\partial p(Y)}{\partial n}\right]\mathrm{d}S\\
&=\lim_{r=\varepsilon\to 0}\int_{\sigma}\left[p(Y)\frac{\partial}{\partial r}\left(\frac{\mathrm{e}^{-\mathrm{i}kr}}{r}\right)-\frac{\mathrm{e}^{-\mathrm{i}kr}}{r}\cdot\frac{\partial p(Y)}{\partial r}\right]r^2\sin\theta\mathrm{d}\psi\\
&=-\lim_{r=\varepsilon\to 0}\int_0^{2\pi}\int_0^{\pi}p(Y)\sin\theta\mathrm{d}\theta\mathrm{d}\psi\\
&=-p(X)
\end{aligned} \tag{5-68}$$

在 Σ 面上为：

$$\begin{aligned}
&\int_{\Sigma}\left[p(Y)\partial n\left(\frac{\mathrm{e}^{-ikr}}{r}\right)-\frac{\mathrm{e}^{-ikr}}{r}\partial np(Y)\right]\mathrm{d}S\\
&=\lim_{r\to\infty}\int_{\Sigma}\left[p(Y)\frac{\partial}{\partial r}\left(\frac{\mathrm{e}^{-ikr}}{r}\right)-\frac{\mathrm{e}^{-ikr}}{r}\frac{\partial p(Y)}{\partial r}\right]\mathrm{d}S\\
&=\lim_{r\to\infty}\int_{\Sigma}-\left[r\left(ikp(Y)+\frac{\partial p(Y)}{\partial r}+p(Y)\right)\right]\mathrm{e}^{-ikr}\sin\theta\mathrm{d}\theta\mathrm{d}\psi
\end{aligned} \tag{5-69}$$

上述公式满足索末菲(Sommerfeld)辐射条件，即：

$$\begin{cases}\lim\limits_{r\to\infty}r[ikp(Y)+\partial rp(Y)]=0\\ \lim\limits_{r\to\infty}rp(Y)\leqslant A\end{cases} \tag{5-70}$$

式中　A——任意正小数。

因此式(5-66)为零，则式(5-67)化简后有：

$$p(X)=\int_S\left(p(Y)\frac{\partial G(X,Y)}{\partial n}-G(X,Y)\frac{\partial p(Y)}{\partial n}\right)\mathrm{d}S \tag{5-71}$$

将式(5-59)代入式(5-71)得：

$$p(X)=\iint_{S}\left(p(Y)\frac{\partial G(X,Y)}{\partial n}+\mathrm{j}\rho_0\omega v_{\mathrm{n}}(Y)\cdot G(X,Y)\right)\mathrm{d}S \tag{5-72}$$

如果点 X 在 S 面上，那么 σ 面即是半球面，如图 5-29 所示。

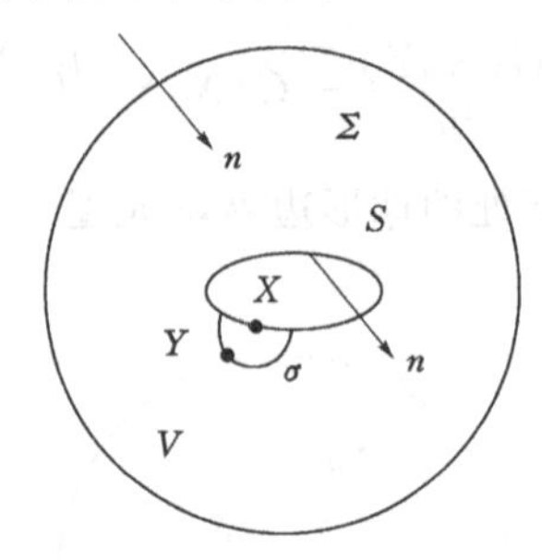

图 5-29　X 位于边界 S 上的边界区域示意图

将式(5-67)左侧在面 σ 上积分有：

$$\lim_{r=\varepsilon\to 0}\iint_{\sigma}[p(Y)\partial nG(X,Y)-G(X,Y)\partial np(Y)]\mathrm{d}S$$

$$=-\int_0^{2\pi}\int_0^{\frac{\pi}{2}}p(Y)\sin\theta\mathrm{d}\theta\mathrm{d}\psi=-\frac{1}{2}p(X) \tag{5-73}$$

式(5-67)也化简为：

$$\iint_{S}\left[p(Y)\frac{\partial G(X,Y)}{\partial n}+\mathrm{j}\rho_0\omega v_{\mathrm{n}}(Y)G(X,Y)\right]\mathrm{d}S=\frac{1}{2}p(X) \tag{5-74}$$

通常情况下，振动体表面 S 并不光滑，因此 σ 不再是个半球面。设：

$$\int_{\sigma}\sin\theta\mathrm{d}\theta\mathrm{d}\psi=c(X) \tag{5-75}$$

可得到一般表达式[7]：

$$\iint_{S}\left(p(Y)\frac{\partial G(X,Y)}{\partial n}+\mathrm{j}\rho_0\omega v_{\mathrm{n}}(Y)G(X,Y)\right)\mathrm{d}S=c(X)p(X) \tag{5-76}$$

5.5.3　筒体振动噪声辐射机理

5.5.3.1　振动声辐射问题的边界元法

边界元法是一种数值计算方法，和有限元法的不同是，边界元法将边界进行单元划分，通过满足条件的控制方程，对边界单元插值离散，化为代数方程组求解。由于边界元法是对边界进行单元划分离散，因此它的单元个数少，自由度数低，可简单准确地模拟边界条件，能够得到一个阶数较低的线性方程组。

通过边界元法，在已知法向振速和位移的情况下，利用边界积分公式，便可求得辐射声场内各待求量(如声压等)。振动体边界划分为 m 个单元，α 个节点，因此可求边界上任意点的边界量 ξ，插值函数表示为[7]：

$$\begin{cases}p_m(\xi)=\sum_{\alpha}N_{\alpha}(\xi)p_{m\alpha}\\ v_m(\xi)=\sum_{\alpha}N_{\alpha}(\xi)v_{m\alpha}\end{cases} \tag{5-77}$$

式中　$p_{m\alpha}$——α 的压力值；

$v_{m\alpha}$——α 的法向速度；

因此，积分式(5-76)可化为：

$$\sum_{m}\int_{S_m} p_m(Y)\frac{\partial G(X,Y)}{\partial n}\mathrm{d}S - c(X)P(Y) = -\mathrm{i}\rho\omega\sum_{m}\int_{S_m} v_{nm}(Y)G\mathrm{d}S \tag{5-78}$$

式中　S_m——m 的面积。

通过逼近 ξ 点，得到压力和法向速度的表达式如下[7]：

$$\sum_{m}\int_{S_m}\sum_{\alpha}N_\alpha(\xi)p_{m\alpha}\frac{\partial G(X,Y(\xi))}{\partial n}\boldsymbol{J}(\xi)\mathrm{d}\xi - c(X)p(X) = -\mathrm{i}\rho\omega\sum_{m}\int_{S_m}\sum_{\alpha}N_\alpha(\xi)v_{m\alpha}G(X,Y(\xi))\boldsymbol{J}(\xi)\mathrm{d}\xi \tag{5-79}$$

$\boldsymbol{J}(\xi)$ 为转换之后的雅可比矩阵，即：

$$\sum_{m}\sum_{\alpha}p_{m\alpha}\int_{S_m}N_\alpha(\xi)\frac{\partial G(X,Y(\xi))}{\partial n}\boldsymbol{J}(\xi)\mathrm{d}\xi - c(X)p(X) = -\mathrm{i}\rho\omega\sum_{m}\sum_{\alpha}v_{m\alpha}\int_{S_m}N_\alpha(\xi)G(X,Y(\xi))\boldsymbol{J}(\xi)\mathrm{d}\xi \tag{5-80}$$

则对应于表面上节点 j 对应点 X_j 的表达式为：

$$\sum_{m}\sum_{\alpha}p_{m\alpha}\int_{S_m}N_\alpha(\xi)\frac{\partial G(X_j,Y(\xi))}{\partial n}\boldsymbol{J}(\xi)\mathrm{d}\xi - c(X_j)p(X_j) = -\mathrm{i}\rho\omega\sum_{m}\sum_{\alpha}v_{m\alpha}\int_{S_m}N_\alpha(\xi)G(X_j,Y(\xi))\boldsymbol{J}(\xi)\mathrm{d}\xi \tag{5-81}$$

影响系数定义如下：

$$\begin{cases} a_{m\alpha} = \displaystyle\int_{S_m}N_\alpha(\xi)\frac{\partial G(X_j,Y(\xi))}{\partial n}\boldsymbol{J}(\xi)\mathrm{d}\xi \\ b_{m\alpha} = \displaystyle\int_{S_m}N_\alpha(\xi)G(X_j,Y(\xi))\boldsymbol{J}(\xi)\mathrm{d}(\xi) \end{cases} \tag{5-82}$$

由任意单元 m 和节点 α 相关于广义节点 l，有：

$$\sum_{l}A_{jl}p_l - c_lp_j = \sum_{l}B_{jl}v_l \Leftrightarrow \sum_{l}A_{jl}p_l = \sum_{l}B_{jl}v_l \tag{5-83}$$

矩阵形式如下：

$$\boldsymbol{A}\{P\} = \boldsymbol{B}\{v\} \tag{5-84}$$

式中　$\boldsymbol{A},\boldsymbol{B}$——影响矩阵；

$\{p\}$——节点压力向量；

$\{v\}$——节点法向速度向量。

则对应于场点 X 有：

$$p(X) = \sum_{m}\sum_{\alpha}p_{m\alpha}\int_{S_m}N_\alpha(\xi)\frac{\partial G(X,Y(\xi))}{\partial n}J(\xi)\mathrm{d}\xi + \mathrm{i}\rho\omega\sum_{m}\sum_{\alpha}v_{m\alpha}\int_{S_m}N_\alpha(\xi)G(X,Y(\xi))\boldsymbol{J}(\xi)\mathrm{d}\xi$$
$$= \sum_{m}\sum_{\alpha}p_{m\alpha}a_{m\alpha}(X) + \sum_{m}\sum_{\alpha}v_{m\alpha}b_{m\alpha}(X) = \{a\}^l\{p\} + \{b\}^l\{v_n\} \tag{5-85}$$

5.5.3.2 发声声场求解

一般声场域的边界条件是振动体表面的法向速度或法向位移,可以将它们作为边界条件输入到声场分析软件中。在进行声场域的计算时,也可以将上部分分析的振动结果作为边界条件,来进行计算。

设场域 Ω 内一点 Q 趋于边界上一点 L,则边界任意点 Φ 满足方程[12]:

$$A(Q)\Phi(Q)=\iint_S\left[B(Q,L)\frac{\partial\Phi}{\partial n}(L)-\Phi(L)\frac{\partial B}{\partial n}(Q,L)\right]\mathrm{d}S_L\quad Q\in S \tag{5-86}$$

其中,$A(Q)$是与 Q 点处边界几何形状有关的常数,光滑边界 $A(Q)=1/2$。

上式离散后转化为以节点上的声速度势 $\Phi(Q)$ $(Q\in S)$为变量的线性方程组,对其求解后代入声速度势函数表示的解的积分方程,即可得到域内任意点的声场速度势。域内声场可以视为由沿表面按同密度分布的一系列单极子声源和偶极子声源所形成的,各点速度势为:

$$\Phi(Q)=\iint_S\left[\alpha u(L)B(Q,L)-\beta v(L)\frac{\partial B}{\partial n_L}(Q,L)\right]\mathrm{d}S_L \tag{5-87}$$

式(5-87)定义的 Φ 满足控制方程和 Sommerfield 条件,将式(5-87)代入边界条件有:

$$\frac{\partial\Phi(L)}{\partial n}=V_n(L)\quad P\in S \tag{5-88}$$

$V_n(L)$是法向位移边界条件,取 $\alpha=1,\beta=i$,得:

$$\frac{\partial\Phi}{\partial n}(Q)=u(L)\left[\frac{1}{2}+\iint_S\frac{\partial B}{\partial n_L}(Q,L)dS_P-i\frac{\partial}{\partial n_Q}\lim_{\substack{Q\to L\\Q\in S}}\iint_S\frac{\partial B}{\partial n_L}(Q,L)dS_L\right]=-V_n(L),L\in S \tag{5-89}$$

式中 α,β——系数;

$u(L)$——单极子声源 $B(Q,L)$的分布密度;

$v(L)$——偶极子声源$\dfrac{\partial B}{\partial n_L}(Q,L)$的分布密度;

i——离散单元在 Y 轴方向的序号。

正常计算筒内的三维空间声场是很烦琐的,需要进行一些离散处理,这里将筒内的声场空间离散成曲边壳体单元。转化单元内部坐标,并定义轴向长度坐标和强度坐标。因此,有局部坐标 a、b 和全局坐标 x、y 关系为(如图 5-30 所示):

$$x=\left(m+\frac{1+b}{2}\right)x_0,\quad y=\left(n+\frac{1+a}{2}\right)y_0$$

$$m=\mathrm{int}\left(\frac{x}{x_0}\right),\quad n=\mathrm{int}\left(\frac{y}{y_0}\right) \tag{5-90}$$

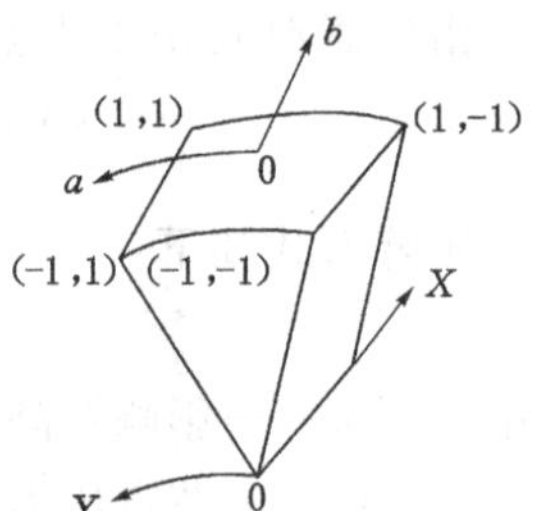

图 5-30 曲边壳体单元

式中 x_0——轴向单元长度;

y_0——周向单元长度;

$\mathrm{int}(x)$——x 取整。

根据以上分析,对单元计算时,u 离散为$\underset{L\in S}{u(L)}=u(i)$,赋值如下:

$$A_{ij}^{S}=\iint_{S_i}B(Q,L)\,\mathrm{d}S_P,\quad A_{ij}^{E}=\lim_{Q\to Q_1}\iint_{S_1}\frac{\partial B}{\partial n_L}(Q,L)\,\mathrm{d}S_L \tag{5-91}$$

$$E_{ij}^{S}=\lim_{Q\to Q_1}\frac{\partial}{\partial n_L}\iint_{S_l}B(Q,L)\,\mathrm{d}S_P,\quad E_{ij}^{E}=\lim_{Q\to Q_1}\frac{\partial}{\partial n_L}\iint_{S_l}\frac{\partial B}{\partial n_L}(Q,L)\,\mathrm{d}S_P \tag{5-92}$$

其中，S、E 分别指单极子声源和偶极子声源。式(5-87)和式(5-89)的离散形式为：

$$\Phi(Q_i)=\sum_{j=1}^{N_e}\{A_{ij}^{S}+iA_{ij}^{E}\}^{\mathrm{T}}\{u\}_j \tag{5-93}$$

$$-V(Q_i)=\sum_{j=1}^{N_e}\{E_{ij}^{S}+iE_{ij}^{E}\}^{\mathrm{T}}\{u\}_j \tag{5-94}$$

为了便于计算，写成矩阵形式有[12]：

$$\{\Phi\}=\{A^{S}+iA^{E}\}\{u\},-\{V_n\}=\{E^{S}+iE^{E}\}\{u\} \tag{5-95}$$

式(5-89)计算时运用了高斯积分，当 $i=j$ 时，为了消除 A_{ij}^{S}、A_{ij}^{E}、E_{ij}^{S} 和 E_{ij}^{E} 奇异性，这里将它们化作曲线积分形式。

5.5.4　基于边界元法的筒内声场分析

本部分利用 Virtual. Lab 软件中的 Acoustics 声学模块，采用边界元方法(BEM)分析两种筒体内部声压分布情况，以便查看两种筒体结构在不同激振频率情况下的声压分布值。

5.5.4.1　数值模拟步骤

(1) 实体模型的建立

Virtual. Lab 模型的建立有两种方法，一是在本身内嵌的 CATIA CAD 模块中建立模型，然后进入 Meshing 模块划分网格，最后导入 Acoustics 声学模块中。由于 Virtual. Lab 和 Nastran、ANSYS 等仿真软件有很好的兼容性，因此，另一种方法就是通过其他的仿真软件进行前处理，再导入 Virtual. Lab。本章鉴于分析的需要，采用后一种处理方式，通过 ANSYS 进行前处理网格划分，另存文件为 cdb 格式，将保存好的 cdb 文件导入 Virtual. Lab，如图 5-31 所示。

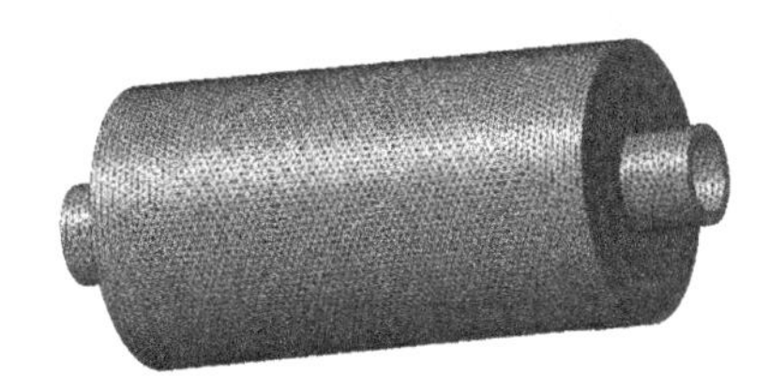

图 5-31　导入 Virtual. Lab 中的筒体模型

(2) 建立声学边界元网格

进行声学分析时，不仅需要机械结构的实体网格，还需要用到流体单元网格，注意该网格必须是由面网格构成的。流体单元网格可以由两种方法建立，第一种是提取导入进去的实体模型的面单元；第二种是通过其他有限软件建立面单元，然后导入到 Virtual. Lab 中。声学分析不同于结构的力学分析，因此对于网格精度要求不是很高，鉴于计算机的资源有限，本章对流体网格的划分较之结构的网格划分进行了粗化。建模方法同上，即通过 ANSYS 存为 cdb 文件导入 Virtual. Lab，如图 5-32 所示。

图 5-32　筒体的声学网格

（3）定义网格类型

对前面导入的两种网格，进行网格类型的设定。筒体结构设置为结构网格（Structural Mesh Part），流体的网格设置为声学网格（Acoustical Mesh Part）。

（4）导入场点

为了研究筒内边界的整体声压分布，直接在 Virtual. Lab 中插入柱面网格场点。这里插入的是半径为 1 750 mm 的柱面场点，如图 5-33 所示。

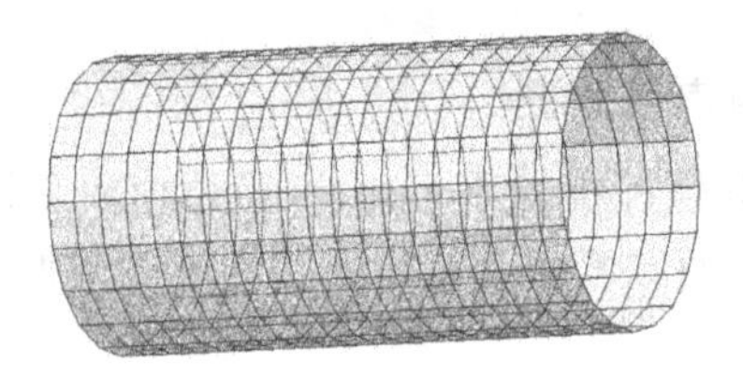

图 5-33　半径为 1 750 mm 柱面场点

（5）前操作处理和流体材料、属性的定义

前操作主要是对流体网格进行的，目的是将流体的面网格生成声学边界元网格。这里的流体材料是空气，Virtual. Lab 中不需要设置，默认即可。流体的属性是将上个步骤设置的流体材料赋予到属性当中。

（6）边界条件和载荷的施加

通常现实中，模型会受到约束的限制，模型的振动源（激励）便可以作为边界条件定义。边界条件既可以在 Virtual. Lab 中直接定义，也可以用表的形式定义成时间或频率的函数，还可以导入其他有限元软件的计算结果。导入 ANSYS 有限元动态谱响应分析的结果文件，作为变边界条件的限定。

（7）数据映射转移计算

这里已经导入了筒体的结构网格和位移边界条件，由于响应位移还在结构网格上，不在声学网格上，还不能计算筒体振动在筒内产生的声场。因此，通过数据转移计算，将筒体结构网格上的响应位移转移到边界元网格，即可计算出筒内声场的分布。

5.5.4.2　仿真结果

经过上述步骤的基本操作，就可以进行求解和结果后处理了。由于筒体振动产生的声能连续地分布在宽阔的频率范围内，它没有显著的突出频率成分，对于这种连续频谱，是没有必要对每个频率成分进行具体分析的。为了方便以及更好地体现筒体噪声带宽的能量分布，这里采用 10 段法，即高段频率比低段频率高出一倍的倍频带表示。不过在噪声控制中，仅用中间 7 段就足够了，并且只需分析每段的中心频率即可。仿真结果如表 5-7 所示。

表 5-7　筒内壁边界声压峰值

倍频程中心频率/Hz	原型筒体/dB	泡沫铝层合结构筒体/dB	差值/dB
125	115	113	2
250	120	117	3
500	123	120	3
1 000	132	128	4
2 000	125	122	3
4 000	121	119	2
8 000	118	116	2

从表 5-7 中可见，泡沫铝层合结构筒内的声压级比原型筒体结构筒内的声压级一般低 2～4 dB，这说明泡沫铝层合结构筒体具有良好的降噪性能。鉴于筒内声压变化的特点，本章给出高频段 1 000 Hz、中频段 500 Hz 和低频段 125 Hz 的筒内声压级，分别如图 5-34 至图 5-39 所示。

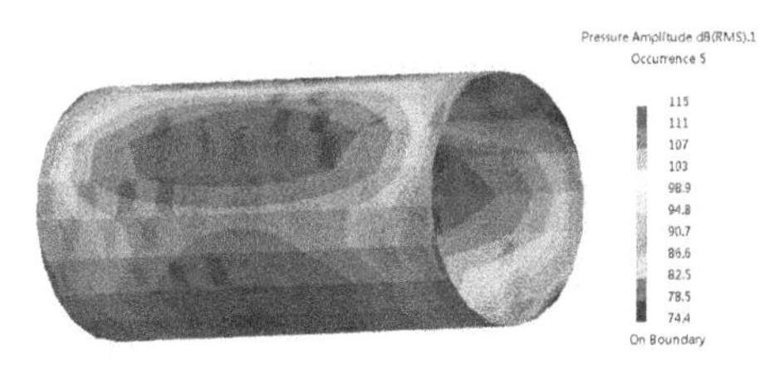

图 5-34　125 Hz 时现有筒体内壁声压级

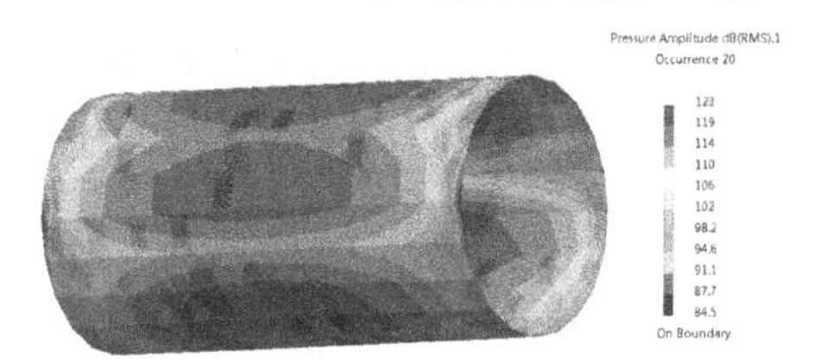

图 5-35　500 Hz 时现有筒体内壁声压级

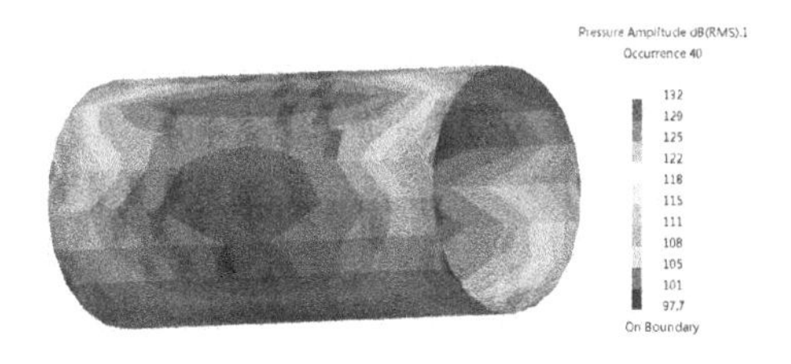

图 5-36　1 000 Hz 时现有筒体内壁声压级

由图 5-34 至图 5-39 可见，筒体内壁中部声压级值要高于端部边缘的。现有筒体中部内壁的声压级最高时达 132 dB，而端部边缘最低为 74.4 dB。泡沫铝筒体中部内壁声压级最高时达 128 dB，两端部边缘最低 71.1 dB。

综合以上分析，泡沫铝层合结构筒体的降噪性能无论是在低频段、中频段还是高频段都

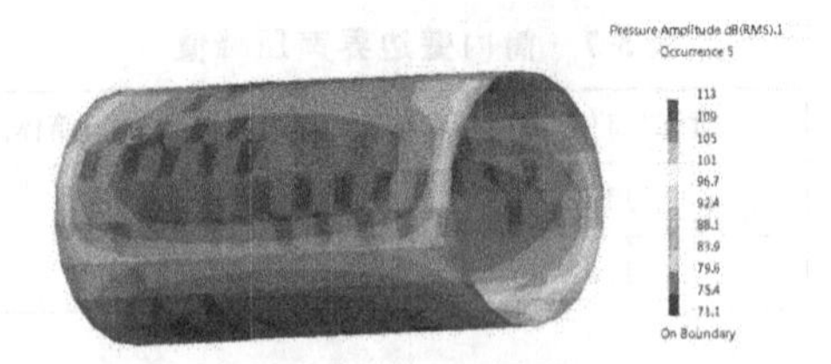

图 5-37　125 Hz 时泡沫铝筒内壁声压级

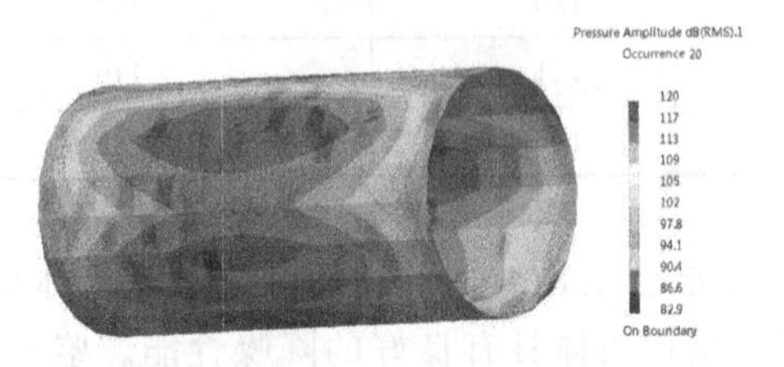

图 5-38　500 Hz 时泡沫铝筒内壁声压级

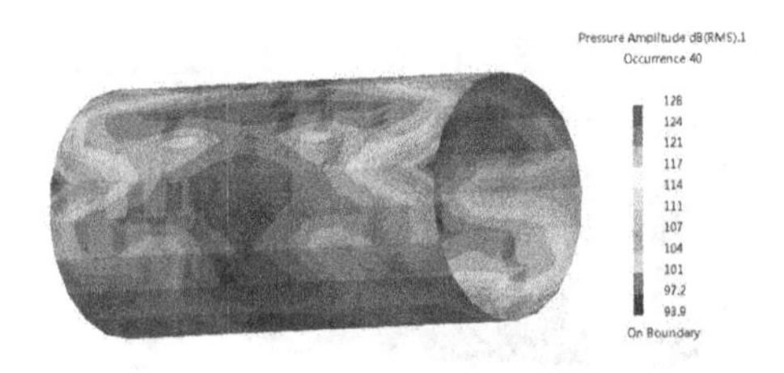

图 5-39　1 000 Hz 时泡沫铝筒内壁声压级

优越于原型筒体结构，其筒内声压级可较原型筒体一般减小 2～4 dB。这也说明泡沫铝层合结构筒体的降噪性优于原型筒体，这不仅可减少磨煤机的环境污染同时也可以提高了筒体稳定性，延长了筒体的使用寿命。

5.6　本章小结

本章以 DTMϕ3500×6000 钢球磨煤机的筒体结构为原型，以降低筒体的振动和噪声为目标，结合泡沫铝优良的减振降噪性能，设计了泡沫铝层合结构筒体，并综合运用理论分析和仿真分析的方法研究了泡沫铝层合结构筒体的静、动态性能以及降噪性能。得出结论如下：

(1) 在筒体满载运转的工况下，泡沫层合结构筒体的变形量和等效应力均小于现有筒体结构。

(2) 模态分析表明，泡沫铝层合结构筒体的前五阶固有频率均较现有筒体有所提高。谐响应分析表明，泡沫铝层合结构筒体在 X 和 Z 方向的谐响应振幅均低于现有筒体，证明泡沫铝层合结构筒体具有更好的动态特性，可以有效降低筒体在运转中产生振动和噪声。

(3) 将钢球冲击衬板的激振力频率简化成半正弦波函数形式，对两种筒体内的声场进行了边界元分析，得出不同激振频率下的筒内声场分布。结果表明，筒体内中部声压级高于端部，并且泡沫铝层合结构筒体的声压级低于现有筒体结构 2～4 dB，表明泡沫铝层合结构筒体对降低钢球磨煤机运行噪声的有效性。

总之，本章研究结果表明，采用泡沫铝层合结构制造钢球磨煤机筒体可以有效提升其减振降噪性能，并减少了隔音毛毡的用量，起到了保护环境的作用，同时也可使得筒体装卸方便，延长筒体使用寿命。

参考文献

[1] 蔡明成. 关于 290/470 筒式钢球磨煤机噪声治理的研究[D]. 上海：华东理工大学，2014.

[2] RAMASAMY M, NARAYANAN S S, RAO C D P. Control of ball mill grinding circuit using model predictive control scheme [J]. Journal of process control, 2005,15(3):273-283.

[3] 陈荐. 钢球磨煤机噪声控制技术[M]. 北京：中国电力出版社，2002.

[4] 唐敬麟. 破碎与筛分机械设计选用手册[M]. 北京：化学工业出版社，2001.

[5] 刘树英. 破碎粉磨机械设计[M]. 沈阳：东北大学出版社，2001.

[6] 耿洪臣. MQY2747 型球磨机回转体强度有限元分析[J]. 矿山机械，2009,37(7):83-88.

[7] 吴旻. 球磨机振动噪声机理研究[D]. 沈阳：沈阳工业大学，2007.

[8] 彭福全，曾天辉，黄晶，等. 实用非金属材料手册[M]. 吉林：吉林科学技术出版社，1991.

[9] 李增刚. SYSNOISE Rev5. 6 详解[M]. 北京：国防工业出版社，2005.

[10] 李增刚，詹福良. Virtual. Lab Acoustics 声学仿真计算高级应用实例[M]. 北京：国防工业出版社，2010.

[11] 马大猷. 噪声与振动控制工程手册[M]. 北京：机械工业出版社，2002.

[12] 孔祥军，于鹏，陈长征，等. 球磨机筒体振动噪声的仿真分析[J]. 科学技术与工程，2011,11(19):4418-4420.